灭火与抢险救援技术

MIE HUO YU QIANGXIAN JIUYUAN JISHU

康青春　杨永强　卢立红　李　玉　李驰原　姜自清　编著

化学工业出版社
·北京·

本书重点介绍火场供水、个人防护、灾害现场侦检、灾后事故洗消等方面的最新技术进展。内容包括前言、灭火抢险技术概论、绪论、火场供水技术、消防员个人防护技术、侦检技术及仪器、防爆技术、堵漏技术、洗消技术等，具有较强的实用性。本书着重介绍几种常用的灭火和抢险救援技术，目的是帮助消防部队了解本领域技术进展情况，选择先进的技术和装备，以提高灭火救援战斗力。

本书主要供公安消防部队、专职消防队、应急救援部门消防队员阅读参考。

图书在版编目（CIP）数据

灭火与抢险救援技术/康青春等编著. —北京：化学工业出版社，2015.9（2024.10重印）

ISBN 978-7-122-24911-1

Ⅰ. ①灭…　Ⅱ. ①康…Ⅲ. ①消防-基本知识　Ⅳ. ①TU998.1

中国版本图书馆CIP数据核字（2015）第188126号

责任编辑：张双进　　文字编辑：谢蓉蓉

责任校对：吴　静　　装帧设计：王晓宇

出版发行：化学工业出版社（北京市东城区青年湖南街13号　邮政编码100011）

印　　刷：北京云浩印刷有限责任公司

装　　订：三河市振勇印装有限公司

710mm×1000mm　1/16　印张13¼　字数259千字　2024年10月北京第1版第12次印刷

购书咨询：010-64518888　　售后服务：010-64518899

网　　址：http://www.cip.com.cn

凡购买本书，如有缺损质量问题，本社销售中心负责调换。

定　　价：48.00元

前言
FOREWORD

公安消防部队依法承担着灭火与抢险救援的艰巨任务，为国家经济建设和人民安居乐业保驾护航。随着国家经济建设速度进入快车道，火灾等各类事故灾难的数量、规模和处置难度也不断增加，公安消防部队面临的挑战日益严峻。

首先，火灾对象发生了深刻变化。20 世纪 80 年代以前，我国城市化水平较低，城乡建筑以砖木结构的单层和多层建筑为主，绝大多数建筑高度不超过 20m，公共场所、娱乐场所都很少，容纳的人员也少，燃烧物大部分是普通固体物质，如木材、棉麻、纸张等，灭火战斗展开主要是在平面或较低的楼层，如低层建筑、多层建筑等，灭火剂主要是水。随着经济高速增长，城市化水平迅速提高，城市规模不断增大，公共场所日益增多，人员密集程度成倍增加，城市高层建筑和地下建筑的发展迅猛异常，据不完全统计，北京、上海、广州等大城市，高层建筑均超过 8000 栋。而且建筑越来越高，建筑面积越来越大，功能越来越复杂，如上海环球金融中心，建筑高度 492m，建筑面积 379875m^2，可容纳数万人。近年来，在各大城市，一种集办公、会议、餐饮、娱乐、健身等多种功能于一体的城市综合体悄然兴起，这些建筑规模大、高度高，使用功能复杂，人员集中，可燃物质多，一旦发生火灾，如不能有效控制，将产生灾难性后果。2000 年 12 月洛阳东都商厦火灾，造成 309 人死亡。工业的快速发展，对石油等能源的需求量激增，我国每年消耗原油超过 5 亿吨。为防范石油供给风险，确保国家能源安全，自 2003 年以来，国家实施了能源安全保障体系建设工程，大量兴建战略石油储备库，容量超过 10 万立方米的超大型石油储罐迅速增多。与普通油罐相比，超大型油罐的油品储量多、燃烧规模大，处置难度高，一旦失控，容易造成从油罐到地面的立体火灾，不仅会造成巨大的经济损失，还会造成严重的环境污染和恶劣的社会影响，甚至威胁国家能源战略安全。2010 年 7 月 16 日中石油大连保税区油库输油管道爆炸，引起 10 万立方米原油罐火灾，形成 6 万平方米地面流淌火，造成大面积近海污染。火灾扑救共用泡沫灭火剂 1300 余吨，其中从省外调集 1000t，事故造成直接经济损失两亿三千多万元。长距离油气输送管道、高速铁路、高原机场等新生火灾对象的不断涌现，对灭火技术和战术提出越来越高的要求。

其次，公安消防部队承担的灭火与抢险救援任务越来越重。2015 年 1～6 月份，全国公安消防部队出警的总次数超过 100 万次，抢险救援与社会救助的次数逐年上升。依据《中华人民共和国消防法（2009 年 5 月 1 日实施）》规定，公安消防部队除承担灭火任务外，还应该承担国家规定的以抢救生命为主的应急救援行动。《公安消防部队执勤战斗条令》进一步明确规定：公安消防部队依照国家规定主要承担下列重大灾害事故和其他以抢救人员生命为主的应急救援工作：危险化学品泄漏事故；道路交通事故；地震及其次生灾害；建筑坍塌事故；重大安全生产事故；空难事故；爆炸及恐怖事件；群众遇险事件。近年来，公安消防部队参加抢险救援和社会救助的活动越来越多。据中国消防年鉴统计，消防部队参加救援和救助的次数占总出警次数的70%～80%。有的省会城市公安消防支队，每年参加灭火救援与救助活动达7万多次，部分消防中队平均每天出警超过3次，承受着很大的身体和精神压力。

最后，灭火救援技术进展有效提升了消防部队战斗力。严峻的形势和繁重的任务，对灭火与抢险救援技术提出了更高的要求。随着科学技术进步和经济实力的提升，灭火与应急救援技术也得到了极大发展。汽车工业的发展为消防部队提供了更好的消防作战车辆；机械技术、电子技术的发展，给消防部队侦检、堵漏、破拆提供了更有力的工具；计算机技术、通信技术的进步，改变着传统指挥方式；机器人、雷达等各种高新技术的发展，为消防部队提供了特种装备。总之，技术进步和经济发展，为消防部队战斗力的提升产生了深刻影响。

本书着重介绍几种常用的灭火和抢险救援技术，目的是帮助消防部队了解本领域技术进展情况，选择先进的技术和装备，以提高灭火救援战斗力。文中涉及的新技术有的是武警学院教研人员的研究成果，有的是消防部队和其他科研院所的研究成果，有的是国家或省部级科研项目，也有部队技术革新成果。有一些成果的数据，可以直接为消防部队所采用，例如，火场供水技术一章中提供的一些数据，与传统的教材、手册中有很大不同，是采用新型供水器材，通过多次实验测试所得的，结果是可靠的。文中提及我国火灾统计数据，以公安部消防局编撰的《中国消防年鉴》数据为准，以增加权威性。本书前言、第一章由武警学院康青春教授撰写，第二章由武警学院卢立红副教授撰写，第三章由武警学院李玉副教授撰写，第四章、第六章由公安部天津消防警官培训基地杨永强高级讲师撰写、第五章第一～三节由武警学院李弛原副教授撰写，第五章第四节、第七章由山东省公安消防总队姜自清高级工程师撰写，全书由康青春教授统稿。

在本书编写过程中，得到了武警学院部分老师和研究生的帮助，在此致以衷心的感谢，并对所有提供帮助的单位和个人表示深深的谢意。

由于作者知识水平有限，我国灾害形势和灭火与抢险救援技术迅速变化，文中不妥之处在所难免，望各位读者批评指正，不吝赐教。

作者

2015年8月

目录
CONTENTS

第一章
灭火与抢险救援技术概述

技术进步大大提升了消防部队灭火与抢险救援作战行动的战斗力。技术决定战术，技术在某种程度上决定了消防部队战斗的成败。

第一节　灭火技术概述

一、火与火灾

火是人类文明最重要的标志之一。火的使用结束了人类茹毛饮血的历史，加速了人猿揖别的进程。人类的生活生产都离不开火，做饭取暖需要火，农业生产需要火，工业生产需要火，可以说火与人类文明发展是相伴而行的。火在人类控制下燃烧，可以为人类服务，带来种种益处。但是，火一旦失去控制，就会发展成灾，不仅对人类无益，相反会造成人员伤亡、经济损失和环境破坏。火灾始终伴随着人类社会发展，与人类文明有着密切的关系，有很多王朝和城市就是在火灾中消失的。我国历史上最早可考的火灾，是大约距今 6000 年的西安半坡遗址，这是迄今发现的我国古人类遗址中最早的火灾遗址。《春秋》《左传》共记录各类火灾 23 次。司马迁的《史记》中记载项羽攻入咸阳，焚烧秦皇宫殿的故事，“烧秦宫室，火三月不灭”。唐朝杜牧在《阿房宫赋》描述了这场火灾，“六王毕，四海一；蜀山兀，阿房出……戍卒叫，函谷举。楚人一炬，可怜焦土!”在人类历史上，火灾历来都是对人类生活危害比较大的一种灾害。

二、当前面临的火灾形势

随着社会进步和经济发展，火灾不仅没有消失，反而以新的特点继续危害着人类社会。

(一) 火灾损失越来越大

随着我国工业化和城市化的发展，火灾直接经济损失也相应增加：20 世纪 50 年代火灾直接损失平均每年约 0.6 亿元；60 年代年均值为 1.4 亿元；70 年代年均值近 2.4 亿元；80 年代年均值为 3.2 亿元；90 年代为 10.6 亿元；21 世纪前 10 年间的年均火灾损失达 15 亿～16 亿元；2011 年全国火灾年损失突破 20 亿元。当前，由于发生火灾的场所和对象经济价值更高，火灾造成的损失也更大，2010 年

7 月 16 日中石油大连保税区油库输油管道爆炸火灾，共造成直接经济损失两亿三千多万元。

（二）造成重大伤亡的恶性火灾时有发生

经济社会的快速发展给人们的生产和生活方式带来了显著变化，人员聚集场所、易燃易爆场所和超大规模与复杂建筑增多，大量新技术、新材料、新工艺和新能源的采用，增加了致灾因素与火灾风险。20 世纪 90 年代初，中国特大火灾增多，群死群伤火灾时有发生。1993 年和 1994 年分别发生特大火灾 124 起和 151 起，因特大火灾造成的直接经济损失为 5.4 亿元和 5.0 亿元，火灾死亡分别为 433 人和 855 人，两年中发生一次死亡 10 人以上或死亡、重伤 20 人以上群死群伤火灾 31 起，造成 1218 人死亡；1995 年以后，特大火灾一度得到遏制，但在 1997 年出现第二个峰值，发生群死群伤火灾 19 次，死亡 433 人；2000 年出现第三个峰值，发生了一次火灾死亡 309 人与死亡 74 人的特大火灾事故。通过提高防灭火工作科技水平，加大治理火灾隐患的力度，在预防和遏制群死群伤火灾上取得了明显成效。2001～2004 年 4 年间特大火灾年均 31 起，死亡人数年均 89 人。21 世纪第二个 10 年，这种悲剧继续上演。2011 年公安部开战了为期 1 年多的清剿火患活动，虽然在一定程度上遏制了群死群伤的恶性火灾，但是，造成重大人员伤亡的火灾仍时有发生。2013 年 6 月 3 日 6 时 6 分，吉林宝源丰禽业公司发生火灾，共造成 121 人遇难，76 人受伤，直接经济损失 1.82 亿元。

（三）火灾扑救难度越来越大

随着经济和技术的发展，城市规模越来越大，楼越盖越高，功能越来越复杂，特别是城市综合体的出现，人员更加集中，使建筑火灾扑救和人员疏散异常困难。2008 年 9 月 20 日 23 时许，深圳市龙岗区龙岗街道龙东社区舞王俱乐部发生一起特大火灾，经龙岗区消防部门全力扑救，火灾很快被扑灭，事故共造成 43 人死亡，88 人受伤。从监控录像看，火灾从发生到充满房间，不到 1min 时间，消防队接警到场后迅速扑灭了火灾，但还是造成了重大伤亡。2010 年 11 月 15 日，上海市胶州路一教师公寓正在进行外保温层敷设改造，由于电焊违章操作引起火灾。大火迅速由外而内蔓延，形成立体燃烧，给扑救工作造成困难，酿成 58 人死亡的惨剧。随着国家工业的高速发展，石油化工装置、大型油罐、大跨度大空间厂房、长距离油气输送管道，遍布祖国各地。石油化工火灾燃烧猛烈、爆炸危险性大、物料毒性高，是灭火救援的难题。2005 年“11·13”吉林双苯厂火灾，造成 8 人死亡，60 人受伤，直接经济损失 6908 万元，并引发松花江水域污染事件。2015 年“4·6”漳州 PX 项目火灾，导致储罐区 4 个油罐全部起火，在扑救过程中 3 次复燃，烧毁多辆消防车。

（四）作战环境日趋恶劣

现代火场情况复杂，作战环境日趋恶劣，消防队员往往不自觉地处于危险环境中。城市建筑火灾荷载密度不断增大，发生火灾时燃烧猛烈，同时由于建筑结构的影响，容易在火灾中发生突然坍塌，造成救援人员重大伤亡。2003 年 12 月 3 日，湖南衡阳衡州大厦发生火灾，消防员在灭火救援过程中，大厦突然倒塌，造成 20 名消防官兵牺牲。2015 年 1 月 2 日，哈尔滨道外区南勋街与南头道街仓库火灾中，建筑发生倒塌，造成 5 名消防员牺牲，14 人受伤。当前的建筑装修水平不断提高，所采用的新材料层出不穷，有很多材料在火灾中会产生什么有毒有害气体还是未知因素，人员中毒后的抢救与治疗方法也不明确。有的环境表面上没有什么危险迹象，但是危机四伏，比如，有的可燃气体泄漏，无色无味，很难察觉，但是一旦遇火会发生强烈爆炸，造成人员伤亡。还有一些化学物品、有毒物质，虽然毒性不是很高，但却能造成严重的后遗症，如氨、苯、甲苯等。2012 年，湖南怀化常吉高速公路官庄镇 1117 段地穆庵隧道口发生了一起交通事故，满载 20t 的液化石油气罐罐车侧翻，导致 2 人当场死亡。消防部队在救援过程中，液化石油气罐车突然发生爆炸，造成 3 名消防员牺牲。

工业企业的增加，也是作战环境恶化的重要原因。特别是在化工企业中，有很多物质的性能消防队不了解，发生火灾时所产生新物质的性质，更没有人清楚，消防队员在扑救化工火灾中，被烧伤、炸伤及中毒的情况很多。化工企业中还有很多压力容器，在火灾中容易发生物理爆炸，因此，消防队员在这种环境下作战，十分危险。还有地下建筑，大空间钢结构建筑，核电站、高铁、飞机、船舶等特殊场所，都是险恶的作战环境。

三、灭火技术的发展

（一）古代灭火技术

自从有火灾以来，人类就没有停止与火灾作斗争。几千年来，火灾千变万化，人类的灭火技术与装备也不断发展。最早有关灭火方法的研究，要追溯到春秋时代，当时就有人提出“撤小屋，涂大屋”的方法，明确拆屋阻截火路的灭火方法。南朝《贵速篇》：“焚烧烟室，则飞驰救之。若穿井而救火，则飓焚栋矣。”提出救火要快，且事先应有准备。宋代“遗漏之始，不过一炬之微其于救火为力之易，火势既发亦不过一处，若尽力救应，亦未为难。至冲突四起，延蔓不已救于东而发于西，扑于左而兴于右，于是艰乎其为力矣。故后之无所用其力，皆在于始之不尽扑灭，不救至于燎原，此古今不易之论也。”提出了及时扑灭初起火灾和及时控制火势蔓延的重要性，已有了较完整的灭火方法。古代中国已经掌握了一些灭火技术和灭火工具，有水桶、铁锹、水囊、油囊等工具，常用的灭火剂是水。

（二）近代灭火技术

晚清至民国期间，国家建立了消防警察队，国外一些灭火工具开始传入我国，灭火战术增加了一些新内容，如：“施救时，必须查火势、风势、地势，决定方法，不得紊乱，火势急以救护人命为先，财产次之。”《湖南通志》：“挡住火头，无过水铳，若非素诸之人，用不如法，形同虚设。不如截竹为唧筒喷水，似觉便捷。”“下风多拨兵力，拼力拆屋，上风止须泼水，不必四面分散，以致兵力涣散，不能得力。”民国时期，对灭火技术和战术有较系统的总结和叙述：“火灾之扑救，以敏捷为要务，稍有犹疑，贻误甚大。初起用升斗之水可以扑救之火，倘一迟误，则罄井之水无济于事。为此消防指挥官者不能不注意也。”“消防官之指挥救护，应首重人命，次及财产。对于人命之救护，亦须注意其最危险者；对财产之救护，亦须注意其最重要者；对于任何火灾应以迅速扑灭，不使火势蔓延为第一要义。尤其火势猛烈，烟焰冲天之际，人多恐慌呼号，举止失当，消防指挥官必须持以镇静，作精密之考察，认定确之烧点。贸然射水，非徒不能收扑灭之功效，且必助火之燃烧。”“吾人固不能专持水以救火，亦不能舍水而言救火，惟用之必求其当，方能奏效。”20 世纪初，上海、天津等帝国主义国家的租界区，引进了消防泵、消防水枪、水带、消防车等灭火装备。1908 年，上海公共租界工部局火政处从英国进口了三辆消防汽车，成为在我国出现的第一批消防车，消防车修理业伴随着消防机械化而在上海最早出现并发展，为日后消防车生产奠定了基础。20 世纪 30～40 年代，随着民族企业的逐渐兴起，民族企业家在天津、上海等地，建立了消防装备和器材生产厂，1932 年，震旦机器铁工厂改装消防车成功，中国改装的第一辆消防车诞生，中国的消防车制造业进入萌芽期，后由于抗日战争爆发，民族工业受到严重破坏。

（三）现代消防技术发展

新中国成立后，党和政府非常重视灭火救援工作，先后成立了公安部消防局、消防教育院校、消防研究所和消防装备器材生产厂。对灭火救援技术有了系统研究，并取得重大进展。从消防车的发展历程便可见一斑。1956 年 7 月，中国第一汽车厂正式投产，1957 年，震旦消防机械厂率先采用国产解放底盘改装出泵浦消防车，中国国产的第一辆消防车诞生；1959 年，天津消防器材厂试制成功我国第一辆二氧化碳消防车；1963 年，震旦消防机械厂开发成功我国第一辆泡沫消防车；1965 年，武汉消防器材厂正式投产我国第一代轻便消防车；1967 年，第一代全国统一定型的解放中型水罐消防车由上海消防器材厂首先投入批量生产；1973 年，中国试制的第一辆登高平台消防车在上海诞生；1974 年，宝鸡消防器材厂试制出中国第一辆干粉消防车；1977 年，北京消防器材厂正式投产中国第一个通信指挥车；1978 年，上海消防器材厂研制的火场照明车通过技术鉴定；1983 年，上海消防器材厂率先采用国产东风底盘改装消防车，第二代中型消防车开始形成；1990 年，新乡消防机械厂改装的勘察消防车通过技术鉴定；1991 年，上海消防器材总厂研制的抢险救援消防车通过技术鉴定；1992 年，临沂消防器材总厂研制了排烟消防车。

进入 21 世纪，我国灭火技术有了进一步发展。消防部队配备的消防车辆、药剂、个人防护装备和其他附属设施、设备全部实现国产化。在消防车辆方面，已经突破了百米级登高消防车的技术瓶颈，研发了大流量、远射程的泡沫（水罐）

消防车、三相射流消防车；在药剂方面，研发了高效、低污染环保型泡沫灭火剂、超细干粉灭火剂；在个人防护方面，建立了从呼吸保护到皮肤保护的一整套国家标准，能生产各类消防员个人防护器具。总之，我国灭火救援技术水平已经达到国际先进水平，国产消防装备基本可以满足国内消防部队的配备需要。

第二节 抢险救援技术概述

一、消防部队依法承担的抢险救援任务

2008年10月28日，全国人大常务委员会审议通过了《中华人民共和国消防法》（以下简称《消防法》），该法于2009年5月1日实施。与1998年颁布的《消防法》相比，公安消防部队除承担灭火任务外，还应承担国家规定的以抢救人命为主的应急救援行动。

《公安消防部队执勤战斗条令》第八十一条更进一步明确规定：公安消防部队依照国家规定主要承担下列重大灾害事故和其他以抢救人员生命为主的应急救援工作。

① 危险化学品泄漏事故。

② 道路交通事故。

③ 地震及其次生灾害。

④ 建筑坍塌事故。

⑤ 重大安全生产事故。

⑥ 空难事故。

⑦ 爆炸及恐怖事件。

⑧ 群众遇险事件。

近年来，公安消防部队参加抢险救援和社会救助的活动越来越多。据中国消防年鉴统计，消防部队参加救援和救助的次数占总出警次数的70％～80％。

二、消防部队面临的抢险救援形势

（一）危险化学品事故增多

随着化学工业的快速发展，危险化学品的种类、储量和运输量激增，其火灾、爆炸、泄漏事故危险性显著增加，预防和救援形势异常严峻。2011～2013年全国共发生危险化学品事故569起，死亡638人，受伤2283人。2013年6月3日，吉林禽业公司液氨泄漏引发火灾爆炸，造成121人遇难，76人受伤。危险化学品事故的突发性、复杂性和严重性，对应急救援装备、处置技术和救援队伍实战能力等方面提出了更高的要求。

（二）道路交通事故居高不下

近年来，随着经济的发展，交通现代化程度越来越高，各种交通工具越来越

多，由此所引起的交通事故也越来越普遍。历年的数据显示，2004年我国发生交通事故56.77万起、2005年45.02万起、2006年27.87万起、2007年32.72万起、2008年26.52万起、2009年23.83万起、2010年21.95万起、2011年21.08万起，交通事故呈逐年下降趋势。每年的死亡人数也呈下降趋势，2004年9.4万余人、2005年9.8万余人、2006年8.9万余人、2007年8.1万余人、2008年7.3万余人、2009年6.7万余人、2010年6.5万余人。即使道路交通事故数量和死亡人数有所下降，但在各类事故中仍然是高居榜首。据统计，北京市每年因道路交通事故造成的伤亡人数都占到全年安全生产事故伤亡总数的85%左右。因此，道路交通事故救援仍然是消防部队抢险救援的重要任务。

（三）自然灾害形势严峻

我国是一个自然灾害多发的国家，地震灾害、气象灾害、地质灾害、海洋灾害、水文灾害等每年都给我国工农业生产、人民生活带来巨大损失。

1. 地震及其次生灾害

我国是地震灾害的高发区，地震造成的人员伤亡，中国居世界首位。20世纪，一次地震死亡人数超过10万的全球有4次，中国占两次，死亡人数占总死亡人数的65%以上。1966～1976年，是20世纪中国大陆地震的第四个高潮期，也是世界上地震灾害较重的十年。十年里，全世界死于地震灾害的人数达41.29万人，而中国占63.7%；地震致残的人数达38.8万人，而中国占56%。中华人民共和国建立以来，我国大陆地区发生5级以上地震近千次，其中造成破坏和伤亡的130多次，占14%；造成严重破坏的7级以上强震有15次，震毁房屋达832万多间，伤亡人数达49万。2008年5月12日四川汶川地震，造成69227人遇难，374643人受伤，17923人失踪，直接经济损失8452亿元人民币。当前，地球又进入了地震活跃期，地震灾害随时可能爆发。

2. 洪水

我国地域辽阔，自然环境差异很大，具有产生多种类型洪水和严重洪水灾害的自然条件和社会经济条件，有大约2/3的国土面积都存在不同程度和不同类型的洪水灾害。我国地貌组成中，山地、丘陵和高原约占国土总面积的70%，山区洪水分布很广，并且发生频率很高。平原约占总面积的20%，其中7大江河和滨海河流地区是我国洪水灾害最严重的地区，是防洪的重点地区。我国海岸线长达18000km，当江河洪峰入海时，如与天文大潮遭遇，将形成大洪水。这种洪水对长江、钱塘江和珠江河口区威胁很大。风暴潮带来的暴雨洪水灾害主要威胁沿海地区。我国北方的一些河流，有时也会发生冰凌洪水。此外，即使是干旱的西北地区，例如陕西、新疆、甘肃、青海和宁夏等地，还存在融雪和融冰洪水或短时暴雨洪水。

3. 地质灾害

作为地质灾害的主要灾种，崩塌、滑坡和泥石流（以下简称崩、滑、流）具有突发性强、分布范围广和一定的隐蔽性等特点，每年都造成巨大的经济损失和人员伤亡，是国民经济建设及社会发展的严重制约因素。全国范围内除山东没发现过危害较严重的崩滑流灾害点外，其余各地均有不同程度的发育，并造成一定程度的危害，其中四川、云南、陕西、宁夏、甘肃、贵州、湖北、辽宁、北京、河北、江西和福建等地的危害都相当严重。2010 年 8 月 7 日 22 时左右，甘南藏族自治州舟曲县城东北部山区突降特大暴雨，降雨量达 97mm，持续 40 多分钟，引发三眼峪、罗家峪等四条沟系特大山洪地质灾害，泥石流长约 5km，平均宽度 300m，平均厚度 5m，总体积 750 万立方米，流经区域被夷为平地，遇难 1481 人，失踪 284 人，累计门诊治疗 2315 人。

(四) 建筑坍塌事故危害严重

建筑坍塌可能由地震等自然灾害引起，也可能发生在建设过程中，还有可能发生在火灾中，地震的最主要危害就是对建筑的破坏，引起坍塌，造成人员伤亡和财产损失。近年来，由于建设工程的增多，建筑倒塌案例也不断增加。一旦发生建筑坍塌，消防部队自身安全也会受到危险，特别是在救援过程中的二次坍塌，会造成被困人员和救援人员的进一步伤害。受建筑坍塌预测技术、救援装备和技术所限，建筑坍塌救援是消防部队面临的难题。

(五) 其他灾害事故频发

重大安全生产事故、爆炸及恐怖事件、群众遇险事件近年来时有发生，消防部队参加抢险救援的任务不断增加。2013 年 11 月 22 日，位于山东省青岛经济技术开发区的中石化股份有限公司管道储运分公司东黄输油管道原油泄漏发生特大安全生产事故，造成 62 人死亡、136 人受伤，直接经济损失 7.5 亿元。新疆维吾尔自治区、西藏藏族自治区等边疆民族地区的消防部队根据地方政府或上级命令，依法开展反恐防暴行动；天津市等内地一些公安消防部队，也参加暴恐事件的处理，发挥消防装备的特殊作用。由于社会活动增加，消防部队进行救助救援的出警次数也大量增加。

三、抢险救援技术进展

近年来，消防部队承担抢险救援的任务越来越重，但部队的人员编制却没有太多变化。抢险救援与火灾扑救相比，其技术含量更高，处置难度更大，因此，需要先进的技术和装备。

随着国家科学技术发展和部队实战的需要，新的技术和装备也不断出现。

(一) 侦检技术和仪器

侦检工作是消防部队参加抢险救援工作的第一步，侦检分为危险化学品事故侦检和人员搜救侦检。通过侦检了解事故的性质、规模、人员位置等关键问题，以便采取正确的技术和战术。危险化学品侦检主要是针对可燃气体、有毒物质、放射性物质等，通过侦检检测其性质、浓度扩散范围，最早的侦检技术一般是通过化学反应，利用试管、试纸比样的方法，检测已知性质气体的浓度；后来逐渐发明了用催化燃烧、电化学等方法，检测气体的浓度；现在可以通过红外技术、色谱质谱法检测可燃气体或有毒物质的性质、浓度，检测技术更加先进。在仪器方面，有可燃气体侦检仪、有毒气体和蒸气侦检仪、氧气侦检仪等，有的消防部队，还配备了核生化侦检消防车，可检测军事毒剂、生物毒剂、放射性物质等危险品。地震、建筑坍塌事故救援，首先要定位被埋压人员，运用生命探测仪是有效的手段。20 世纪 90 年代，我国消防部队引进了音频视频生命探测仪，但由于事故现场比较嘈杂，这种仪器的使用受到了限制。而蛇眼生命探测仪的成像探头安装在蛇形仪器端部，进入狭缝探测，探测距离有限。21 世纪，我国消防部队引进了雷达生命探测仪，在汶川地震救援中发挥了重要作用。红外火场烟雾视像仪，可以透过烟雾，发现火源和被困人员，但红外技术受高温影响，穿过火焰时，则看不清楚。宽频谱摄像机恰恰克服了这个缺点，可以透过夜幕、雾霭、火场烟雾，清晰成像。

（二）堵漏技术和器具

消除泄漏是处置危险化学品事故的关键。常用的堵漏技术有以下几种。

（1）关阀制漏　关闭泄漏部位上游的阀门，是消除泄漏最简单、最有效的方法。

（2）注水制漏法　若从比水轻的物料储罐底部泄漏，可以利用排污管由消防车向罐内加压注水。

（3）冻结制漏法　法兰盘泄漏液化气体，可采用冻结制漏法。

（4）楔塞堵漏　用韧性大的金属、木材、塑料等材料制成的圆锥体楔或斜楔塞入泄漏的孔洞而止漏的一种方法，称为塞楔堵漏。这种方法适用于压力不高的泄漏部位的堵漏。

（5）捆扎堵漏　利用捆扎工具将钢带紧紧地把设备或管道泄漏点上的密封垫或密封胶压死而止漏的方法，称为捆扎堵漏。这种方法简单，适用于壁薄、腐蚀严重、不允许动火的情况。

（6）夹具-注胶堵漏技术　此技术适合法兰面之间的泄漏。工作原理是：密封剂（胶黏剂）在外力的作用下，被强行注入到泄漏部位与夹具所形成的密封空腔，在注胶压力远远大于泄漏介质压力的条件下，泄漏被强迫止住，密封剂在短时间内迅速固化，形成一个坚硬的新的密封结构，达到重新密封的目的。

（7）磁压堵漏法　利用磁钢的磁力将泄漏处的密封垫或密封胶压紧而堵漏的方法称为磁压堵漏法。这种方法适用于表面平坦、压力不大的砂眼、夹渣等小孔堵漏。近年来，消防部队还引进了强磁堵漏技术，利用强磁力的巨大吸力，直接将堵漏工具吸到泄漏设备口，如液化石油气罐车安全阀折断，可用这种方法堵漏。

（三）洗消技术和洗消剂

对事故中被化学品污染的对象实施洗消处理，是化学事故救援工作的重要一环。所谓的洗消就是对染毒对象进行洗涤和消毒，使毒物的污染程度降低或消除到可以接受的安全水平。传统洗消技术主要包括物理消毒法和化学消毒法。

（1）物理消毒方法 物理消毒法的实质是毒物的转移或稀释，毒物的化学性质和数量在消毒处理后并没有发生变化。常用的物理消毒方法有通风消毒法、溶洗消毒法、机械转移消毒法、冲洗消毒法和物理吸附消毒法等。物理消毒方法具有高效、腐蚀性小等优点，其缺点是清除下来的毒剂会造成地面或环境的污染，需进行二次消毒。

（2）化学消毒方法 常规的化学消毒方法是利用消毒剂与毒剂发生化学反应，改变毒剂的化学性质，使之成为无毒或低毒物质，从而达到消毒的目的，如酸碱中和消毒法、氧化还原消毒法、化学催化剂、中和-螯合等作用下的催化消毒法等。燃烧消毒法也是化学消毒方法中常用的一种。

当前洗消技术的发展不仅仅是消毒剂的更新和改进，而且还充分运用化学、电子学、光学、微波等原理，使洗消手段更是有了长足发展。常用的洗消技术有：洗涤消毒剂、微胶囊消毒剂、吸附反应型高分子消毒树脂、光催化消毒技术、半导体光催化技术、微波和激光消毒技术和超临界流体消毒技术。

洗消装备除专用的洗消帐篷、洗消泵、热水喷淋、热风机等，根据洗消对象，还会用普通消防车喷洒消毒剂。

参考文献

[1] 国务院法制办公室，国务院办公室. 中华人民共和国消防法. 北京：中国法制出版社，2008.

[2] 黄太云. 中华人民共和国消防法解读. 北京：中国法制出版社，2008.

[3] 公安部. 公安消防部队执勤战斗条令. 北京：公安部消防局，2009.

[4] 郭铁男. 我国火灾形势与消防科学技术的发展. 消防科学与技术，2005，(11)：663-673.

[5] 霍然，范维澄，黄东林等. 正视经济发展过程中的火灾问题. 消防科学与技术，1997，16 (1)：3-7.

[6] 杜兰萍，沈友弟，厉剑等. 我国消防安全形势、差距和对策研究. 消防科学与技术，2002，21 (5)：3-13.

[7] 吴启鸿，肖学锋，朱东杰. 今后若干年内我国火灾发展趋势的探讨. 消防科学与技术，2003，22 (5)：367-370.

[8] 杨立中，江大白. 中国火灾与社会和经济因素的关系. 中国工程科学，2003，5 (2)：62-67.

[9] 吴启鸿. 火灾形势的严峻性与学科建设的迫切性. 消防科学与技术，2005，24 (2)：145-152.

[10] 杜兰萍. 正确认识当前和今后一个时期我国火灾形势仍将相当严峻的客观必然性. 消防科学与技术，2005，24 (1)：1-4.

[11] 金京涛，刘建国. 消防官兵灭火战斗牺牲情况分析及其对策探讨. 消防科学与技术，2009，(4)：204-208.

[12] 公安部消防局. 中国消防年鉴. 北京：中国人事出版社，2004.

[13] 公安部消防局. 中国消防年鉴. 北京：中国人事出版社，2005.

[14] 公安部消防局. 中国消防年鉴. 北京：中国人事出版社，2006.

[15] 公安部消防局. 中国消防年鉴. 北京：中国人事出版社，2007.

[16] 公安部消防局. 中国消防年鉴. 北京：中国人事出版社，2008.
[17] 公安部消防局. 中国消防年鉴. 北京：中国人事出版社，2009.
[18] 公安部消防局. 中国消防年鉴. 北京：中国人事出版社，2010.
[19] 公安部消防局. 中国消防年鉴. 北京：中国人事出版社，2011.
[20] 公安部消防局. 中国消防年鉴. 北京：中国人事出版社，2012.

第二章
火场供水技术

火场供水是火灾扑救的关键因素，也是决定灭火战斗成败的必要条件。完善的火场供水理论和技术，是火场供水指挥科学化、规范化的重要保障之一。

第一节　火场供水基础理论

一、我国火场供水理论

（一）供水理论研究历程及现状

长期以来，我国消防部队的供水理论一直依据武警学院朱吕通教授的《火场供水》专著。朱吕通教授于1956～1958年在苏联进修学习消防技术，回国后，借鉴苏联的经验，结合我国消防部队的实际情况，对当时的器材装备进行了供水实验测试，逐步形成一套系统的供水理论，总结了经验公式，确定了计算参数。半个世纪以来，这些理论和经验公式在指导消防部队火场供水实践中发挥了重要作用。1981年，河北消防总队郭凤桐依据该供水理论，制作了火场供水速算盘，在火场供水计算中发挥了极大的作用。

近几年来，北京、上海、沈阳、郑州等地公安消防总队、支队分别对自身现有装备进行了高层和远距离供水能力实验测试，进一步研究了各种供水装备的供水能力和性能，对灭火作战实践具有一定的指导意义。1997年，李炳泉与福州市消防支队刘文坤等人合作，实际测得特定高度和特定距离所需要的消防水泵的供水压力，通过计算得到供水过程中消防水带的平均压力损失，并将所得结果与灭火手册中的数据进行了对比，发现实验测定值小于手册值。1994年，公安部上海消防科学技术研究所的闵永林、邱洪芳等人设计了一套专门用于火场供水装备器材水力学特性（技术参数）测定的实验装置。该装置主要包括水泵及其供水管路系统、水力损失测试装置系统、控制系统和计算机数据采集处理系统，为火场供水理论特别是技术参数的实验研究提供了平台。

此外，一些科研工作者还通过理论计算和分析，研究了装备的供水能力。1997年，仇绍新通过理论计算，得出了使用消防车供灭火剂时，水枪、带架水枪、泡沫管枪、泡沫钩管和移动式高倍数泡沫供给设备等灭火装备所需的进口压力和水带压力损失，研究了中低压消防泵（BZ25/40型）的性能参数，通过理论计算得到在满足出两支水枪的情况下的最大供水高度，以及向不同高度供水时所产生的水带阻力损失和所需要的消防泵的供水压力。河北公安消防总队郭凤桐、仇绍新等人研究了 LLS5170GXFGS75 型供水消防车的技术性能和特点，并根据其特点制定了这种消防车在火场供水中的应用方案。武警学院刘立文、王忠波和崔守金等人进行了中低压消防车的工作原理及工况、不同供水距离的供水方法等研究，分析了几种型号中低压消防车的技战术性能优势和应用价值。2010 年，湖北省公安消防总队陶其刚等人在引用了近年来多项研究成果的基础上，对当前常用的高层建筑火灾火场供水的主要方式、装备性能及注意事项做了归纳和总结。同年，公安部上海消防研究所傅建桥等人在总结我国消防灭火装备技术和火场供水模式现状的基础上，从定性与定量角度分析了新型灭火装备技术的发展对我国火场供水模式的影响，从而在灭火装备技术发展的新形势下，为研究如何适应新形势火场供水模式提出了建议，对消防部队在火场灭火过程中实现节能、省水、高效、环保的供水模式具有一定的指导意义。

(二) 火场供水技术参数

1. 消防水带压力损失

根据朱吕通教授的火场供水理论，水带的压力损失与水带衬里的材质（粗糙度）、水带的长度和直径、水带铺设方式和水带内的流量有关。每条水带的压力损失可按式（2-1）进行计算。

$$h_{\mathrm{d}}=Sq_V{}^2 \tag{2-1}$$

式中，h_{d} 为每条 20m 长水带的压力损失，10kPa；S 为每条水带的阻抗系数；q_V 为水带内的过水流量，L/s。

我国消防部队进行火场供水计算时所使用的水带阻抗系数值一直沿用 20 世纪 50 年代的数据，不同型号水带的阻抗系数值见表 2-1。

表 2-1 现行胶里水带阻抗系数

水带口径/mm	50	65	80	90
阻抗系数 S	0.15	0.035	0.015	0.008

2. 直流水枪技术参数

（1）流量与进口压力间的关系

直流水枪的流量与进口压力间的数量关系见式（2-2）。

$$q_V=0.00348d^2\sqrt{h_{\mathrm{q}}} \tag{2-2}$$

式中，q_V 为水枪喷嘴流量，L/s；h_{q} 为水枪进口压力，10 kPa；d 为水枪喷嘴直径，mm；0.00348 为水枪的流量系数，是由实验测定得到的一个经验值。

（2）水枪进口工作压力

水枪进口处的工作压力可按式（2-3）进行计算。

$$h_q = S_q q_V^2 \tag{2-3}$$

式中，h_q 为水枪进口处工作压力，10kPa；q_V 为水枪进口处的流量，L/s；S_q 为水枪喷嘴阻抗系数。

根据朱吕通教授的火场供水理论，不同口径直流水枪喷嘴处的阻抗系数见表2-2。

表 2-2　不同口径直流水枪喷嘴处阻抗系数

喷嘴口径/mm	16	19	22	25	28	30	32	38
S_q	1.260	0.634	0.353	0.212	0.134	0.102	0.079	0.040

二、国外火场供水理论

以美国、英国为主的发达国家，其供水技术参数与我国相似，但其参数数值并不是通过计算得到的，而是通过实验得到一一对应的数据表，再查表应用。表2-3为美国各型号消防水带在不同流量下压力损失的近似值，所有参数值都由实验测得（水带长度为100′，即30m）。从表中可以看出，美国消防水带型号与我国差异较大。利用式（2-1），对2½″口径消防水带（直径为64mm）的阻抗系数 S 进行计算，可以得出 S 值为0.044，与我国65mm口径消防水带的阻抗系数0.035相比，相对误差为25.7%。

表 2-3　美国不同型号水带压力损失与流量对应表

流量/GPM	压力损失/psi			
	1½″水带	1¾″水带	2″水带	2½″水带
40	4.5	3	1	—
60	10	5	2.5	—
100	25	12	6	3
125	37	21	10	4
150	54	26	13.5	6
175	—	34	18	8
200	—	45	24	10
250	—	70	37.5	15
300	—	95	54	21
350	—	—	78	28

注：1GPM = 0.063L/s，1psi = 6.9kPa = 0.69×10^4 Pa，1½″ = 38mm，1¾″ = 44mm，2″ = 51mm，2½″=64mm。

第二节　火场供水实验测试

火场供水方案的制订，依托于供水计算方法和公式，供水的计算又来源于供水理论计算，而火场供水常用装备的技术参数又恰恰是供水理论计算的基础。但随着消防部队装备、器材的不断更新换代，逐步向高科技化、大功率化发展，材质与结构形式发生了重大变化，原有供水理论中的技术参数与当今实际情况可能存在着一定的出入，原有的供水参数还能否适用于现代的新型装备，一直是消防部队关注的焦点，迫切需要对其进行研究、修正。此外，部分新型装备尚无可用供水技术参数，特殊环境因素也可能会对装备的供水技术参数产生影响，而这些影响因素尚未被列入原火场供水理论考虑范围。

因此，本节主要结合现代火场供水实际，借鉴公安部科技强警基础工作专项项目《火场供水系统系列参数实验测定研究》成果，对原有火场供水基础理论进行补充与完善。

一、水带阻抗系数实验测试

（一）供水压力对水带阻抗系数的影响

根据原有火场供水理论，水带的阻抗系数 S 仅与水带的长度、衬里材质、口径和铺设方式有关。

一条水带的阻抗系数 S 可由式（2-1）进行反推得到，即

$$S=h_{\mathrm{d}}/q_{V^2} \tag{2-4}$$

由此可见，只要控制水带中的过水流量 q_V 不变，通过测得消防车供水压力与水带压力损失之间的数量关系，即可得到供水压力与水带阻抗系数间的关系。

1. 实验测试线路连接

水带均为水平铺设，测试线路连接如图 2-1 所示，其中 4 为被测 80mm 口径聚氨酯（PU）衬里消防水带，通过调节水枪开关来控制被测水带内过水流量 q_V 保持不变。

2. 实验测试结果

测试被测水带两端的压力差值 h_{d} 随消防车进口压力的变化关系，得到关系曲线如图 2-2 所示。

从图 2-2 中可以看出，随着供水压力 p 的升高，被测水带两端的压力差值 h_{d} 波动不大，即被测水带的压力损失与供水压力无关。根据式（2-1）可知，由于过水流量 q_V 保持恒定，则被测水带的阻抗系数 S 与供水压力无关。

根据经典流体力学理论，管道沿程水头损失 h_{f} 可由式（2-5）求得。

$$h_{\mathrm{f}}=\lambda\ \frac{l}{d}\frac{v^2}{2g} \tag{2-5}$$

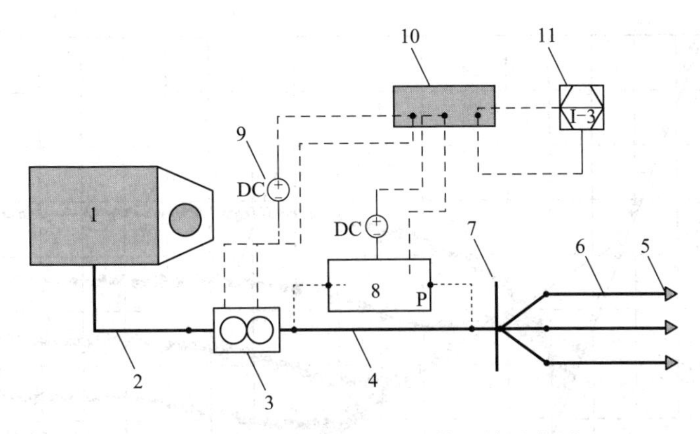

图 2-1　供水压力影响测试系统连接示意图

1—水罐消防车；2—80mm 口径水带；3—流量变送器；4—被测试水带；5—DN65 多功能水枪；6—65mm 口径水带；7—分水器；8—差压变送器；9—24V 直流稳压电源；10—数据采集仪；11—计算机；---数据传输线；⋯⋯导压管

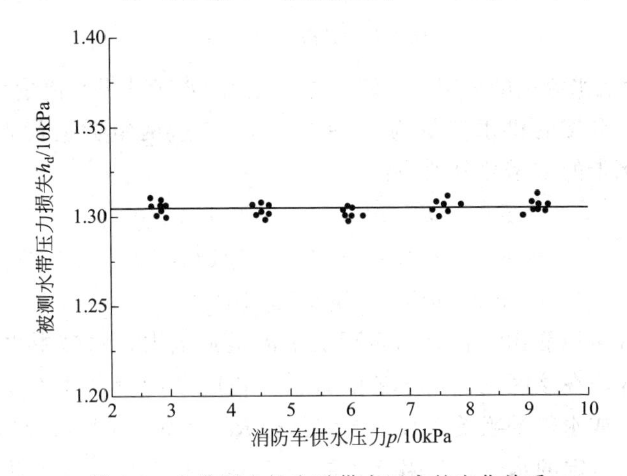

图 2-2　水带压力损失随供水压力的变化关系

式中，λ 为水带沿程阻力损失因数，MPa/m；l 为消防水带长度，m；d 为消防水带内径，m；v 为消防水带内水的流速，m/s；g 为重力加速度，m/s^2。

其中 l、d、g 都是常数，所以式（2-1）计算所得到的阻抗系数 S 与式（2-5）中的 λ 具有相同的变化规律。影响 λ 的因素主要有相对粗糙度$\frac{k_s}{d}$以及水带内水流的雷诺数 Re。根据尼古拉兹曲线图 2-3，ef 右侧的水平直线区域为紊流粗糙区，该区内 λ 只与相对粗糙度有关，而与 Re 无关。

Re 可由式（2-6）求得。

$$Re=\frac{dv}{\upsilon} \tag{2-6}$$

式中，d 为消防水带内径，m；v 为消防水带内水的流速，m/s；υ 为水的运动黏度，m^2/s，常温下水的运动黏度为 $1\times10^{-6}\,m^2/s$。

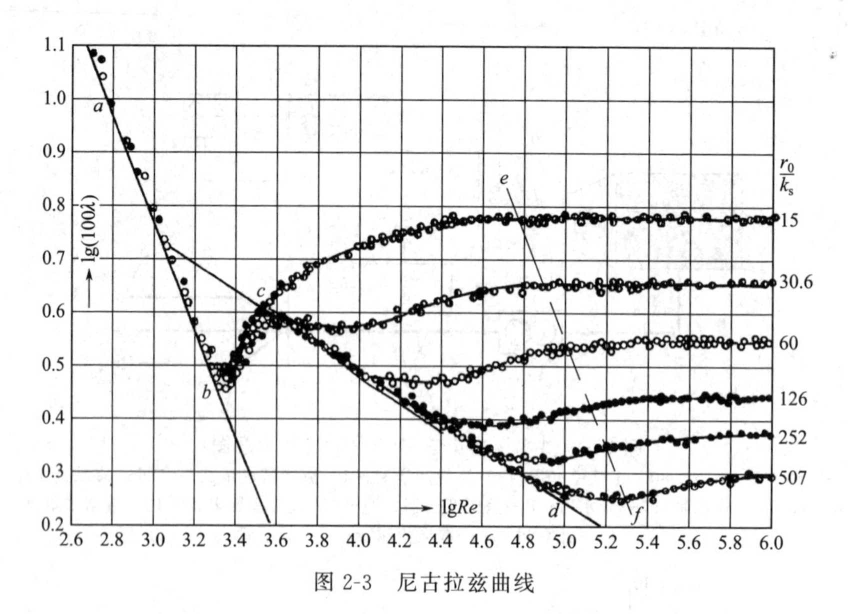

图 2-3 尼古拉兹曲线

火场中实际供水流量的范围为：65mm 口径消防水带的供水流量为 4.6～10 L/s；80mm 口径消防水带的供水流量为 6～20 L/s，将这两组数据代入式（2-6）中，求得两种型号水带的雷诺数分别为：

$$Re_{65} \approx 0.90 \times 10^5 \sim 1.96 \times 10^5$$

$$Re_{80} \approx 0.95 \times 10^5 \sim 3.18 \times 10^5$$

$$\min(\lg Re) = \lg 0.9 \times 10^5 = 4.95$$

对照图 2-3 可以看出，在火场实际供水流量范围内，水带中水流的状态基本位于紊流粗糙区，在该区域，当水带的口径、长度及铺设方式不变时，水带沿程阻力损失因数 λ 或水带的阻抗系数 S 与雷诺数 Re 无关，仅与水带的相对粗糙度有关。即对于一条特定的水带，其阻抗系数值 S 是一恒定值，与消防车的供水压力无关，理论分析的结果与试验测试结果一致。

（二）水平铺设聚氨酯及聚氯乙烯衬里消防水带的阻抗系数

聚氨酯（PU）及聚氯乙烯（PVC）衬里消防水带是目前室内外火场供水使用最多的两类水带。这两类消防水带的阻抗系数在原有火场供水理论中未被列入。因此，本节主要依据式（2-1），通过实验测试得到这两类水带的阻抗系数。

1. 实验测试线路连接

测试线路连接示意图如图 2-4 所示，80mm 口径水带测试时按照图 2-4（a）进行连接，65mm 口径水带测试时按照图 2-4（b）进行连接。

2. 实验测试结果

通过实验，分别测得一条水平铺设消防水带的压力损失 h_d 和过水流量 q_V，将 80mm 和 65mm 口径 PU 及 PVC 衬里消防水带的压力损失 h_d 和过水流量的平方 $q_V{}^2$ 分别作图，并用公式进行拟合，得到如图 2-5 所示的直线，其斜率即为被测

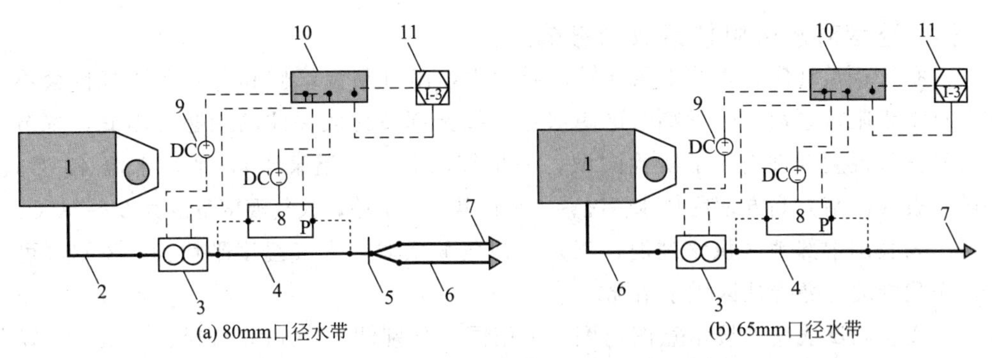

图 2-4 水平铺设时水带测试系统连接示意图

1—水罐消防车；2—80mm 口径水带；3—流量变送器；4—被测试水带；5—分水器；6—65mm 口径水带；7—DN65 多功能水枪；8—差压变送器；9—24V 直流稳压电源；10—数据采集仪；11—计算机；- - -数据传输线；······导压管

水带的阻抗系数值。

从图 2-5（a）和图 2-5（b）中均可以看出，PVC 衬里水带的阻抗系数要高于 PU 衬里水带，二者的值均大于原供水理论中给出的同一口径胶里水带的阻抗系数值，见表 2-4。测试结果与原有供水理论中胶里水带的阻抗系数值存在较大的偏差，最大达到 67%。原因是 20 世纪五六十年代测试的胶里水带多为橡胶衬里，涂覆层较厚，内壁较为光滑，现在火场供水广泛使用的 PU 衬里水带和室内消火栓用的 PVC 衬里消防水带，内衬较薄，粗糙度较大。

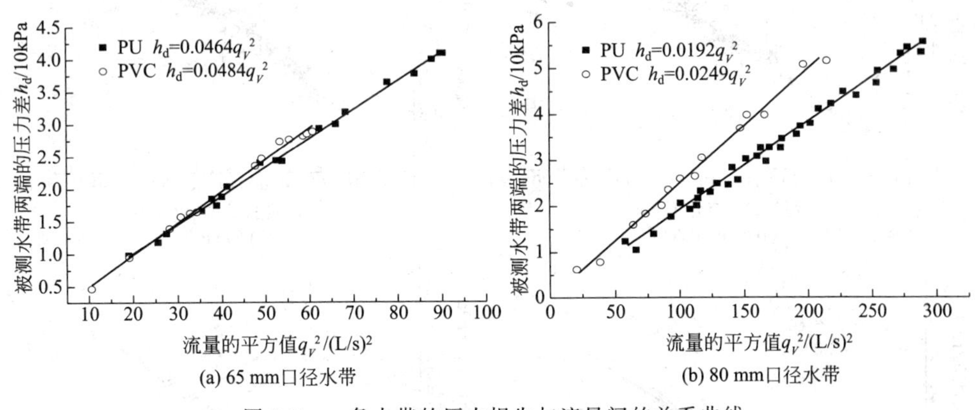

图 2-5 一条水带的压力损失与流量间的关系曲线

表 2-4 PU、PVC 衬里及胶里水带阻抗系数对照表

型号	80mm 口径			65mm 口径		
衬里材质	PU	PVC	橡胶	PU	PVC	橡胶
阻抗系数	0.019	0.025	0.015	0.046	0.048	0.035
与胶里水带的相对误差	27%	67%	—	31%	37%	—

（三）温度对水带阻抗系数的影响

我国幅员辽阔，南北地区气候差异较大，南方高温气候和北方严寒气候会不会对水带阻抗系数产生影响？这些都是一线指挥员比较关注的问题。因此，本节选取三种温度条件进行了实验测试。一是较高温度（温泉水），平均水温 45 ℃，可代表我国南方高温地区供水情况；二是正常温度试验，大气温度范围为 6 ～28 ℃，可代表我国中部地区供水情况；三是寒冷气候实验，大气温度平均为－8 ℃，可代表我国北方寒冷地区供水情况。

实验测试线路连接示意图与图 2-4 相同。分别测试 80mm 口径、65mm 口径 PU 和 PVC 衬里消防水带在不同温度条件下的压力损失 h_d 和过水流量 q_V，将压力损失 h_d 和过水流量的平方 q_V^2 作图，如图 2-6 所示。图 2-6 中直线的斜率即为被测水带的阻抗系数。从图 2-6 中可以看出，在常温、高温和低温三种条件下，无论是 PU 衬里消防水带还是 PVC 衬里消防水带的阻抗系数值差别不大，即温度对水带的阻抗系数值没有影响。可以认为，在我国南方高温气候至北方严寒气候范围内，均可使用同一阻抗系数值对火场供水量进行估算，阻抗系数值见表 2-4。

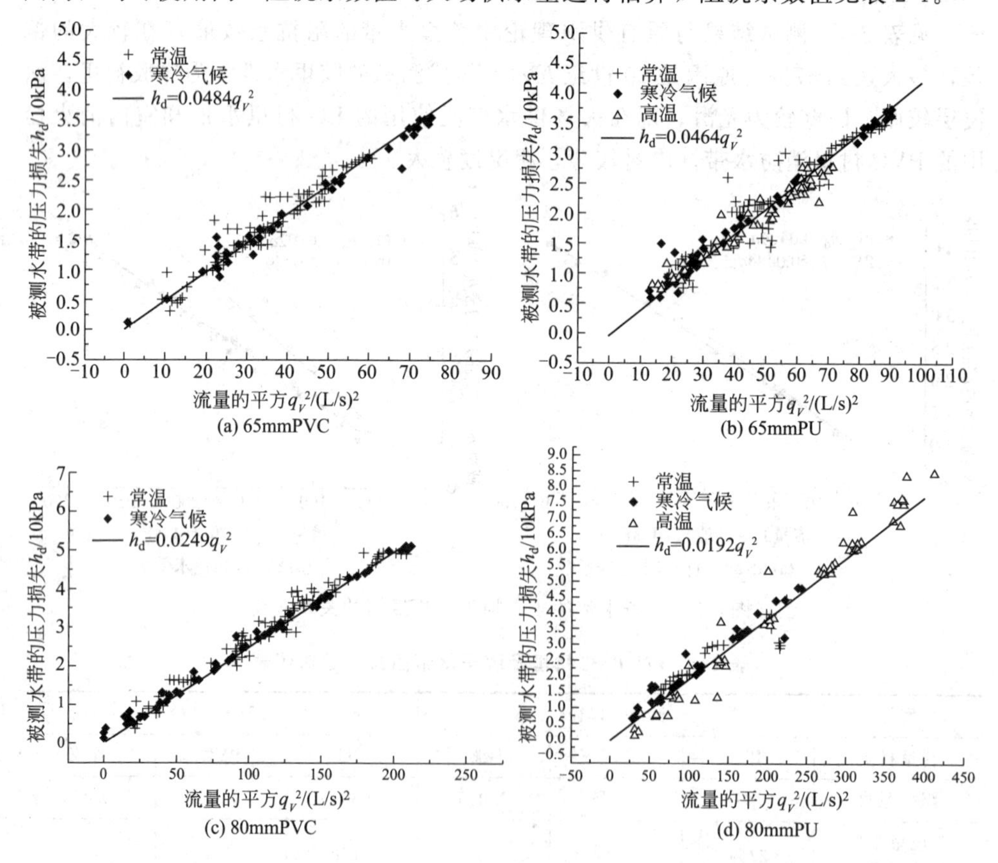

图 2-6 不同温度条件下水带压力损失与过水流量间的数量关系

(四) 输送不同介质时水带的阻抗系数

随着社会经济的发展，消防作战对象发生了巨大变化，大型石油库和化工罐区的大量兴建，使得火灾现场日趋复杂，泡沫灭火剂的用量越来越大，特别是在沿海地区，海水更成为了主要的灭火和冷却介质。水带在输送海水及泡沫灭火剂时的压力损失与输送水时是否一样，其压力损失如何估算，成为目前消防部队极为关切的问题。因此，研究不同材质、不同口径水带输送海水和泡沫灭火剂时的阻抗系数，对火场供泡沫量和海水的估算具有重要意义。

本节主要选取6%水成膜泡沫灭火剂和海水作为输送介质，测试输送这两种介质时水带的阻抗系数，并与输送水时的数据进行对比。测试线路连接示意图与图2-4相同。

对被测80mm口径和65mm PU衬里及PVC衬里消防水带的压力损失h_d和过水流量的平方q_V^2分别作图，并用公式进行拟合，得到如图2-7所示的直线，其斜率即为被测水带的阻抗系数值。

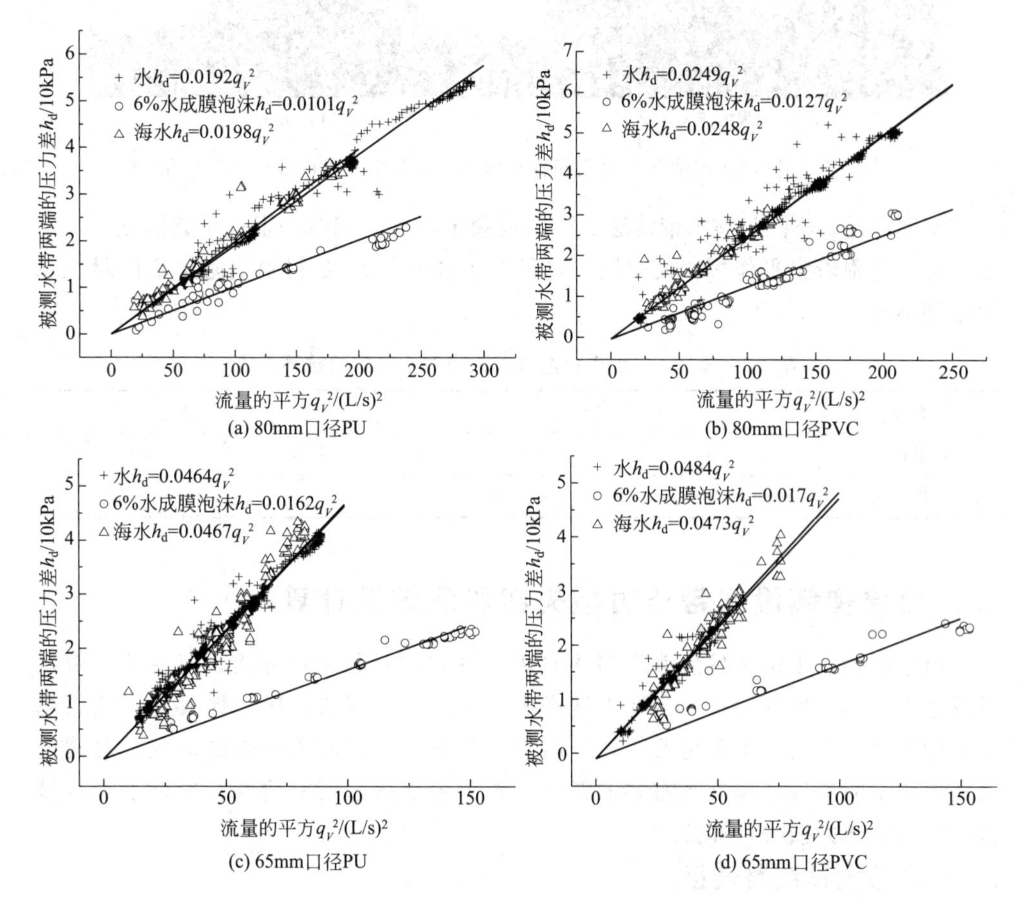

图2-7　不同输送介质水带阻力损失与过水流量间的变化关系

从图 2-7 中可以看出，不同口径、不同材质水带输送海水与输送水时的阻抗系数相差不大，输送 6% 水成膜泡沫灭火剂时的阻抗系数明显低于输送水与海水时的阻抗系数。为了进一步探究原因，使用JC2000D接触角测量仪，采用量角法，分别测定了6%水成膜泡沫滴和水滴与 PU 衬里水带内衬的接触角，如图 2-8 所示。从图 2-8 中可以看出，水与 PU 内衬的接触角约为 6%水成膜泡沫的 2 倍，说明 6%水成膜泡沫在水带内衬具有很好的铺展性，且铺展性能远远优于水。通过实验现象观察发现，6%水成膜泡沫在 PU 和 PVC 衬里水带内衬表面上的铺展速度也远远高于水。因此，当水带内输送 6%水成膜泡沫混合液时，在水带衬里表面很快附着一层灭火剂膜，填充了水带衬里表面的凹处，起到了整平衬里表面的作用，使得阻力变小，阻抗系数自然变小。

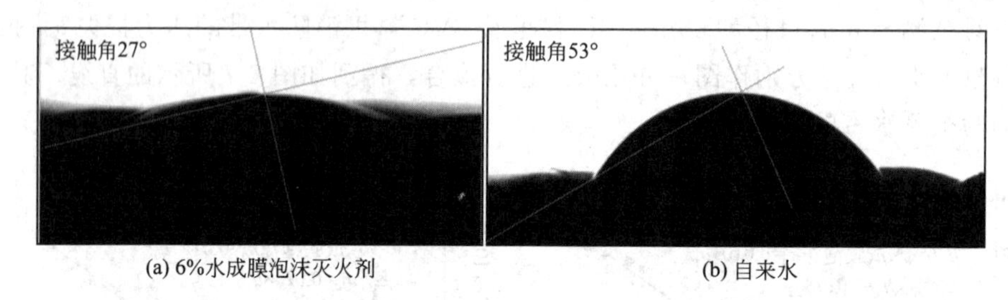

(a) 6%水成膜泡沫灭火剂　　(b) 自来水

图 2-8　6%水成膜泡沫灭火剂和自来水在 PU 衬里水带内表面的接触角

不同口径、不同材质水带输送 6% 水成膜泡沫灭火剂时的阻抗系数值见表 2-5。由于泡沫的附着整平作用，使得同一口径 PU 衬里和 PVC 衬里消防水带的阻抗系数差别不大。

表 2-5　输送 6%水成膜泡沫灭火剂时水带的阻抗系数值

型号	80mm 口径		65mm 口径	
衬里材质	PU	PVC	PU	PVC
阻抗系数	0.010	0.0127	0.0162	0.017

二、沿楼梯铺设水带压力损失实验测试及计算

沿楼梯铺设水带是目前消防部队向建筑供水的一种常用方式，但由于水带弯折及垂直距离增加等因素，会在沿程产生较大的压力损失，压力损失是影响火场供水量准确计算的一个关键要素，开展沿楼梯铺设水带压力损失的研究，对建筑火灾用水量的准确计算具有重要的意义。本节主要通过实验研究，拟合水带沿楼梯铺设时的压力损失计算公式。

(一) 实验测试线路连接

将一条水带从一楼铺设到三楼，水带进口与出口的垂直距离为 7.2m，测试线路连接示意图如图 2-9 所示。

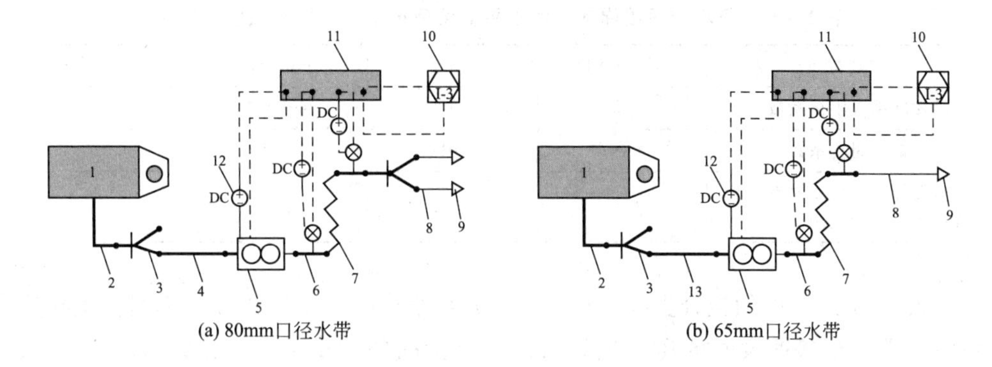

(a) 80mm口径水带　　(b) 65mm口径水带

图 2-9　沿楼梯铺设水带测试连接示意图

1—水罐消防车；2,4—80mm 口径水带；3—分水器；5—流量变送器；6—压力变送器；7—被测试水带；8,13—65mm 口径水带；9—DN65 多功能水枪；10—计算机；11—数据采集仪；12—24V 直流稳压电源；---数据传输线

（二）实验测试结果及分析

测试被测水带压力损失 h_d与过水流量 q_V，分别将 80mm 口径和 65mm 口径 PU 衬里及 PVC 衬里消防水带的压力损失 h_d与过水流量平方 q_V^2 作图，如图 2-10 所示。拟合直线的斜率即为水带阻抗系数值。

从图 2-10 中可以看出，沿楼梯铺设时，水带压力损失与水平铺设相比，增加了一个铺设高度的数值 7.2m，除此之外，其阻抗系数远大于水平铺设时的阻抗系数，见表 2-6。以 80mm 口径 PU 衬里消防水带为例，沿楼梯铺设时阻抗系数与水平铺设相比，增加了 57.9%。原因是沿楼梯铺设时，在楼梯拐角处水带发生弯折，致使阻抗系数增大。

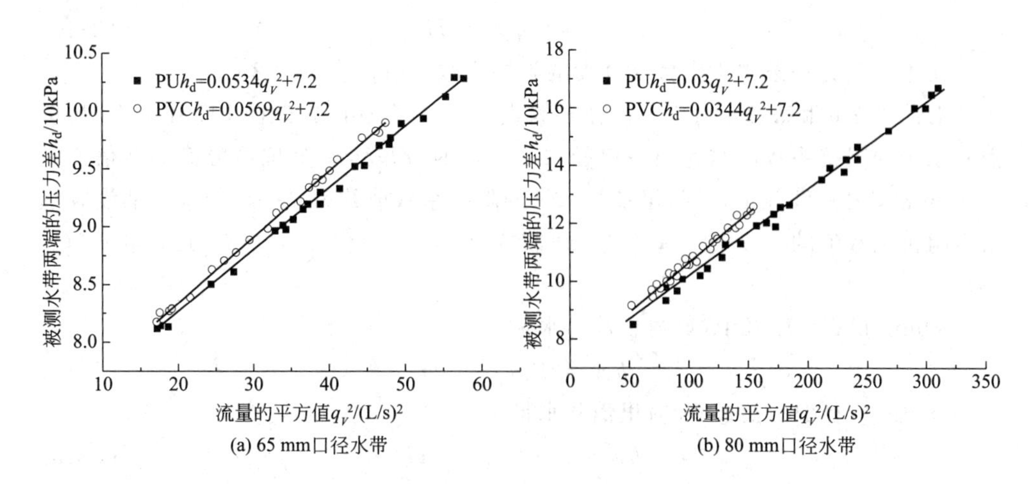

(a) 65 mm口径水带　　(b) 80 mm口径水带

图 2-10　沿楼梯铺设水带压力损失与流量平方间的数量关系

表 2-6 一条水带沿楼梯铺设和水平铺设情况下的阻抗系数值对比表

口径材质	65mm PU	80mm PU	65mm PVC	80mm PVC
沿楼梯铺设阻抗系数	0.0534	0.03	0.0569	0.0344
水平铺设阻抗系数	0.046	0.019	0.048	0.025
沿楼梯铺设比水平铺设阻抗系数高出的比例/%	16.1	57.9	18.5	37.6

根据图 2-10 中的拟合直线方程，可以分别给出一条不同口径、不同衬里材质消防水带沿楼梯铺设时的压力损失与过水流量间的数量关系，见式（2-7）～式（2-10）。

80mm 口径 PU 水带：

$$h_{\mathrm{dl}}=0.03q_V{}^2+H \tag{2-7}$$

80mm 口径 PVC 水带：

$$h_{\mathrm{dl}}=0.0344q_V{}^2+H \tag{2-8}$$

65mm 口径 PU 水带：

$$h_{\mathrm{dl}}=0.0534q_V{}^2+H \tag{2-9}$$

65mm 口径 PVC 水带：

$$h_{\mathrm{dl}}=0.0569q_V{}^2+H \tag{2-10}$$

式中，h_{dl}为一条水带沿楼梯铺设时的压力损失，10kPa；H 为沿楼梯铺设时，一条水带出口处与进口处的垂直高度差，m。

由式（2-7）～式（2-10）可归纳出一条水带沿楼梯铺设时，其压力损失的通用计算公式，见式（2-11）。

$$h_{\mathrm{dl}}=S_1q_V{}^2+H \tag{2-11}$$

式中，S_1为一条水带沿楼梯铺设的阻抗系数，取值参见表 2-6。

对照表 2-6 和表 2-1 可知，沿楼梯铺设时，一条 80mm 口径 PU 和 PVC 衬里消防水带的阻抗系数值约为同一口径水平铺设时胶里水带阻抗系数值的 2 倍，一条 65mm 口径 PU 和 PVC 衬里消防水带的阻抗系数值约为同一口径水平铺设胶里水带阻抗系数值的 1.5 倍。基于此，可将式（2-11）简化，得式（2-12）和式（2-13）。

80mm 口径 PU 及 PVC 衬里消防水带：

$$h_{\mathrm{dl}}=2S_{\mathrm{j}}q_V{}^2+H \tag{2-12}$$

65mm 口径 PU 及 PVC 衬里消防水带：

$$h_{\mathrm{dl}}=1.5S_{\mathrm{j}}q_V{}^2+H \tag{2-13}$$

式中，S_{j} 为一条水平铺设胶里水带的阻抗系数值，80mm 口径为 0.015，65mm 口径为 0.035。

式（2-12）和式（2-13）分别为一条 80mm 口径和一条 65mm 口径消防水带

沿楼梯铺设时的压力损失计算公式，当向建筑供水时，若铺设水带的条数为 n，则所铺设水带总的压力损失为一条水带的 n 倍。

三、水枪、分水器的技术参数实验测试

关于多功能水枪和分水器的供水技术参数，在原有供水理论中未涉及，因此，本节在测试验证 19mm 口径水枪阻抗系数和流量系数的基础上，着重测定多功能水枪和分水器的技术参数。

（一）水枪技术参数实验测定

多年来消防部队使用最多的 ZQ19 直流水枪，目前使用量正在逐步减少，主要应用在室外大型火场的扑救和石油储罐以及化工装置的冷却中，而在大部分火场中已经被多功能无后坐力水枪 DN65 所代替，但这种新型的射水装备在原有供水理论中还没有可用的技术参数，需要对其进行实验测定。

1. 实验测试线路连接

利用流量计测定供水管线中的流量 q_V，利用压力变送器测定水枪入口压力 h_q，通过数据采集仪进行同步采集。从而得到同步的压力和流量数据。

依据式（2-2）和式（2-3），计算被测水枪的流量系数和压力系数。图 2-11 为直流水枪测试线路连接示意图，进行多功能水枪实验测试时，将直流水枪更换为多功能水枪，其他装备器材和各种仪器都保持不变。

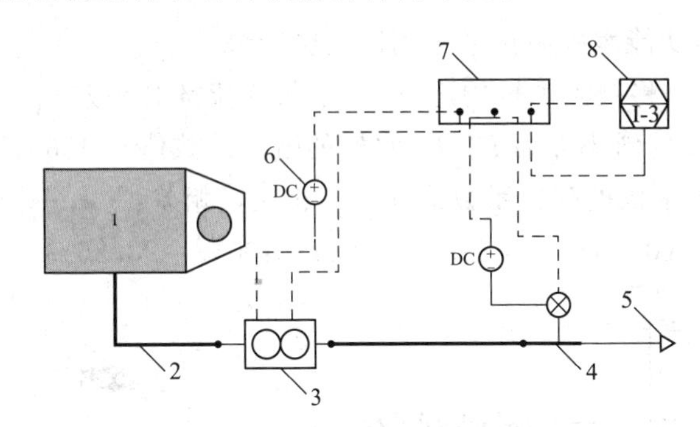

图 2-11　直流水枪实验测试线路连接示意图

1—水罐消防车；2—65mm 口径水带；3—流量变送器；4—压力变送器；5—直流水枪；6—24V 直流稳压电源；7—数据采集仪；8—计算机

2. 实验测试结果

（1）19mm 口径水枪流量系数及阻抗系数测试实验结果

根据式（2-2）换算出 q_V/d^2 与 $\sqrt{h_q}$ 之间的关系式，并对其作图，如图 2-12（a）所示，图中直线的斜率即为 19mm 口径直流水枪的流量系数（0.0035）。与式（2-2）中给出的流量系数 0.00348 相比，相对误差为：

$$(0.0035-0.00348)/0.00348\times100\%=0.57\%$$

根据式（2-3），将被测水枪的进口压力 h_q 与其流量的平方 q_V^2 作图，得到图 2-12（b），图中直线的斜率即为 19mm 口径直流水枪的阻抗系数值 0.624，与表 2-2 中给出的 19mm 口径直流水枪的阻抗系数值 0.634 相比，相对误差为：

$$(0.634-0.624)/0.634\times100\%=1.58\%$$

由此可见，实验测得的 19mm 口径直流水枪的技术参数与现行的技术参数误差不大。可以采用现行的技术参数进行火场供水估算。

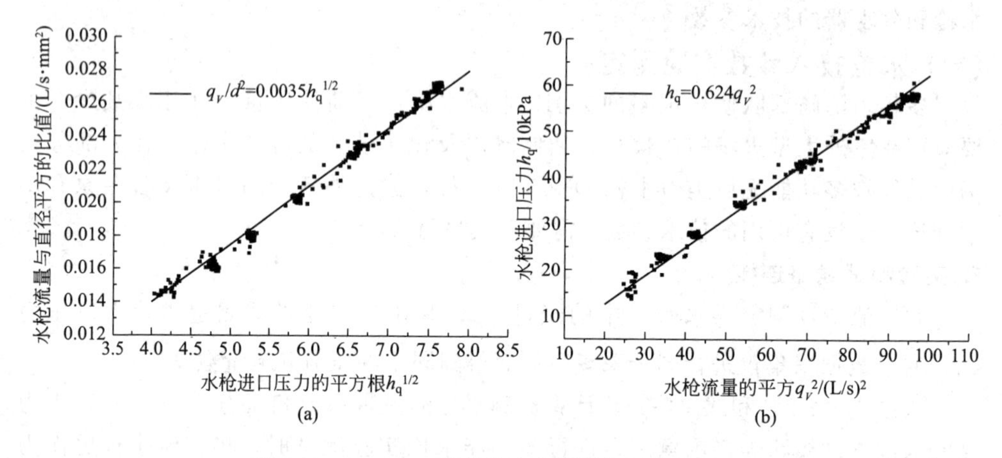

图 2-12　19mm 口径直流水枪流量与压力关系图

（2）*DN*65 多功能水枪阻抗系数测试实验结果

根据式（2-3），将被测水枪的进口 h_{DN65} 与其流量的平方 q_V^2 作图，得到图 2-13，图 2-13 中直线的斜率即为 *DN*65 水枪的阻抗系数值 0.4865，与表 2-2 中给出的 19mm 口径直流水枪的阻抗系数值 0.634 相比，相差：

$$(0.634-0.4865)/0.634\times100\%=23.26\%$$

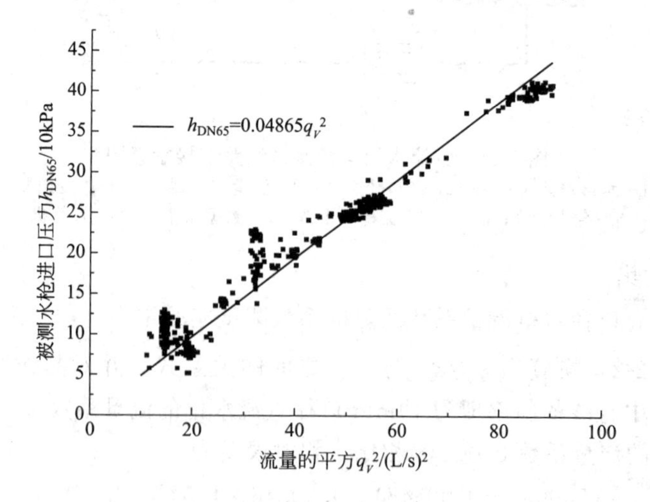

图 2-13　DN65 多功能水枪喷射直流水时其进口压力与流量平方间的关系

说明 $DN65$ 多功能水枪喷射直流水时，其阻抗系数远远低于 19mm 口径直流水枪，即在进口处压力同样的情况下，其压力损失与 19mm 口径直流水枪相比，要小 23.26%。其压力损失可由式（2-14）进行计算。

$$h_{DN65}=0.4865q_V{}^2 \tag{2-14}$$

（二）分水器技术参数实验测定

从流体力学的角度看，分水器作为一个局部管件，其压力损失的计算往往比较复杂。因此，在火场供水计算中常常将其忽略。但分水器究竟会造成多大压力损失，对供水管线的影响有多大，目前不得而知。因此，专门进行了分水器压力损失实验，以测定分水器的压力损失和供水干线流量的关系。

1. 实验测试线路连接

实验测试线路连接示意图如图 2-14 所示。为了表示的方便，分水器符号既表示 65～80mm 二分水器，又表示 65～80mm 三分水器。

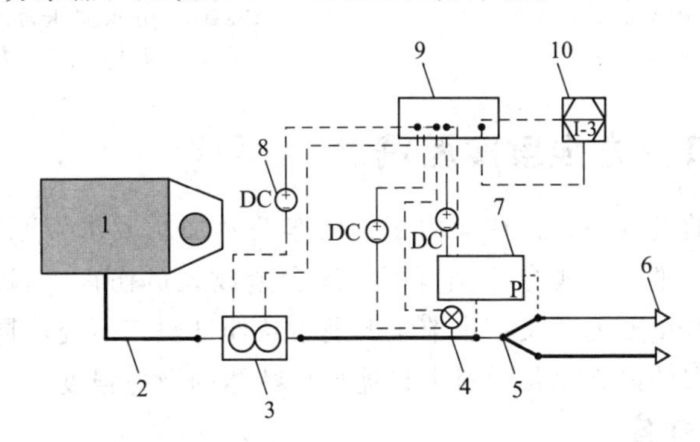

图 2-14 分水器供水参数测试线路连接示意图

1—水罐消防车；2—80mm 口径水带；3—流量变送器；4—压力变送器；5—分水器；
6—DN65 多功能水枪；7—差压变送器；8—24V 直流稳压电源；
9—数据采集仪；10—计算机；---数据传输线；┈┈导压管

在二分水器实验中，仅测单侧支线的压力损失；在三分水器实验中，分别测试单侧支线及中间支线的压力损失。

2. 实验测试结果

80mm 二分 65mm 口径及三分 65mm 口径分水器的供水参数测试结果如图 2-15 和图 2-16 所示。

从图 2-15 中可以看出，无论是二分水器还是三分水器，其两端的压力损失都随着分水器进口压力的增大而增大，当进口压力相等时，三分水器单侧分支与二分水器单侧分支的压力损失值基本相同，而中间分支的压力损失要小于单侧分支的压力损失，因为中间分支没有发生转弯情况，其阻力损失较侧面分支阻力损失小。

从图 2-16 中可以看出，三分水器与二分水器的压力损失与其进口压力之间的比值较为恒定，单侧面分支的压力损失值仅为进口压力的 1.2%左右，而三分水器中间分支的压力损失仅为其进口压力的0.9%左右，由此可见，分水器所产生的压力损失在整个供水系统中来衡量，几乎可以忽略不计。

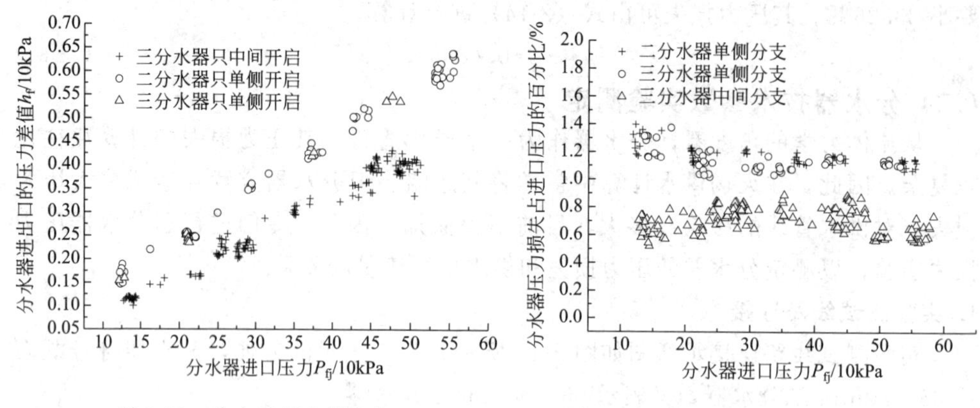

图 2-15　分水器压力损失与其进口压力间的数量关系

图 2-16　分水器压力损失占其进口压力的百分比随其进口压力的变化关系

四、水带接口受力强度实验测试

在火场供水的过程中，往往会由于消防车突然加压或水带弯折而发生水带卡口崩裂或水带接口脱落的现象，稍有不慎还会造成人员伤亡。因此，研究水带接口的受力强度具有重要的意义。本节主要通过拉伸试验，研究不同口径水带卡口、接口与水带的捆绑处以及水带通过卡口连接后整体的受力强度。

(一) 拉力实验设备

拉力试验用的设备为材料万能实验机，该设备为材料力学实验常规设备，型号为 WAW-1000。

(二) 水带接口铝质卡口受力强度试验

1. 拉伸试样的设计与制作

由于材料万能试验机夹具的最大直径为 55mm，65mm 和 80mm 口径水带接口与试验机夹具不配套，无法进行试验，所以需要设计加工一套尺寸和形状与实验机夹具相匹配的连接配件，实现水带接口与试验机夹具之间的连接，该连接配件与水带接口的连接情况如图 2-17 所示。如图 2-17 (b) 所示，其外形为阶梯状变径。为保证连接工具有足够的强度且重量尽可能轻，选用了直径不同的无缝钢管，通过内外螺纹进行连接。

2. 实验测试结果

不同口径水带接口进行了三次重复拉伸试验，水带接口卡口为铝合金，属于脆性材料，因此只有抗拉强度，水带接口强度实验曲线如图 2-18 所示。水带接口卡口发生断裂的最大拉力见表 2-7。

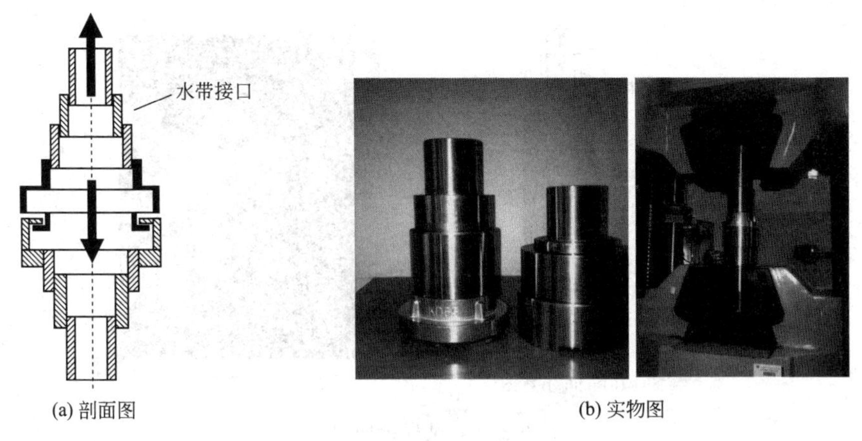

(a) 剖面图　　(b) 实物图

图 2-17　连接配件图

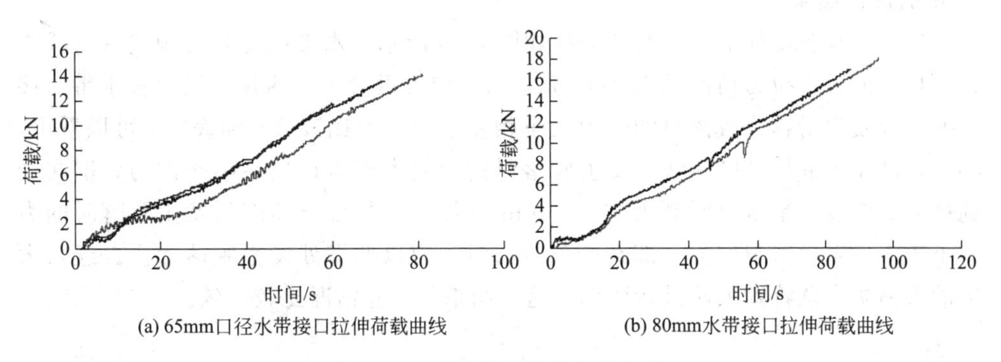

(a) 65mm口径水带接口拉伸荷载曲线　　(b) 80mm水带接口拉伸荷载曲线

图 2-18　水带接口拉伸荷载曲线

表 2-7　三次拉伸实验数据表

水带接口直径/mm		65	80
拉力/kN	实验 1	11.75	17.6
	实验 2	13.6	18.1
	实验 3	14.1	17.1
平均拉力/kN		13.2	17.6

所有实验都出现在水带接口的卡口处断裂，因为该位置所承受的拉力强度最大。由于 80mm 口径卡口的面积比 65mm 口径卡口面积大，因此 65mm 口径水带卡口的拉断荷载平均为 13.2kN，80mm 口径水带卡口的拉断荷载平均为 17.6kN。

(三) 水带捆绑处受力强度试验

1. 拉伸试验的设计与制作

试验用水带材质为 PU 衬里，按拉伸实验的标准制作 200mm 长度的试件，其拉伸剖面示意图和实物图如图 2-19 所示。

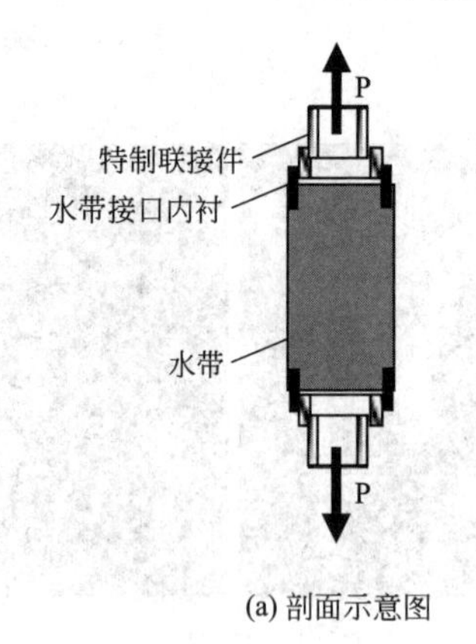

(a) 剖面示意图

(b) 实物图

图 2-19　试样拉伸图

2. 试验测试结果

实验过程各试样的拉伸荷载曲线如图 2-20 所示。水带捆绑处出现脱落（或滑移）现象的最大拉力情况见表 2-8。从表 2-8 中可以看出，两种不同口径水带与接口捆绑处发生滑移或脱落时的受力大小相差不大。对比表 2-8 和表 2-7 可以看出，65mm 口径水带与接口捆绑处发生脱落时的力要大于卡口发生断裂的力，即在受到拉力时应以水带卡口断裂为主；80mm 口径水带与接口捆绑处发生脱落时的力则小于卡口发生断裂的力，即在受到拉力时，应以捆绑处发生脱落为主。经与大庆油田消防支队特勤大队进行咨询，这一结果与实际情况比较一致。

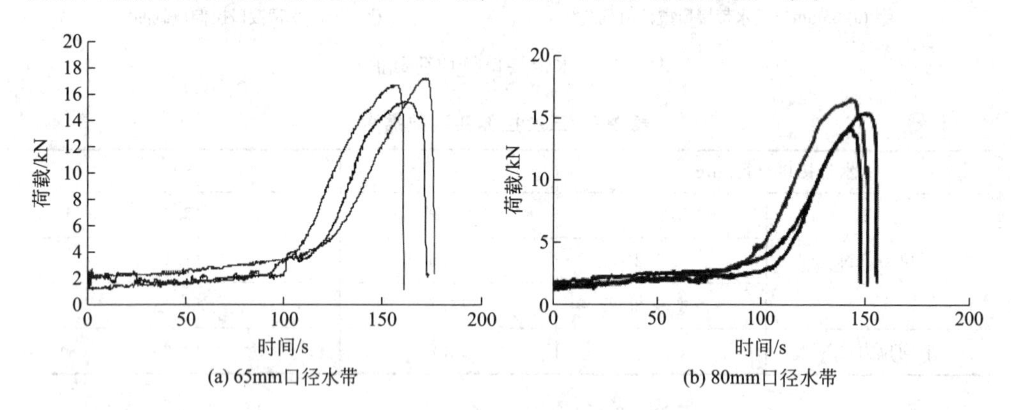

图 2-20　水带与接口捆绑处受力载荷曲线图

表 2-8　水带与接口捆绑处发生脱落的最大受力情况表

实验样品	脱落最大载荷/kN	平均值/kN
65-1	15.45	16.5
65-2	17.25	
65-3	16.70	

续表

实验样品	脱落最大载荷/kN	平均值/kN
80-1	15.50	16.4
80-2	16.60	
80-3	17.10	

(四) 水带与接口共同拉伸时的受力强度试验

1. 拉伸试样的制作

按统一标准制作200mm长度拉伸试样，利用水带接口连接件将其与试验机夹具进行连接，连接剖面示意图和实物图如图2-21所示。

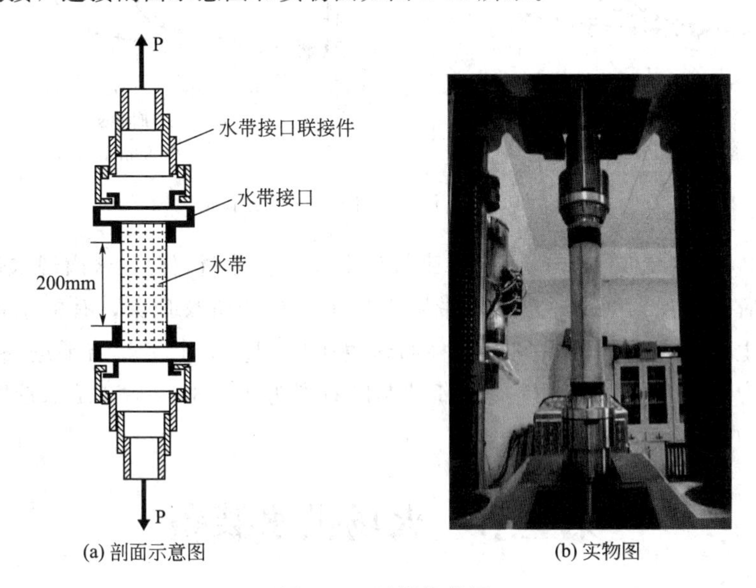

(a) 剖面示意图　(b) 实物图

图 2-21　试样拉伸图

2. 试验测试结果

实验过程能记录荷载、变形等参数，但由于消防水带是柔性物体，变形参数没实际意义，所以采用拉伸荷载曲线，样品的拉伸载荷曲线如图2-22所示，试验结果及现象见表2-9。

表 2-9　拉伸实验结果及现象记录表

实验样品	拉断或滑移载荷/kN	现象描述
65-1	11.95	接口卡口脆性断裂
65-2	11.95	接口卡口脆性断裂
65-3	12.40	接口卡口脆性断裂
80-1	17.80	卡口断裂,水带滑移

续表

实验样品	拉断或滑移载荷/kN	现象描述
80-2	16.55	卡口未断裂,水带严重滑移
80-3	17.45	卡口断裂,水带严重滑移

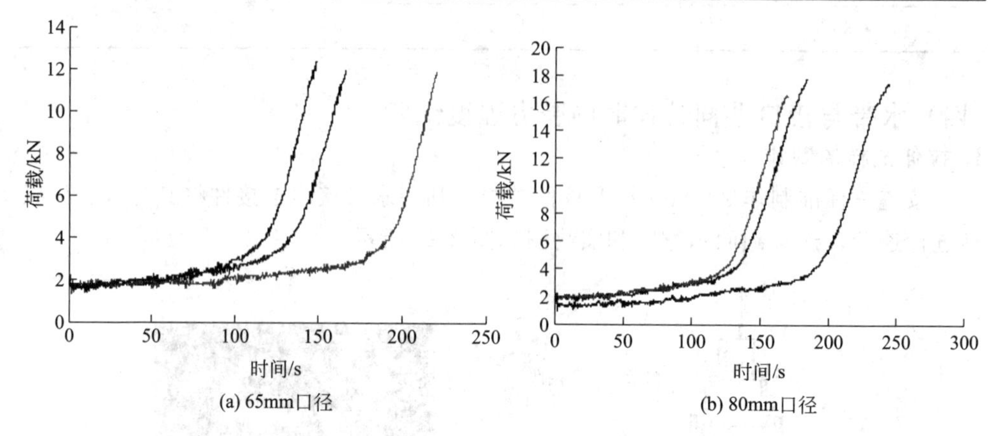

图 2-22 试样拉伸载荷曲线图

从表 2-9 中可以看出，65mm 口径水带接口卡口在脆性断裂前，未出现水带与接口捆绑处的脱落现象，80mm 口径水带则出现了严重的滑移现象，有的水带在接口卡口处发生断裂，有的则只发生滑移而未发生断裂。这个实验结果进一步说明，在受到外力拉伸时，65mm 口径水带以卡口断裂为主，80mm 口径水带以捆绑处发生脱落为主。

第三节 火场供水装备

火场供水装备是指在火灾扑救的过程中，将水输送到火灾现场并实施灭火的所有装备的总称。

一、水罐消防车

水罐消防车是以消防水泵、水罐、消防水枪、消防水炮等为主要消防装备，可独立进行灭火战斗的灭火消防车，是消防部队常见的消防装备。

(一) 分类

水罐消防车主要采用汽车底盘改装而成，根据其载水量，主要分为中型和重型两种，可带水炮也可不带水炮，不带水炮的水罐消防车一般为中型，是目前使用最多的一种消防车。

根据消防水泵的安装位置不同，又可分为中置泵式和后置泵式水罐消防车两种车型。水泵安装在车辆中部、器材箱设置在车辆后部的水罐消防车称为中置泵式水罐消防车，而泵房安装在车辆后部、器材箱设置于车厢前后两侧的水罐消防车称为后置泵式水罐消防车。

（二）结构特点

中型水罐消防车主要由乘员室、车厢、水泵和其管路系统和附加装置等组成。重型水罐消防车是在中型水罐消防车的基础上，增加了水炮、水炮出水管路等。

1. 乘员室

驾驶员室及消防室连在一起构成乘员室，大多数水罐消防车乘员室由原车驾驶室和在其基础上接长的消防员室构成，这种乘员室的室内设有前后两排座位，包括驾驶员可乘八人。消防员室后部两侧有水泵进、出水接口和出水操纵球阀手柄。消防员室两侧下部脚踏板上安放有吸水管。在驾驶员坐垫右侧、水泵传动轴左侧的中间部位设有水环泵引水操纵手柄和后进水操作手柄。排气引水操作手柄设在副驾驶座位前方的底板上。

2. 车厢

车厢由水罐、水泵及其管路和器材箱组成。一般中型水罐消防车前部为水罐，消防员驾驶室座椅下为水泵，后部或左右两侧为器材箱。重型水罐消防车的泵房一般设在后部，器材箱在中部。水罐顶部开有人孔口、溢水口，装有扶手和吊装用圆环等。人孔口有盖密封，溢水口安置在水罐顶中部，使水罐保持与大气相通，确保向水泵供水流畅。水罐底部有积存口，用于排出污物，平时由球阀封闭。在积存口前方的前封罐壁上，有进水口和出水口，进水口与水泵注水管路连接，由水泵向水罐注水。出水口与水泵进水管路连接，由水罐向水泵供水。另外在水罐后封罐壁上，装有浮球式液位指示器。器材箱套装于水罐的后部，放置各种消防器材。后端有大开门，开启后由支脚支撑。器材箱后围上装有后照明灯。

3. 水泵及管路系统

该系统主要由水泵及其管路系统、引水装置和传动及操纵系统组成。

（1）水泵

水泵是水罐消防车的核心部分，根据装备的水泵种类不同，水罐消防车可以分为普通水罐消防车、中低压泵水罐消防车、高低压泵水罐消防车和高中低压泵水罐消防车。普通水罐消防车，采用单级或双级离心消防泵，扬程可达到1.0～1.4MPa，流量一般在30～60 L/s之间。中低压泵水罐消防车装备的是中低压水泵，可实现低压大流量和高层或远距离供水，是未来消防部队的主战车辆。高低压泵水罐消防车是引进卢森堡亚技术生产的一种消防泵，该泵由多级离心式叶轮串联组成，前1级叶轮为低压叶轮，后3级叶轮为高压叶轮，低压与高压可以同时喷射，高压扬程可达4.0MPa，流量4000/min，低压扬程1.0MPa，流量4000/min。高中低压泵水罐消防泵可以进行低压、中压、高压喷射灭火，也可以低压、高压联用，中压时可以进行远距离供水或向高层建筑供水或与举高车配合灭火。

（2）水泵管路系统

主要由进水管路和出水管路两大部分组成。带水炮的水罐消防车水泵管路系统和不带水炮的水罐消防车的水泵管路系统大致相同，只是在不带水炮水罐消防车的管路基础上，增加了一个上出水管路和水炮。

①进水管路。水罐消防车的进水管路均由侧进水管路和后进水管路组成。后进水管路是水罐向水泵供水的管路，而侧进水管路则是天然水源或消防水源向水泵供水的通道。

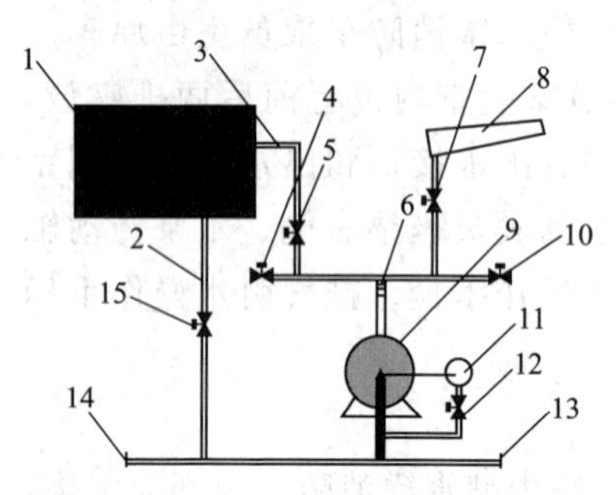

图 2-23 水泵管路系统

1—水罐；2—后进水管；3—注水管；4—左出水阀；5—注水阀；6—止回阀；7—水炮阀；8—水炮；9—水泵；10—右出水阀；11—水环泵；12—引水阀；13—右进水管；14—左进水管；15—后进水阀

②出水管。水罐消防车的出水管路由侧出水管路、后注水管路和上出水管路等组成。侧出水管路是水泵压力水出水的主要通道，它由左右出水管、止回阀、出水球阀、管牙接口和盖等组成。后注水管路主要用于水泵向水罐内注水或清洗水罐用。它由注水弯管和注水球阀等组成。水泵管路系统如图 2-23 所示。

(3) 引水装置

引水装置的功能是抽吸泵及管道内的空气，并将其排入大气中，使泵及管路内达到一定的真空度，从而将水引入离心泵内。

水罐消防车的引水装置除类似泵浦消防车安装的排气引水装置外，还有水环引水装置等。

(4) 传动及操纵装置

传动及操纵装置主要由取力器、传动轴等组成。

①取力器。其功能是驱动水泵运转。发动机的动力通过取力器、传动轴传给水泵轴，从而驱动水泵运转。按照取力部位不同，可分为六种：一是上盖式取力器。其结构简单，便于加工，但传递动力小，易损坏。多用于我国第一代消防车，现在很少使用。二是边盖式取力器。这种取力器与上盖式取力器具有相同的缺点，因此目前也很少使用。三是夹心式取力器，也称为中置式或一轴取力器。其性能可靠、输出功率大、工艺成熟、冷却好、寿命长。目前应用比较广泛，多应用于我国中型消防车和日本森田泵公司生产的消防车。四是独立式取力器，也称之为断轴式或分动式取力器。其结构简单、安装方便，但因动力由变速箱传出，功率损失大、噪声大，长时间工作会引起变速箱机油温度升高。目前主要应用于我国重型消防车上。五是二轴取力器，也称为二轴分动器。动力从变速器后端二轴取出。六是副轴取力器，也称为副轴取力器。动力从变速器后端副轴取出。二轴和副轴取力器大多应用于德国生产的消防车上。

②传动轴。主要用于在水泵及取力器之间传递动力。由于水泵和取力器之间的相对位置不在同一轴心上，因此，通常选用普通十字轴万向节传动轴连接。

4. 附加装置

该装置主要包括发动机供油、冷却、废气利用和电气装置。

① 发动机供油主要通过手动或电动数控油门来实现。驾驶员根据水枪供水流量需求，利用油门调节水泵的扬程。

② 冷却装置主要用于对发动机内的循环水和取力器内的润滑油进行冷却。根据用途不同，可采取两种安装方式：一种安装在发动机和底盘原冷却水箱的连接管处，改善发动机的冷却条件，另一种安装在取力器底部的润滑油壳中，冷却润滑油。

③ 废气利用装置主要是对发动机排出的废气进行再利用。利用方式有两种，一种是用于排气引水，另一种是冬天通过废气式保暖器对水泵及消防员室进行保暖。

④ 电气装置主要包括电子警报指挥仪、警灯、液位表及指示器、前后照明灯、室内灯、器材箱照明灯、出水灯和各种电气开关等。

(三) 型号和主要性能参数

常用水罐消防车的型号及技术参数见表 2-10。

表 2-10　水罐消防车型号及技术参数

技术参数 / 主要型号	底盘型号	满载质量/kg	载水质量/kg	消防泵型号	最高车速/(km/h)	流量/压力/(L/s·MPa)
CX5092 GXFSG35C	CA1091K2	9525	3000	CB30/10	90	低压 30/1.0
SJD5140 GXFSG50W_1	FVR34G 五十铃	14275	5000	CB20·10/20·40	120	低压 40/1.0 中压 20/2.0
SGX5210 GXFSG90	FV234N 重庆五十铃	21450	9000	CB20·10/30·60	95	低压 60/1.0 中压 30/2.0
SZX5260 GXFSG120	解放 16 平 CA1260P2K1T1	≤26195	13000	CB20·10/30·60	86	低压 60/1.0 中压 30/2.0
SGX5320 GXFSG170ZD/BB	北方奔驰 (BENZ)3229/6×4	31500	17000	CB40·10/4·60	90	低压 60/1.0 高压 4/4.0

(四) 操作使用

1. 用天然水源

消防车到达火场后，应根据火场情况，尽可能选靠近水源的适当地点，接好吸水管、滤水器并放入水中。安装吸水管应认真检查密封垫圈是否完好齐全，并拧紧接头防止漏气。吸水管放入水中深度应不少于 30cm，以防吸入空气。但水管不能触及水底以免吸入泥沙杂物，堵塞管路。然后接好水带、水枪，进行引水操作。

（1）用水环泵引水

除真空表、压力表旋塞打开外，检查关闭各阀门、旋塞、扪盖。并检查储水箱是否加满水，冬季应加防冻液。启动发动机，变速器操纵杆放入空挡，将取力器操纵手柄向后拉，使水泵低速运转，并注意泵的运转情况是否正常。

将水环引水手柄前推（也可能向后拉），使水环泵工作。增大油门加速水泵运转，同时注意观察水泵真空表和压力表，当真空表达到一定数值、水泵压力达到0.2MPa时，将水泵水环引水手柄复原位，停止水环泵工作。打开出水阀，即可供水。根据需要来操纵油门，调节水泵压力。

（2）用排气引水器引水

关闭各球阀（真空表、压力表除外）。启动发动机，将变速器操纵杆放入空挡。将排气引水手柄向后拉，使排气引水器工作，逐渐加大油门，提高发动机转速。当真空表指示一定的真空值，指针左右摆动不再上升时（说明泵内已进水），拉动取力器操纵杆，挂上泵挡，使水泵工作。同时迅速将排气引水手柄复位，停止排气引水器工作。当水压升至0.2MPa时，即可打开出水球阀向火场供水。并按需要操纵油门调节水压。

2. 用消火栓水

① 取出吸水管、地上（或地下）消火栓扳手，将吸水管一端与水泵进水口连接，另一端与消火栓连接。

② 按需要取出水带、水枪等，将其与水泵出水口连接好。

③ 除压力表旋塞打开外，检查各阀、旋塞（特别是真空表）是否关闭。

④ 启动发动机，接合取力器，使水泵低速运转。

⑤ 打开消火栓和侧出水管球阀即可供水。并按需要通过油门调整水压。

3. 用水罐水

除按用消火栓水②～④项操作外，还须：

① 打开后进水阀门，使水罐水流入水泵。

② 打开出水管球阀，操纵油门使水泵增压，即能供水满足灭火需要。

4. 用空气泡沫

① 取出水带、空气泡沫枪及其吸液管。将水带与水泵出水管连接好，吸液管插入空气泡沫液桶内，将泡沫枪启闭手柄扳至吸液位置。

② 按水泵使用方法供水，控制好水泵压力，以满足空气泡沫枪标定的进口压力，空气泡沫即从枪口喷出。

③ 灭火后应清洗空气泡沫枪及吸液管。

二、消防水泵

消防水泵是向火场输送水的流体机械。

(一) 分类

1. 按用途及配用对象分类

① 消防水泵。指用于输送水或泡沫混合液的消防泵。

② 引水泵。指用于消防泵排气引水的辅助泵。

2. 按安装或使用场所分类

① 固定消防泵。固定安装的消防泵。

② 车用消防泵。消防车上使用的消防泵。

③ 手抬机动消防泵。可由人力移动的消防泵。

3. 按泵扬程分类

① 低压消防泵。额定扬程小于1.6MPa的消防泵。

② 中压消防泵。额定扬程大于或等于1.6MPa且小于2.5MPa的消防泵。

③ 高压消防泵。额定扬程大于或等于2.5MPa的消防泵。

④ 中低压消防泵。额定扬程具有低压和中压的消防泵。

⑤ 高低压消防泵。额定扬程具有高压和低压的消防泵。

⑥ 高中低压消防泵。额定扬程具有高压、中压和低压的消防泵。

其中，中压消防泵、高压消防泵使用数量较少。

4. 按工作原理分类

分为叶片泵（离心式、轴流式、混流式）、容积泵、喷射泵、水锤泵等。消防业务中以使用离心式消防泵为主。离心式消防泵按其内部含有的叶轮数量分为单级离心消防泵、双级离心消防泵和多级离心消防泵三种形式。

(二) 车用消防水泵

车用消防水泵是利用消防车自身发动机驱动的消防泵，动力通过取力器传递给泵轴，带动叶轮快速旋转，将能量传递给介质水，经过泵出口到达消防水炮或消防水枪等装备实施灭火。主要有低压消防泵、中低压消防泵和高低压消防泵。

1. 低压消防泵

(1) 结构特点

低压消防泵按结构可分为单级离心泵和双级离心泵。单级离心泵主要由叶轮、泵壳、泵盖、泵轴、轴套、密封装置、轴承、轴承座、引水装置和止回阀等零部件组成，泵轴的一端在轴承座内用两只轴承支承，另一端悬出轴承座外，装一只离心式叶轮，因此，又称为悬臂式车用单级离心消防泵。单级离心泵结构紧凑，重量轻，效率高，维修方便，但由于该类消防泵单级压力高，使叶轮尺寸增大，导致消防泵体积增加。

双级离心泵由叶轮（两只）、中体（也叫导叶）、泵盖、轴套、密封装置、轴承、轴承座、引水装置和止回阀等零部件组成。双级离心泵两只叶轮装在同一根轴上，串联工作。第一级叶轮将水加压后，经过导叶送至第二级叶轮进口，经过第二级叶轮进一步加压，送至消防泵出口。双级离心泵与流量和扬程相同的单级离心泵相比，尺寸较小，工作可靠，效率高，但加工比较复杂。

（2）技术性能参数

低压消防泵的性能参数见表 2-11。

表 2-11　低压消防泵的性能参数

型号	流量/(L/s)	扬程/m	转速/(r/min)	轴功率/kW	允许最大吸深/m
CB10/20	20	110	3100	38.29	7
CB10/30	30	110	3240	57	6.2
CB10/40	40	110	2950	66	7
CB12/50	50	130	2950	107	7.4
CB12/60	60	130	3000	103	8
CB13/70	70	138	2950	118	6.8

2. 中低压消防泵

（1）结构特点

中低压消防泵采用双级离心泵串、并联总体结构，通过改变二级叶轮串联和并联工况来实现低压大流量和中压远距离或高层供水，针对不同的使用场所，采用多点工况、任意调整扬程。特别适用于扑救高层建筑、地下工厂、石化企业等火灾。中低压消防泵主要由下列零部件组成：离心式叶轮（二只）、泵壳、前中后盖、进水活门、换向阀、泵轴、密封装置、引水装置等。中低压消防泵结构如图 2-24 所示。

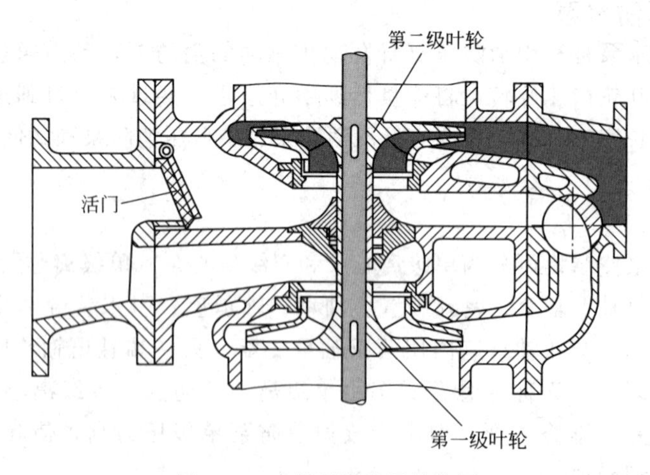

图 2-24　中低压消防泵结构图

（2）工作原理

当转换阀处于串联位置时，第一级叶轮的压力水进入第二级叶轮吸水腔室，经第二级叶轮再次加压后由出水管流出。这时泵处于串联工作状态，活门关闭，隔断第二级叶轮与吸水管的联系。当转换阀处于并联位置时，阀芯使第一级叶轮与出水管直接相通，并隔断第一级叶轮汇流出口与第二级叶轮吸水腔室的联系，此时，活门在负压下打开，两个叶轮互不干涉，并联供水。

（3）技术性能参数

中低压消防泵的技术性能参数见表2-12。

表2-12 BCB40中低压消防泵的技术性能参数

工况	性能参数				
	出口压力/MPa	流量/(L/s)	转速/(r/min)	吸深/m	引水时间/s
额定并联	1.0	40	3000	3	30
并联增速	1.3	28	3300	3	30
额定串联	2.0	20	3000	3	30
串联增速	2.5	10	3200	3	30

3. 高低压消防泵

高低压消防泵有两种结构形式，一种是离心旋涡泵，另一种是多级离心泵。

（1）离心旋涡泵

该泵由一单级离心泵和一旋涡泵组成，离心泵轴向进水，径向出水，在其出水口上，设有与旋涡泵相连的连接管。这一离心泵若单独运转，在其额定工况下，流量可达42 L/s，对应扬程为110m，转速为2950 r/min，基本相当于BD42泵。旋涡泵主要由叶轮、泵壳、进水口、出水口等组成。它与离心泵共用同一个泵轴。旋涡泵的叶轮是离心旋涡泵的增压元件。其周边的两侧都开有若干沟槽，每个沟槽相当于一个叶片。在叶轮转动情况下，每一沟槽中的液体受离心力作用沿沟槽底边向径向甩出，到顶部压力升高后，又沿流道四周向沟槽底部运动，形成液体在泵内的循环。这样，在旋涡泵进水口处，由于流道变宽，卷吸进液体，经过叶轮旋转加压后，在出水口因流道截面突缩而压出。由于叶轮周边沟槽很多，使旋涡泵可相当于多级离心叶轮的增压作用。一般来说，一只旋涡泵叶轮增加的压力可达3～4MPa。

（2）多级离心泵

多级离心泵由安装在同一泵轴上的多级离心叶轮串联组成，如NH40泵由四级离心式叶轮串联组成，前一级叶轮为低压叶轮，后三级叶轮为高压叶轮，低压出口引出一接管与高压叶轮入口相连，中间由阀门控制，低压与高压可以同时喷射，也可分别单独喷射，高压扬程可达4.0MPa，流量400L/min，低压扬程1.0MPa，流量4000L/min（见图2-25）。

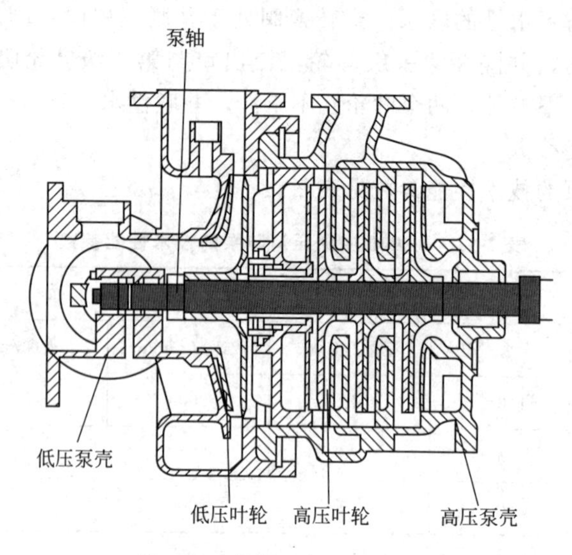

图 2-25 高低压离心泵结构图

(3) 技术性能参数

高低压消防泵的技术性能参数见表 2-13。

表 2-13 高低压消防泵的技术参数

型号	流量/(L/s)		压力/MPa		转速/(r/min)		最大允许吸深/m
	低压	高压	低压	高压	低压	高压	
CB40・10/6・30	30	6	1.0	4.0	4250	3800	—
CB40・10/6・50	50	6	1.0	3.5	4300	5100	—
NH30	40	4.2	1.0	4.0	4200	4200	7
NH40	66	6.7	1.0	4.0	4200	4200	7

(三) 引水消防泵

由于离心泵无自吸能力，为使它使用自然水源或消防水池内水时正常工作，必须首先将泵及吸水管内的空气排出。将用于抽吸离心泵及其吸水管中空气，使其形成一定真空度，进而把水源的水引入泵内的泵统称为引水消防泵。常用的引水泵有水环泵、活塞引水泵、刮片泵和喷射引水泵等。

1. 水环泵

水环泵属于容积泵，主要靠泵腔内形成的水环工作，在消防上广泛用作离心泵或手抬机动泵的排气引水装置。

2. 活塞引水泵

活塞引水泵属于容积泵，是通过活塞的往复运动达到排气引水的目的，依靠两个活塞左右移动时活塞缸内容积的周期性变化而工作，按其结构可分为手动操作型和全自动型两种。国内外广泛使用手动操作型活塞引水泵，全自动活塞引水泵在国外大型消防车上已有使用。

3. 刮片泵

刮片泵也属于容积泵，是较早使用的排气引水泵之一。它有单作用刮片泵和双作用刮片泵两种结构形式。目前主要用于手抬机动泵上，在车用离心泵上的使用越来越少。

4. 喷射引水泵

喷射引水泵是利用一定的压力流体通过管嘴喷射引入并输送另一种流体的特殊供液消防泵，它在消防上使用较为广泛，一般作为地下室或地窖等低洼地区的抽排水泵、常规泡沫/水罐消防车配套的管线式泡沫比例混合器和环泵式泡沫比例混合器、泡沫产生器、泡沫枪、排吸器等。车用消防泵和手抬机动泵上有时使用喷射泵进行排气引水，以便离心泵能开始正常输水。其工作介质一般为发动机排出的废气。

（四）手抬机动消防泵

手抬机动消防泵简称手抬泵，指离心泵与轻型发动机（汽油机或柴油机）组装为一体、可由人力移动的消防泵。作为独立的供水单元，手抬泵广泛应用于中小城镇、工矿码头、仓库和农村，扑救一般固体物质火灾及小规模油类火灾。与消防车不同的是，手抬泵主要配备于有水源但道路狭窄（或无道路），车辆无法到达的区域。手抬泵还可作为第一级供水设备，使消防车使用较低或较远的水源。

目前，我国生产的手抬机动泵主要有 BJ7、BJ10（D）、BJ15（D）、BJ20（D）、BJ25、BJ25（D）、BJ331 等几种。BJ 型手抬泵均是轻型汽油发动机为动力，从整体上看结构大致相同，都是由汽油发动机、单级离心泵、排气引水装置和手抬架等组成，并配有吸水管、水带、水枪等附件。

（五）浮艇式消防泵

浮艇式消防泵（浮艇泵）指由轻型发动机、小型离心泵、玻璃纤维浮箱组成的、可浮于水面上供水的组装供水设备，与手抬泵的用途和作用相同，可直接置于池塘、河流、水井、水池等天然水源中，作为火场供水消防泵使用，特别适用于消防车不易到达或者超过消防车吸深的火场周边天然水源的取水。

（六）水轮泵

水轮泵是由水轮机与水泵组合而成的供农田灌溉为主的一体式提水机械，以车载消防泵或手抬机动消防泵产生的常压压力水作为动力源，带动水轮机旋转，转化为机械能，通过转轴，带动同轴的水泵叶轮转动，从而离心泵开始工作。带有一定余压的水轮机尾水回到消防车水箱，形成循环，以保证水轮泵能长时间连续运行。随着新型应用形式的开发，目前在消防作业中也有所应用。

三、供水器具

(一) 吸水器具

把水从水源输送到水泵内的器具称为吸水器具，包括吸水管、吸水管接口和吸水附属器具。

1. 吸水管

吸水管是把从水源引向水泵的输水管，要求耐压强度高、挠性好、吸水阻力小、使用方便。

我国吸水管按内径，可分为 65mm、80mm、90mm、100mm、125mm 和 150mm 等六种；按在消防车上放置形式，可分为直管式（2m、4m 两种）和盘吸式（8m、10m 和 12m 三种）；按材质，可分为橡胶、合成橡胶、PVC 和合成树脂吸水管。

2. 吸水管接口

吸水管接口用于连接消防泵与吸水管，每副接口有内螺纹式、外螺纹式各一个。外螺纹接口可接滤水器，内螺纹接口可连接水泵进水口或消火栓。

吸水管接口由雄接头、雌螺环、胶管接头与垫圈等零件组成。吸水管接口的材料采用 EL104 号铸铝合金，外观光洁，表面阳极氧化处理。组合后应按要求进行密封和强度试验。

3. 吸水附属器具

主要包括滤水器、滤水筐、三脚架、垫木和拉索。

(1) 滤水器

装于吸水管末端，用于防止河水等水源杂物进入吸水管内，由滤网和单向阀等组成。

(2) 滤水筐

是用藤条或聚乙烯编织的筒状体，进口部分缝以帆布或胶布。另外，也有使用拧入吸水管端阳螺纹中的筒状网，其材料可采用金属或合成树脂。

(二) 输水器具

把消防泵输出的压力水或其他灭火剂送到火场的管线和器具称为输水器具，主要包括消防水带及各种辅助器具。

1. 消防水带

消防水带是指把消防泵输出的压力水或其他灭火剂送到火场的软管。

(1) 分类

按材料不同，水带可分为麻质水带、合成纤维水带、棉织水带；按结构不同，水带可分为衬里水带和无衬里水带，衬里水带的衬里可分为橡胶衬里、乳胶衬里、涂塑衬里和聚氨酯衬里；按耐压等级不同，水带又可分为低压水带（0.8MPa、1.0MPa、1.3MPa)、中压水带（1.6MPa 和 2.5MPa）和高压水带（4.0MPa)；

按直径不同，水带可分为 50mm、65mm、80mm、90mm 和 135mm 口径水带；按编织方式不同，水带可分为平纹水带和斜纹水带。

为了满足各种使用要求，我国还研制了一些特殊性能的水带。

① 表面包覆水带，表面覆盖胶层或涂塑的水带。

② 双编织层水带，在编织层外侧再覆以圆筒编织层的水带，以防内编织层受压力损伤。

③ 湿水带，其衬里为海绵状胶，编织层有渗水性，在一定的水压下能均匀渗水，使带身湿润，因此具有阻燃功能。

④ 水幕水带，沿水带长度方向每隔 30cm 开设直径 5mm 的小孔，用于防止火灾蔓延和冷却保护。

⑤ 浮式水带，用相对密度小的合成纤维作套筒的水带，可浮在水面使用。

（2）构造

消防水带主要由圆筒编织层、衬里和外包覆层三层组成。圆筒编织层的主要材料有合成纤维、棉织和麻织；水带衬里多使用橡胶、乳胶、涂塑、聚氨酯等；水带的外包覆层以耐候性为主，防止圆筒层的磨损和老化，起减少渗水的作用，材料多为橡胶或塑料。

2. 消防接口

消防接口用于水带与水带、消防车、消火栓、水枪等之间的连接，以便输送水或泡沫、泡沫混合液。消防接口主要包括管牙接口、内螺纹固定接口、外螺纹固定接口、异径接口、异型接口及肘接口等。

3. 分水器和集水器

分水器是从消防车供水管路的干线上分出若干股支线水带的连接器材，本身带有开关，可以节省开启和关闭水流所需的时间，及时保证现场供水。集水器主要用于吸水或接力送水，它可把两股以上水流汇成一股水流。集水器有进水端带单向阀和进水端不带单向阀两种形式。

（三）射水器具

射水器具是把水按需要的形状有效地注射到燃烧物上的灭火器具。

1. 消防水枪

根据射流形式和特征不同可分为直流水枪、喷雾水枪、多用水枪等，其中常用的为直流水枪和喷雾水枪；按工作压力范围分为低压水枪（0.2～1.6MPa）、中压水枪（1.6～2.5MPa）、高压水枪（2.5～4.0MPa）和超高压水枪（>4.0MPa）。

（1）直流水枪

是一种喷射直流柱状水流的消防水枪，分为无开关直流水枪、开关直流水枪和直流开花水枪。优点是结构简单、射程远、水流冲击力大，目前我国消防部队普遍采用直流水枪。但是由于直流水枪存在着水渍损失大，水枪反作用力大等缺点，在发达国家已经逐步被喷雾水枪和多用水枪取代。

（2）喷雾水枪

是一种以固定雾化角喷射雾状水流的消防水枪，该类水枪的出口端装有雾化喷嘴，根据其雾化喷嘴的结构形式，可分为机械撞击式喷雾水枪、双级离心式喷雾水枪和簧片振动式喷雾水枪等。优点是水渍损失小，水枪反作用力小，可用于扑救室内建筑火灾、电器火灾、可燃粉尘火灾等。

（3）多用水枪

可以喷射直流、开花、喷雾，可以调节雾化角，产生保护水幕。几种水流可以互相转换，组合使用，机动性能好，对火场需要适应性好。目前，正逐步趋于替代直流水枪。

（4）脉冲水枪

是一种新型水枪，自带水源和压缩空气源。可以喷射超细水雾，既能灭固体火，也能灭液体火和气体火。适用于扑救小型油品火灾、建筑内火灾、汽车交通事故火灾。

（5）中压水枪

是指喷射压力在1.6～2.5MPa之间，具有直流和喷雾功能的消防水枪，多配备于中低压消防车。优点是吸热、冷却效果好，产生的水蒸气能起到窒息灭火和排烟作用，在无法接近火点时可作保护水幕，主要适用于扑救松散物质和油类火灾。

（6）高压水枪

是指喷射压力大于2.5MPa，与高压消防泵及高压软管卷盘配套使用，具有直流和喷雾功能的消防水枪。在高压状态下可以形成更为理想的雾状射流，具有更高的灭火效率和最小限度的水渍损失和耗水量。

（7）细水雾水枪

是可以喷射细水雾水流，达到灭火、冷却、隔热和降低辐射热作用的水枪。细水雾水枪水流呈强劲的微粒浓密雾状，主要适用于扑救A类、B类、C类和电气类火灾，尤其对高危险场所的局部保护和密闭空间的保护更为有效，也可用于缺水、无水场所和无外动力源或不允许使用外动力源的场所，特别适用于人员密集场所、反恐烟雾处理、洁净厂房、无菌实验室、图书馆和档案室等场所。

（8）超高压细水雾灭火破拆枪

主要是利用混有磨料的高压水射流技术来进行切割及利用高压水射流形成的高压细水雾来进行灭火。整合了灭火与破拆两种功能，具有破拆灭火迅速、高效、省水、操控灵活等特点，几乎可以切割任何材料，如玻璃、金属、合金和陶瓷材料。

（9）水幕水枪

又称屏风水枪，是一种可以在火源和消防员之间设立保护屏幕墙，有效减少火场热辐射、稀释有毒气体、隔离烟雾的特种消防水枪。主要适用于各种火场和有毒气体泄漏场所。

（10）转角水枪

是经过特别设计，专门针对屋顶、高横梁、烟囱里的隐藏火灾或建筑外墙火灾等使用的特种消防水枪。

2. 带架水枪

带架水枪是一种介于水炮和水枪之间的射水器具，其射程和流量远大于消防水枪，一般用于较大型火场的冷却和灭火工作。

3. 消防水炮

消防水炮是以水作为介质，喷射高压大水量、强力射水流进行远距离火灾扑救的灭火设备。适用于石油化工企业、储罐区、飞机库、仓库、港口码头等场所，更是消防车理想的车载射水器具。

按操纵形式可分为手动操纵和远距离操纵消防水炮；按安装方式可分为移动式、固定式和车载式消防水炮。

固定式水炮一般安装在消防车上或消防重点保护场所；移动式水炮可以安放在距离火源较近、人员难以接近的地方使用。有些移动消防水炮还增加了行走和遥控机构，可以控制喷射出各种流型，使用更加灵活。常见水炮技术参数见表2-14。

表 2-14 常见水炮的技术参数

主要性能 型号	工作压力/MPa	流量/(L/s)	射程/m	水平回转角度	仰俯角度		喷雾夹角
					仰角	俯角	
SP25	1.0	25	≥48	360°	75°	15°	90°
SP32	1.0	32	≥50	360°	70°	20°	90°
SP40	1.0	40	≥50	360°	75°	15°	90°
SP50	1.0	50	≥60	360°	75°	15°	90°
PWP20	0.6～1.0	20	≥35				30°—50°
PWP30	0.8～1.0	30	≥45				30°—50°
PSY40	0.8	40	≥60	180°	75°	25°	90°
PSD40	0.8	40	≥60	60°	70°	30°	90°

（四）消火栓、消防水鹤和水泵接合器

1. 消火栓

消火栓是消防供水的主要设施之一，是一种固定消防工具，由阀、出水口和

壳体等组成。主要供消防车从市政给水管网或室外消防给水管网取水实施灭火，也可以直接连接水带、水枪出水灭火。分为室内消火栓和室外消火栓两种。

（1）室内消火栓

是工业、民用建筑室内消防供水设备，用来扑救建筑物内的初起火灾。通常安装在消火栓箱内，与消防水带和水枪等器材配套使用。按出水口形式可分为单出和双出口室内消火栓；按栓阀数量可分为单栓阀和双栓阀室内消火栓；按结构形式可分为直角出口型、45°出口型、减压稳压型、旋转型、旋转减压稳压型、减压型和旋转减压型室内消火栓。

（2）室外消火栓

是安装在室外，专门用于消防部队灭火取水的装置。按其安装场合可分为地上式和地下式两种；按其进水口连接形式可分为承插式和法兰式两种；按其进水口的公称通径可分为 100mm 和 150mm 两种；按公称压力可分为 1.0MPa 和 1.6MPa 两种，其中承插式的消火栓为 1.0MPa，法兰式的消火栓为 1.6MPa。

2. 消防水鹤

消防水鹤如图 2-26 所示，是在寒冷地区给消防车供水的专用装置。具有防冻、出水口可旋转、出水口径大、开启迅速等特点。消防水鹤由壳体、可伸缩出口弯管、排水阀、控制阀和接口等零部件组成。

图 2-26 消防水鹤

3. 水泵接合器

消防水泵接合器是当室内消防泵发生故障或灭火用水不足时，通过消防车给室内消防给水管网供水的装置。

按其安装形式可分为地上式、地下式、墙壁式和多用式；按其出口的公称通径可分为 100mm 和 150mm 两种；按公称压力可分为 1.6MPa 和 2.5MPa 两种。

四、大功率远程供水系统

大功率远程供水系统是采用特大功率水泵进行远距离供水的供水系统，由取水系统（主要是浮艇泵，如图 2-27 所示）、增压系统（如图 2-28 所示，主要是液压站、增压泵和柴油机组）、水带铺设系统（如图 2-29 所示，主要是大口径水带和水带铺设/收卷车）等模块单元组成，具有大流量、远距离和高效能等特点。系统的输送距离可达几公里甚至几十公里，输送流量最大达 22000L/min，可满足前方火场一台大流量炮和 4 辆消防车或者 8～10 辆消防车不间断供水灭火的需求。

图 2-27 取水浮艇泵（潜水泵）

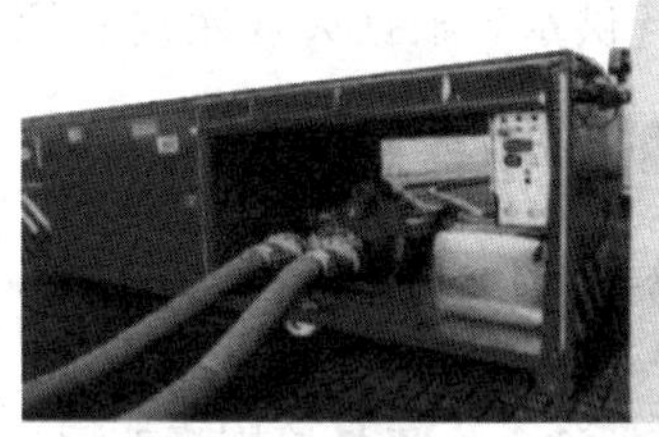
(a) 增压系统整体图

(b) 系列泵组

(c) 自动增压泵

图 2-28 增压系统

(a) 水带铺设/收卷车

(b) 水带铺设场景

图 2-29 水带铺设系统

使用方法如下。

① 将取水系统、增压系统从自装卸车上卸下，将浮艇泵放置在水中。

② 通过水带铺设车进行大口径水带的铺设。

③ 将大口径水带与取水系统的出水口、增压泵的进口和出口连接后，启动浮

艇泵取水。

④ 水到达增压泵后，当具备一定的压力值时，启动增压泵进行增压，增压后的水通过大口径水带输送至灾害现场的灭火装备。

第四节　火场供水方案

制定科学供水方案，有计划组织供水，是火灾成功扑救的关键。火场供水方案主要包括火场供水方法、火场供水组织指挥及火场供水强度的计算。

一、火场供水方法

在现代灭火救援行动中，有三种基本的火场供水方法，即利用固定灭火设施、半固定灭火设施和移动灭火设施进行火场供水。其中固定灭火设施、半固定灭火设施是依照消防设计规范进行设计施工的，一旦发生火灾，可以马上投入使用，供水时间、强度都能得到保证，灭火效果较好，在火场供水中应当首选前两种供水方法。利用移动灭火设施进行火场供水虽然效果不好，但却是火灾扑救中最常用的一种供水方法，它是利用消防车、水带、水枪进行供水，根据火场距离水源的远近，可采用运水供水、接力供水、直接供水和混合供水等方法。

(一) 运水供水

消防车利用水罐将水源地的水运送到火场输送给战斗车，这一过程称为运水，运水消防车的工作状态有三种：向战斗车输水、在运水途中行驶和在水源地上水。因此，运水供水与战斗车供水流量、运水行驶路程和水源地上水流量等因素有关。

采用运水供水的条件是：当水源至燃烧区的距离在接力车的接力半径之外时，应采用运水供水的方法。例如火场附近没有消火栓或其他可以占用的水源，消防车需要到较远的地方去上水，如水源至战斗车之间的距离大于3000m；火场燃烧面积较小，灭火用水量较小，如燃烧面积小于$50m^2$，灭火用水量小于20t；消防部队配备有大容量水罐消防车，如水罐容量大于10t；其他不便于铺设消防水带的情况，如高寒区灭火作业，消防水带容易结冰，收水带时易折断等。

运水供水可以最大限度地减少铺设水带的数量，节省铺设水带的时间，可将水运送到距战斗车的最近点，保证战斗车充分发挥其技术战术性能，必要时运水力量还可以投入灭火战斗；但由于运水消防车工作状态的限制，使运水车辆增多，运水行驶路程的路况，也可能影响运水车的行驶速度，消防车水罐的容量也限制了运水量。

(二) 接力供水

消防车利用水带将水源地的水输送给战斗车辆，这一过程称为接力供水。接力供水的形式有两种，即利用消防车水罐接力供水和利用消防车水泵接力供水。接力供水与战斗车供水量、接力供水距离和水源地上水量等因素有关。

采用接力供水的条件是：当水源至燃烧区的距离在接力车的接力半径之内时，应采用接力供水的方法。例如火场附近有消火栓或其他可以占用的水源，消防车不需要到较远的地方去上水，如水源至战斗车之间的距离在1000m以内；火场燃烧面积较大，灭火用水量较大，需要长时间不间断供水，如冷却供水时间大于4h；消防部队配备有铺设水带消防车；其他利于铺设水带的情况。

接力供水可以最大限度地减少消防车的行驶路程，把吸水输水连结为一体，可保证长时间不间断供水，可将水输送到战斗车的水罐或水泵内，保证战斗车充分发挥其技术战术性能；但由于接力供水需要铺设大量的水带，浪费了人力、物力和时间，同时由于接力供水车与战斗车之间有一段距离，接力供水力量很难投入灭火战斗。

（三）直接供水

消防车利用水泵将水箱或水源地的水输送到火场，这一过程称为直接供水。直接供水的形式有两种，即水平直接供水和垂直直接供水。

采用直接供水的条件是：水源至燃烧区的距离在战斗车的作战半径之内。

消防车技术性能越好，直接供水流量越大，需要水源地上水流量越大；否则，将会导致供水中断。消防车的直接供水距离与消防本身的技术性能、直接供水流量和配备消防水带的规格及数量有关。

（四）混合供水

消防车混合供水方法指两种及两种以上基本供水方法的组合，主要有运水供水加直接供水的组合、接力供水加直接供水的组合、运水供水加接力供水加直接供水的组合。采用何种组合方式，应根据火场的具体情况确定。

由于混合供水的特点，战斗车应尽量靠近火场。水平供水时，战斗车一般铺设3～5盘水带为宜；垂直供水时，战斗车一般水平铺设4～5盘水带为宜。

二、火场供水组织指挥

火场供水组织指挥是指指挥员及其指挥机关对火场供水行动进行有效的组织领导活动。包括火场供水计划的制订、消防水源的使用、火场供水组织和指挥。

（一）火场供水计划的制订

火场供水计划是结合火灾特点，对城市或管区内的消防安全重点单位制定的切实可行的供水方案。火场供水计划是灭火作战计划中的一项主要内容。

制定火场供水计划主要包括以下十个步骤：确定消防安全重点单位；绘制重点单位平面图；确定火场供水量；根据灭火需要确定供水能力；确定消防车供水方法；确定火场消防车总数；确定使用灭火剂顺序；落实火场供水力量；决定第一出动力量；火场供水演习。

（二）消防水源的使用

消防水源是指可供灭火救援使用的水源，是消防部队灭火救援作战必不可少的基础条件，是处置各类火灾事故的重要物质保障。消防水源通常分为天然水源和人工水源两大类。在保障供水需求的前提下，消防水源的使用应坚持就近、方便的原则。

1. 天然水源的使用

使用天然水源取水时，先将消防车停放在安全可靠、靠近水源的取水码头或适当地点，天然水源的水位和储水量应在消防车规定的吸水深度范围内，连接吸水管、滤水器，将滤水器沉入水中，启动消防车吸水装置或其他水泵，即可吸水。

2. 人工水源的使用

包括消火栓、消防水鹤和消防水池的使用。寒冷地区设置市政消火栓、室外消火栓确有困难的，可设置水鹤作为消防车加水的设施。

（三）火场供水组织和指挥

1. 火场供水组织

火场指挥员应根据火灾现场的实际情况和供水任务及时建立火场供水组织。消防中队的火场供水组织主要包括战斗班、一个中队、两个或两个以上中队等形式。当公安消防总（支、大）队火场指挥员到达现场时，建立火场指挥部，则应由指挥部制定专人负责建立火场供水组织。

2. 火场供水指挥

火场供水指挥，可分为计划供水指挥和临场供水指挥两种形式。

（1）计划供水指挥

按预案制定的火场供水计划进行供水指挥的形式，称为计划供水指挥。用于实际情况与供水计划相符合，或基本符合的火灾现场。

实施计划供水指挥，可以减少或避免盲目性，争取时机赢得灭火主动权，提高火场上的应变能力。但这绝不意味着指挥员要按供水计划，一成不变地机械处理火场供水问题。复杂的火场情况，要求指挥员必须根据具体情况，机动灵活地做出符合实际的变更或调整。如根据燃烧物的特点，选用相适应的灭火剂；根据障碍物的情况，决定延伸铺设水带的长度；根据起火点的垂直高度，决定垂直铺设水带的数量，以及消防车水泵出口压力等。

（2）临场供水指挥

根据火灾现场的具体情况，确定合适的供水组织形式及相应供水方法的供水指挥形式，称为临场供水指挥。

临场供水指挥适用于没有制定供水计划或原有供水计划与实际情况不符的火场。实施临场供水指挥，应结合平时与战时工作，做好以下几点。

①熟悉辖区水源的管理情况。按责任分工，掌握责任区范围内各种与火场供水有关的基础情况和基本数据。如责任区的地理状况、交通道路、灭火剂储量、建筑结构特点等。

②掌握灭火力量分工及战备状态。如可出动力量、消防装备情况、辖区队和

增援队到场时间等。

③掌握处置各种类型火灾的有效方法。如针对不同的燃烧物质选用相适应的灭火剂，针对不同的燃烧方式选用相适应的灭火方法，针对灭火剂的特点决定使用的先后顺序等。

④掌握灭火战斗模式。如供灭火剂力量处于优势或绝对优势，应采用进攻控制或进攻消灭模式，如供灭火剂力量处于劣势或绝对劣势，应采用防御控制或防御消灭模式。

三、火场供水强度计算

火场供水强度是指单位时间内，单位面积、单位周长或某一点上的供水量，是火场供水量计算的基本标准。

(一) 理论火场供水强度

火场供水强度与可燃物的火灾荷载密度大小有关，随着火灾荷载密度的增加，火灾由简单的平面燃烧转变为复杂的立体燃烧，其供水强度的计算也变得复杂化。当火灾荷载密度小于或等于 48kg/m²时，火场供水强度由式（2-15）来进行计算。

$$q=\frac{Q_h}{\eta Q_s} \quad (2\text{-}15)$$

式中，q 为理论火场供水强度，L/（s·m²）；Q_h 为火场热流密度，J/（s·m²）；Q_s 为水的吸热能力，J/L；η 为喷射器具的供水灭火效率，各种喷射器具的供水灭火效率见表 2-15。

表 2-15 喷射器具的供水灭火效率

喷射器具	供水灭火效率	
	室内火灾/%	室外火灾/%
喷雾水枪	80	50
直流水枪	75	50
水炮	70	50

当火灾荷载密度大于 48 kg/m²时，火场供水强度由式（2-16）来进行计算。

$$q_m=0.5\times(1+\frac{W}{48})q \quad (2\text{-}16)$$

式中，q_m 为灭火实际需要的最小供给强度，L/(s·m²)；q 为理论火场供水强度，L/(s·m²)；W 为火灾荷载密度，kg/m²。为了便于计算，$W/48$ 的值向上进位取整数。

(二) 实际火场供水强度

在实际灭火战斗过程中，射水器具的实际供水强度应根据其流量及控制面积、控制周长或控制点而确定。具体计算公式参见式（2-17）、式（2-18）和式（2-19）。

$$q_{sA}=\frac{q_1}{A} \tag{2-17}$$

式中，q_{sA}为实际火场供水强度，L/(s・m^2)；q_1 为射水器具的流量，L/s；A 为控制面积，m^2。

$$q_{sL}=\frac{q_1}{L} \tag{2-18}$$

式中，q_{sL}为实际火场供水强度，L/s・m；q_1 为射水器具的流量，L/s；L 为控制周长，m。

$$q_{sd}=nq_1 \tag{2-19}$$

式中，q_{sd}为实际火场供水强度，L/s；q_1 为射水器具的流量，L/s；n 为射水器具的数量。

（三）最大灭火时间

最大灭火时间是在最不利的情况下，消防部队采用防御控制战斗模式时所需的最长理论灭火时间。与火灾荷载密度、处理残火时间和全面积燃烧时间有关，计算公式见式（2-20）。

$$t_{max}=\frac{W}{V_z}-\frac{W}{4.8}-t_q \tag{2-20}$$

式中，t_{max}为最大灭火时间，min；W 为火灾荷载密度，kg/m^2；V_z 为可燃物重量燃烧速度，kg/(min・m^2)，木材的重量燃烧速度为 0.83kg/(min・m^2)；t_q 为消防部队出水灭火前可燃物全面积燃烧时间，min。

参考文献

[1] 郭凤桐，仇绍新. LLS5170GXFGS75 型供水消防车的火场应用. 消防技术与产品信息. 1995，(1).

[2] 吴晋. 火场供水装备的发展对火场的影响. 中国新技术新产品，2011，(9).

[3] 仇绍新. 中低压泵消防车高层供水计算. 消防科学与技术，2001，(2).

[4] 刘立文. 中低压消防车供水能力分析. 消防科学与技术，2001，(2).

[5] 阚兴贵，苏琳，杨志伟等. 消防水带压力损失的影响因素即计算方法研究. 上海理工大学学报，2006，(6).

[6] 闵永林，邱洪芳. 火场供水设备水力特性试验装置系统的研究. 消防技术与产品信息，1994，(1).

[7] 傅建桥，杨政，金义重. 灭火装备技术发展对火场供水模式的影响. 消防科学与技术. 2010，(12).

[8] 李炳泉，刘文坤. 高层及远距离火场供水的试验研究. 消防科学与技术. 1998（增刊）.

[9] 李本利主编. 火场供水. 北京：中国人民公安大学出版社，2007.

[10] NFPA. Structural Firefighting Strategy and Tactics [M]. Sudbury: Jones and Bartlett Publishers，2008.

[11] 刘鹤年. 流体力学. 北京：中国建筑工业出版社，2004.

[12] 李进兴主编. 消防技术装备 [M]. 北京：中国人民公安大学出版社，2006.

［13］中华人民共和国公安部消防局编．中国消防手册第十二卷，消防装备．消防产品．上海：上海科学技术出版社，2007.

［14］闵永林主编．消防装备与应用手册．上海：上海交通大学出版社，2013.

［15］康青春主编．消防应急救援工作实务指南．北京：中国人民公安大学出版社，2011.

［16］康青春主编．消防灭火救援工作实务指南．北京：中国人民公安大学出版社，2011.

［17］中华人民共和国公安部消防局编．中国消防手册第九卷，灭火救援基础．上海：上海科学技术出版社，2007.

［18］公安部政治部编．灭火战术．北京：群众出版社，2004.

第三章
消防员个人防护技术

近年来，各国对消防员参加灭火救援行动的安全防护技术开展了大量研究，在灾害的伤害机理、人员的防护措施及装备方面都取得显著进步，为保护消防员安全做出了贡献。

第一节　火灾热辐射防护技术

热辐射是物体因自身温度而发出的一种电磁辐射，它以光速传播。在火灾现象中，火焰面的温度较高，周围介质的温度较低，火焰对周围介质有强烈的辐射换热作用，辐射是火灾现象中一种主要的传热方式。火灾热辐射是造成消防员伤亡和消防装备损坏的重要原因，为防止这种伤害或破坏，必须弄清热辐射的机理，掌握热辐射的计算方法和防护措施。

一、池火灾热辐射计算

在扑救油罐火灾的过程中，消防员所面临的爆炸、沸溢、喷溅、灼伤等危险主要是由热辐射造成的。研究油罐火灾的热辐射防护问题，必须清楚油罐发生火灾时产生的热辐射强度及其危害、油罐火灾可采取的防护措施、每种防护措施对热辐射的防护效果等问题。

油罐区发生火灾时，一般情况下是可燃液体在常压环境下的稳定燃烧，因此，一般选择池火灾计算模型进行油罐火灾热辐射计算。比较经典的油罐火灾热辐射计算模型有点源模型、Shokri-Beyler 模型和 Mudan 模型。

(一) 点源模型

点源模型假设火焰集中在池火中心轴线火焰高度的中心点（图 3-1 点 P）上，热量从 P 点发出，与点源 P 距离为 x 处的被辐射目标接受的热辐射通量就是以火焰中心点 P 为中心、以 x 为半径的球面单位面积在单位时间内接受的热量。点源模型同时考虑了被辐射目标物与火焰点源之间的角度关系。点源模型示意图如图 3-1 所示。

目标物所接受的热辐射通量

$$q=\frac{Q_{\mathrm{r}}\cos\theta}{4\pi R^{2}} \tag{3-1}$$

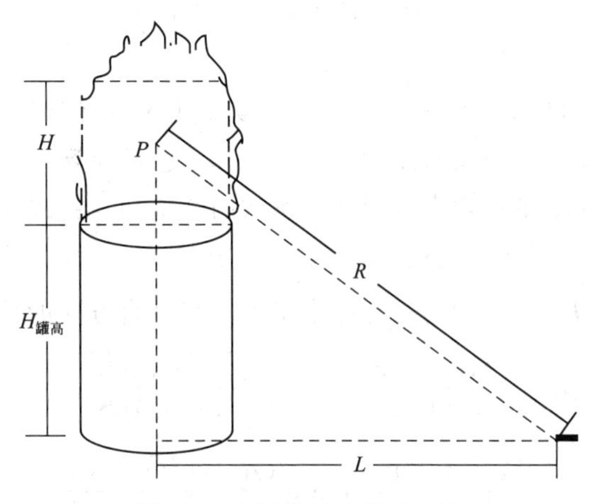

图 3-1 点源模型计算示意图

式中，Q_r为火焰输出的总热辐射通量，kW；θ 为目标物法线与目标物连线的夹角；R 为目标物与火焰点源间的距离，m。

① 火焰的高度及火焰总热辐射通量分别由 Heskestad 方程（式 3-2）和式（3-3）给出。

$$H=0.235Q^{2/5}-1.02D \tag{3-2}$$

$$Q_r=\chi Q=(0.21-0.0034D)Q \tag{3-3}$$

式中，D 为池火灾的等效直径，m；Q 为池火灾火焰的热释放速率，$Q=m'\Delta H_c A$，kW；m'为可燃液体单位面积的质量燃烧速率，kg/（m^2 · s）；ΔH_c为可燃液体的燃烧热，J/kg；A 为液池的当量面积，$A=\pi D^2/4$；χ 为热辐射分数。

② 点源与目标的距离由式（3-4）进行计算。

$$R=\sqrt{L^2+H_T^2} \tag{3-4}$$

式中，H_T为相对于等效点源的目标高度，当目标点坐落在地面上时 $H_T=H/2$；当目标点位于火焰中心高度时，$H_T=0$；H 为火焰高度，由式（3-2）计算。

在已知燃烧液体组分的情况下，可算出其燃烧速率，然后由式（3-3）计算热辐射能量。

（二）Shokri-Beyler 模型

Shokri-Beyler 模型将池火焰假设为具有均匀辐射能力的圆柱形黑体辐射源，该模型借助火焰表面的有效热辐射通量 E 和视角系数 F_{12}来计算辐射目标物所接受的热辐射通量（式 3-5），即

$$q=EF_{12} \tag{3-5}$$

（1）池火火焰热辐射通量 E 的计算

热辐射通量 E 表达式（式 3-6）由 Shokri 和 Beyler 通过对公开发表的 6 种燃烧物质的 18 组实验数据进行拟合得出，其借助于有效液池直径 D 表示如下。

$$E = 58(10^{-0.00823D}) \tag{3-6}$$

（2）视角系数

视角系数 F_{12} 由目标物的位置、火焰高度、池火直径等因素决定，其值介于0～1之间。火焰高度由 Heskestad 方程式（3-2）进行计算。

视角系数 F_{12} 为水平和垂直方向视角系数的矢量和，由式（3-7）进行计算。

$$F_{12} = \sqrt{F_{12,\mathrm{H}}^2 + F_{12,\mathrm{V}}^2} \tag{3-7}$$

式中，$F_{12,\mathrm{H}}$、$F_{12,\mathrm{V}}$ 分别为目标在水平方向和垂直方向的视角系数。

$$F_{12,\mathrm{H}} = \frac{(B-1/S)}{\pi\sqrt{B^2-1}}\arctan\sqrt{\frac{(B+1)(S-1)}{(B-1)(S+1)}} - \frac{(A-1/S)}{\pi\sqrt{A^2-1}}\arctan\sqrt{\frac{(A+1)(S-1)}{(A-1)(S+1)}} \tag{3-8}$$

$$F_{12,\mathrm{V}} = \frac{1}{\pi S}\arctan\left(\frac{h}{\sqrt{S^2-1}}\right) - \frac{h}{\pi S}\arctan\left(\sqrt{\frac{S-1}{S+1}}\right) + \frac{Ah}{\pi S\sqrt{A^2-1}}\arctan\sqrt{\frac{(A+1)(S-1)}{(A-1)(S+1)}} \tag{3-9}$$

式中，$S=\frac{2R}{D}$，$h=\frac{2H}{D}$，$A=\frac{h^2+S^2+1}{2S}$，$B=\frac{1+S^2}{2S}$。R 为液池火焰中心与目标物之间的水平距离，H 为液池火焰高度。

在已知燃烧速率的情况下，可由式（3-2）、式（3-5）～式（3-9）计算辐射热；当已知火焰高度和宽度时，可将式（3-6）和式（3-7）代入式（3-3），即可求得目标物的热辐射通量。

（三）Mudan 模型

Mudan 模型计算池火热辐射时也把火焰看成圆柱形黑体辐射源，但与 Shokri-Beyler 模型不同的是，该模型的有效热辐射通量 E 是根据理论计算由式（3-11）求得的，而不是实验数据的拟合；火焰高度 H 的计算采用的是 Thomas 公式（3-12），而不是 Heskestad 方程；Mudan 模型计算时考虑了大气透射系数的影响。

$$q = EF_{12}\tau \tag{3-10}$$

$$E = \frac{0.25\pi D^2 \chi m H_c}{0.25\pi D^2 + \pi DH} \tag{3-11}$$

$$H = 42D\left(\frac{m}{\rho_0\sqrt{gD}}\right)^{0.61} \tag{3-12}$$

式中，τ 为大气透射系数；m 为单位面积质量燃烧速率，kg/（$m^2 \cdot s$）；H_c 为燃烧热，J/kg；ρ_0 为环境空气密度，$\rho_0=1.293\mathrm{kg/m^3}$（标准状态）；$g$ 为重力加速度，$9.8\mathrm{m/s^2}$。

视角系数 F_{12} 的计算与 Shokri-Beyler 模型视角系数的计算方法一致，可采用式（3-7）进行计算。在已知燃烧速率的情况下，可由式（3-7）～式（3-12）计算火焰的辐射热；当已知火焰高度和宽度时，可将式（3-12）变换为 $m=\rho_0\sqrt{gD}[H(42D)^{-1}]^{1.639}$代入式（3-10）和式（3-11），即可求得目标物的热辐射通量。

（四）计算模型的选取

为了研究油罐发生火灾时消防员的热辐射防护问题，需要知道油罐发生火灾时产生的热辐射通量。利用较为成熟的油罐火灾热辐射计算模型，计算不同火势的油罐火灾的热辐射分布，并结合实验结果分析油罐火灾发生时参加灭火战斗的消防人员的热辐射防护措施。

对于油罐火灾热辐射计算模型的选取问题，已有研究人员做了大量的工作，得出了以下结论。

① 点源模型是辐射热源中的最简单的形状模型，计算距火焰距离较远处的结果较为准确，计算过程简便。

② Mudan 模型及 Shokri-Beyler 模型均将火焰假设为圆柱体，Mudan 模型的有效热辐射通量 E 是根据理论计算求得的，Shokri-Beyler 模型是实验数据的拟合；Mudan 模型中火焰高度的计算采用的是 Thomas 公式，Shokri-Beyler 模型采用的是 Heskestad 方程；Mudan 模型考虑了大气透射系数的影响。

③ Shokri-Beyler 模型计算储罐直径较小的油罐火灾比较准确，而 Mudan 模型适用于计算储罐直径较大的油罐火灾。

二、气体喷射火灾热辐射计算

加压的可燃物质泄漏时形成射流，在泄漏口处点燃，由此形成喷射火，如图 3-2 所示。喷射火火焰及其热辐射会对周围人员造成伤害。

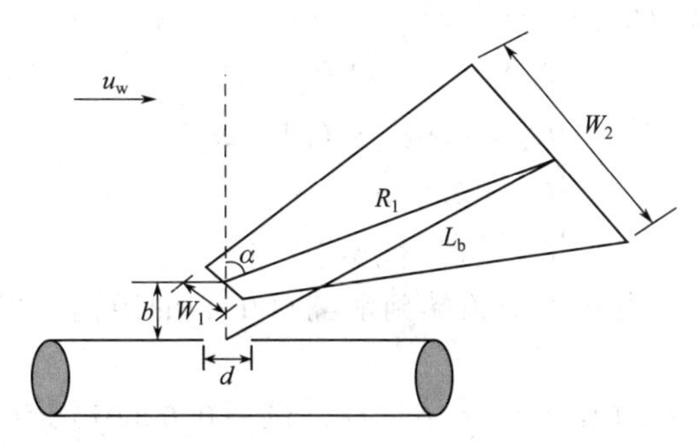

图 3-2　喷射火焰形状示意图

（一）确定气体喷射的出口速度

可燃物质在混合物中的质量百分比 W，由式（3-13）计算。

$$W=W_g/(15.816\times W_g+0.0395) \tag{3-13}$$

式中，W_g为泄漏物质的摩尔质量，kg/mol。

柏松常数 γ 由式（3-14）给出。

$$\gamma = C_p / C_v \tag{3-14}$$

式中，C_p为定压比热容，J/kg·K；C_v为定容比热容，$C_v = C_p - 8.314/W_g$，J/kg·K。

由式（3-15）计算扩张喷射的温度T_j。

$$T_j = T_a (P_{air}/P_{init})^{[(\gamma-1)/\gamma]} \tag{3-15}$$

式中，T_j为气体泄漏孔膨胀之前的温度，K；T_a为气体的最初温度，K；P_{air}为大气压力，N/m²；P_{init}为容器最初的压力，N/m²。

由式（3-16）计算泄漏孔处的静态压力P_c。

$$P_c = P_{init} [2/(\gamma + 1)]^{[\gamma/(\gamma-1)]} \tag{3-16}$$

气体泄漏的马赫数M_j根据式（3-17）计算。

$$M_j = [(\gamma + 1)(P_c/P_{air})^{\frac{\gamma-1}{\gamma}} - 2]/(\gamma - 1) \tag{3-17}$$

泄漏孔处气体喷射的速度u_j可由式（3-18）得出。

$$u_j = M_j (\gamma \times 8.314 T_j / W_g)^{1/2} \tag{3-18}$$

（二）计算火焰形状尺寸

由式（3-19）计算风速跟气体泄漏速度的比值R_w。

$$R_w = u_w / u_j \tag{3-19}$$

式中，u_w为风速，m/s。

由式（3-20）计算泄漏源等效燃烧直径D_s。

$$D_s = [4 \times m' / (\pi \times \rho_{air} \times u_j)]^{1/2} \tag{3-20}$$

式中，D_s为等效直径，m；m'为泄漏速率，kg/m³；ρ_{air}为空气的密度，kg/m³。

火焰在静止空气中的火焰长度L_{b0}根据式（3-21）进行计算。

$$L_{b0} = Y D_s \tag{3-21}$$

式中，Y值由式（3-22）计算：

$$\begin{cases} C_a Y^{5/3} + C_b Y^{2/3} - C_c = 0 \\ C_a = 0.024 \times (g D_s / u_j^2)^{1/3} \\ C_b = 0.2 \\ C_c = (2.85/W) 2/3 \end{cases} \tag{3-22}$$

喷射火焰长度L_b为从火焰顶端到泄漏口中心的距离，可由根据式（3-23）计算。

$$L_b = L_{b0}(0.51 e^{-0.4 u_w} + 0.49) \times (1 - 0.00607) \times (\theta - 90) \tag{3-23}$$

式中，θ为孔口轴线与水平线之间的夹角。

火焰倾角α是火焰在风的作用下产生的一定倾斜度，计算公式为式（3-24）。

$$\begin{cases} \alpha = (\theta - 90) \times (1 - e^{-25.6 R_w}) + 8000 \times R_w / R_i(L_{b0}) \quad R_w \leqslant 0.5 \\ \alpha = (\theta - 90) \times (1 - e^{-25.6 R_w}) + [134 + 1726 \times (R_w - 0.026)^{1/2}] / \\ \quad R_i(L_{b0}) \dfrac{-b \pm \sqrt{b^2 - 4ac}}{2a} \quad R_w > 0.5 \end{cases} \tag{3-24}$$

式中，R_i（L_{b0}）为过渡参数（理查森数），R_i（L_{b0}）$=[g/D_s^2\times u_j^2]^{1/3}\times L_{b0}$。

火焰抬升高度 b 是沿孔口轴线方向孔口中心到圆锥体轴线与孔口轴线相交处的距离，由式（3-25）计算。

当 $\alpha=0$ 时，　$b=0.2\times L_b$

当 $\alpha=180$ 时，　$b=0.15\times L_b$　　(3-25)

当 $0<\alpha<180$ 时，　$b=\dfrac{\sin(0.185\alpha e^{-20R_w}+0.015\alpha)}{\sin\alpha}$

火焰锥体长度 R_1 由式（3-26）给出。

$$R_1=(L_b^2-b^2\times\sin^2\alpha)^{1/2}-b\times\cos\alpha \tag{3-26}$$

火焰下截面宽度 W_1 由式（3-27）计算。

$$W_1=D_x\times(13.5\times e^{-6R_W}+1.5)\times[1-(1-(\rho_o/\rho_j)^{1/2}/15)\times e^{(-70\times R_i(D_s)\times C'R_W)}] \tag{3-27}$$

由式（3-28）计算火焰上截面宽度 W_2。

$$W_2=L_b\times(0.18\times e^{-1.5R_W}+0.31)\times[1-0.47\times e^{-25R_W}] \tag{3-28}$$

火焰锥体表面积 A 可由式（3-29）计算。

$$A=\frac{\pi}{4}\times(W_1^2+W_2^2)+\frac{\pi}{2}\times(W_1+W_2)\times\left[R_1^2+(\frac{W_2-W_1}{2})^2\right]^{1/2} \tag{3-29}$$

（三）计算辐射热

气体喷射火焰的热辐射计算模型与上述池火灾的计算模型相同，包括点源模型、Mudan 模型和 Shokri-Beyler 模型，可根据实际情况进行选择。

三、热伤害准则

计算和测试热辐射伤害必须分析热辐射伤害准则，为计算和实验结果分析提供依据和指导。

（一）皮肤烧伤程度

相关研究表明，当人体真皮层的温度达到 44.8℃以上时，皮肤开始被不可逆的烧伤破坏，破坏程度与温度上升成对数关系。目前通用的烧伤的分度方法是三度四分法，即烧伤程度分为Ⅰ度烧伤：仅伤及表皮浅层，生发层健在，局部发红，微肿、灼痛、无水疱；Ⅱ度烧伤：伤及部分生发层或真皮层，受伤区域有红、肿、剧痛的症状，出现水疱或表皮与真皮分离；Ⅲ度烧伤：皮肤表皮及真皮层全部被烧毁，甚至皮下组织、肌肉、骨骼等部位也被损伤。烧伤严重程度分为轻度烧伤、中度烧伤、重度烧伤和特重烧伤。表 3-1 为烧伤程度与烧伤分度的关系，其中 X 表示烧伤面积占人体皮肤总表面积的百分比。

表 3-1 烧伤程度与烧伤分度的关系

轻度烧伤	中度烧伤	重度烧伤	特重烧伤
Ⅰ度烧伤 $X\leqslant 10\%$ Ⅱ度烧伤	$10\%<X\leqslant 30\%$ Ⅱ度烧伤和 $X\leqslant 10\%$ Ⅲ度烧伤	$30\%<X\leqslant 50\%$ Ⅱ度烧伤和 $10\%<X\leqslant 20\%$ Ⅲ度烧伤	$X>50\%$ Ⅱ度烧伤和 $X>20\%$ Ⅲ度烧伤

Stoll 和 Chianta 对动物皮肤进行了大量实验，测得了动物皮肤达到Ⅱ度烧伤时所需要吸收的热量值，然后根据 ASTM E457—08 标准转换方法将其转换成温度上升值。Ⅱ度烧伤时间的确定方法为：在恒定的热流量暴露下，铜片热流计测得的温度曲线和人体组织忍受曲线的交点的横坐标。表 3-2 表征了人体组织对Ⅱ度烧伤的耐受程度。

表 3-2 Stoll 和 ChiantaⅡ度烧伤准则数据表

时间 T/s	Ⅱ度烧伤所需热流量/(kW/m^2)	总的吸收热流量/(kW/m^2)	热量计数值	
			ΔT/℃	ΔU/mV
1	50	50	8.9	0.46
2	31	61	10.8	0.57
3	23	69	12.2	0.63
4	19	75	13.3	0.69
5	16	80	14.1	0.72
6	14	85	15.1	0.78
7	13	88	15.5	0.80
8	11.5	92	16.2	0.83
9	10.6	95	16.8	0.86
10	9.8	98	17.3	0.89
11	9.2	101	17.8	0.92
12	8.6	103	18.2	0.94
13	8.1	106	18.7	0.97
14	7.7	108	19.1	0.99
15	7.4	111	19.7	1.02
16	7.0	113	19.8	1.03
17	6.7	114	20.2	1.04
18	6.4	116	20.6	1.06
19	6.2	118	20.8	1.08
20	6.0	120	21.2	1.10
25	5.1	128	22.6	1.17
30	4.5	134	23.8	1.23

从表 3-2 中可以看出，人体所受到的热辐射强度越大，裸露皮肤达到Ⅱ度烧伤的时间越短，例如人体皮肤暴露在 9.8kW/m^2 的热辐射环境下 10s 会造成Ⅱ度烧伤，而如果是在 6.0kW/m^2 的热辐射环境下，造成皮肤Ⅱ度烧伤则需要 20s。

(二) 热伤害准则的确定

衡量热辐射危险性的热伤害破坏准则主要有热通量准则、热强度准则、热通量-热强度准则、热通量-热辐射作用时间准则和热强度-热辐射作用时间准则。其中热通量-热强度准则、热通量-热辐射作用时间准则和热强度-热辐射作用时间准则相互等价。

1. 热通量准则

热通量准则以目标接受的热通量作为衡量目标是否被伤害破坏的参数，当目标接受的热通量大于或等于目标被伤害的临界热通量时，目标被伤害。在稳态火灾热辐射作用下，一些常见破坏类型的临界热通量值见表 3-3。

表 3-3 人员伤害和设备破坏的临界热通量准则及其应用

临界热通量/(kW/m^2)	破坏类型	火场中的应用
37.5	加工设备破坏	消防车、水炮等装备被严重破坏 必须对消防装备进行防护
25.0	木材被引燃，钢结构变形	举高车的臂架、支腿等长时间被辐射会变形，必须对消防车腿、臂架进行防护
16.0	暴露 5s 后人严重灼伤	消防员应着避火服
12.5	木材被引燃	对讲机等塑料制品长时间被辐射会融化
4.5	暴露 20s 的痛阈值，Ⅰ度灼伤	消防员着避火服、隔热服等
2.0	PVC 绝热电缆破坏	火场供电时需要对导线进行保护 消防水带保持湿润
1.6	长时间暴露无不适感	消防人员可以无保护的长时间暴露 消防员着战斗服

2. 热强度准则

热强度准则以目标接受的热强度作为衡量目标是否被伤害破坏的参数，当目标接受的热强度大于或等于目标被伤害破坏的临界热强度时，目标被伤害。当作用于目标物的热辐射时间非常短时，需要使用热强度准则。

3. 热通量-热强度准则

当热通量准则和热强度准则均不适用时，应使用热通量-热强度准则。该准则认为目标物是否被伤害破坏不能由热通量或热强度一个参数决定，而是由两个参数的组合共同决定。热辐射伤害概率模型认为热辐射对人员的伤害程度取决于热辐射通量的大小及热辐射的作用时间。Pietersen 在 Buettner 研究的经验公式的基础上提出热辐射伤害方程，见表 3-4。

表 3-4 Pietersen 热辐射伤害方程

序号	伤害类型	伤害方程
1	死亡	$Pr=-37.23+2.56\ln(tq^{4/3})$
2	Ⅱ度烧伤	$Pr=-43.14+3.01888\ln(tq^{4/3})$
3	Ⅰ度烧伤	$Pr=-39.83+3.01886\ln(tq^{4/3})$

注：q 为人体接受到的热辐射通量，W/m^2；t 为人体暴露于热辐射的时间，s；Pr 为伤害概率单位。

研究表明：当热通量小于或等于 $1.6kW/m^2$ 时，无论暴露时间多长，消防员都不会产生疼痛感。因为在这种情况下，新陈代谢作用使人体真皮层温度不能达到 44.8℃。根据表 3-4 中的公式，当人员有 50％的概率受到该程度的伤害时，伤害概率单位 Pr 的值等于 5.0。通过表 3-4 中对伤害概率的计算，得出三种热辐射伤害准则的适用条件，见表 3-5。

表 3-5 热辐射伤害准则适用条件

序号	准则类型	适用时间	适用条件
1	热强度准则	小于 40s	热辐射作用时间短的瞬态火焰，例如火球
2	热通量准则	大于 180s	热辐射作用时间长的稳态火焰，例如油罐火灾
3	热通量-热强度准则	大于 40s 小于 180s	对人员影响时间较长，受两者共同作用的情况

四、热辐射实验测试

在防护服热防护性能测试和评价方面，国外研究起步较早，Perkins 首先对单层热防护织物的隔热性能进行了研究，将试样暴露于不同的对流辐射热源下，通过比较皮肤到达Ⅱ度烧伤的时间及热流计计测的总热流量，探讨了不同成分、不同织物的隔热性能差异及燃烧时各种织物的性状。Youngmo Lee 等人对单层的各种机织物、针织物、非织造布等不同材料在不同热流量暴露下的热防护性能及其瞬间的热物理特性进行了实验研究，实验结果表明：织物的厚度是决定 TPP 值的主要因素，重量、体积、密度、透气性、导热性能对织物的热防护性能都有一定的影响；在暴露热源中，织物的重量、厚度和密度减少，而织物的比热容有所增加。上述研究者主要对单层织物的热防护性能进行了研究，探讨了织物的物理特性等因素对其热防护性能的影响。还有一些研究者如 W. E. Mell、G. W. Song 等人对织物暴露于强热流量下的热量传递进行了数值模拟研究，建立了单层及多层织物热防护性能与织物物理性能、人体皮肤等关系的模型。

ASTM（美国试验与材料协会）、NFPA（美国国家防火协会）等机构都针对防护服的热防护性能测试出台了相关标准，目前已建立了较完整的织物阻燃性、隔热性、完整性和抗液体透过性等性能指标及测试标准，针对防护服的热防护性能的测试，国际公认的测试方法为反映综合热防护性能的 TPP 测试方法（我国规范亦应用此测试方法）。

在测试织物的 TPP 值时（见图 3-3），将规格为 150mm×150mm 的织物试样水平放置在中间开有 50mm×50mm 小孔的试样架上，采用铜片热流计测量试样背面的温度，铜片热流计安装在一块绝热板内，其表面与绝热板表面平齐。要求被测试的织物暴露于 Meker 燃烧器产生的火焰对流热中，火焰与试样直接接触，使到达织物表面的热流量达到（84±2）kW/m^2 或（2.00±0.05）cal/（cm^2 · s），用试样后面的铜片热流计测试其温升曲线并与 Stoll 曲线比较得出Ⅱ度烧伤所需时间，并与暴露热能量 q 相乘，得到 TPP 值，其计算式为：$TPP=t_2\times q$，式中 t_2 为引起Ⅱ度烧所需要的时间，TPP 值越大，表示热防护服的热防护性能越好，反之越差。三种防护服的整体热防护性能参数见表 3-6。

(a) TPP测试仪

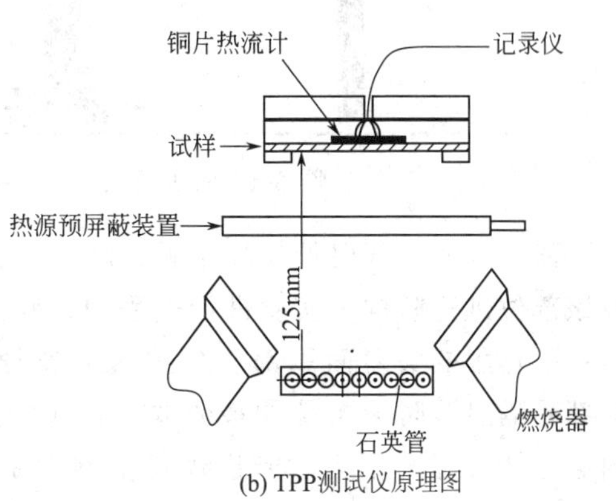

(b) TPP测试仪原理图

图 3-3 反映织物综合热防护性能的 TPP 测试

表 3-6 防护服整体热防护性能参数

防护服类型	整体热防护性能
战斗服	TPP≥28.0
隔热服	TPP≥35.0
避火服	TPP≥35.0；人体着装在模拟火场温度 1000℃条件下，30s 后其表面温升不超过 13℃

综上所述，在防护服热防护性能测试的研究中，多是对面料的性能测试，对防护服整体热防护性能的研究比较少，特别是针对消防员灭火救援行动时的热辐射防护问题更是少有人关注。对于防护服防热辐射性能的研究，主要是对阻燃织物本身的阻燃性及热传导性能的研究，未查阅到将防护服作为一个防护系统在消防部队灭火救援中的应用方面的研究。武警学院依托国家“十二五”科技支撑项目《超大型油罐火灾防治与危险化学品事故现场处置技术研究》，针对目前消防部队扑救油罐火灾时常用的战斗服、隔热服及避火服等三种防护装备开展了热辐射

防护性能实验（见图 3-4），测试了各类防护服的热辐射防护能力；应用池火灾热辐射计算理论计算了油罐火灾不同燃烧状态下火焰的热辐射分布；根据实验及热辐射计算结果，结合热辐射伤害准则，研究了油罐火灾热辐射防护的技战术措施。

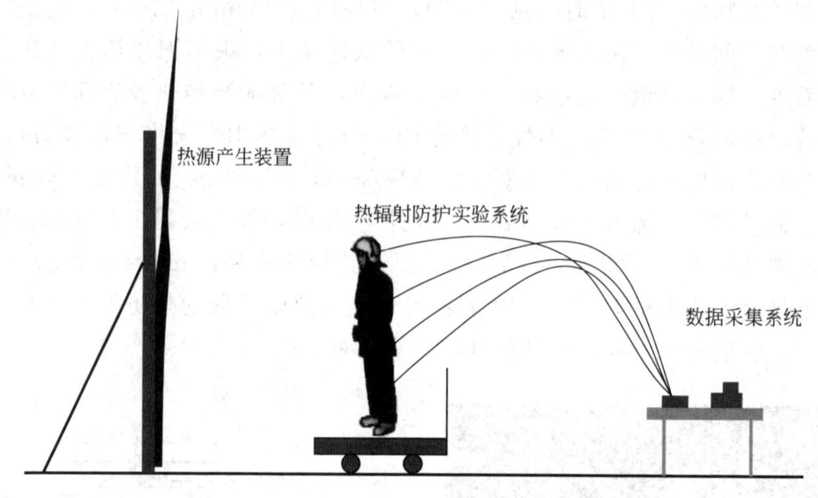

图 3-4　防护服热辐射防护性能实验装置示意图

研究表明：下巴处是战斗服的防护盲区，战斗服防护系统没有任何防护措施对该部位进行防护，实验进行过程中，假人的下巴处有严重的烧焦痕迹（见图 3-5）；隔热服的头盔面罩部位防护效果较弱，此处的温度升高速率和极值均较高，头部是隔热服防护系统的最薄弱点，薄弱点即为图 3-6 所示的面罩区域；避火服内假人体表温升不大，未出现像隔热服那样头部温度明显高于身体其他部位的情况。

图 3-5　着战斗服测试假人下巴处被严重烧伤

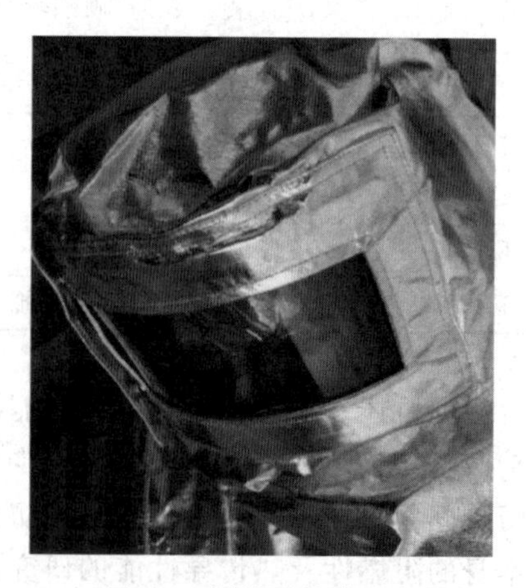

图 3-6　隔热服的薄弱点

第二节　火灾中建筑倒塌预测技术研究

火灾中建筑倒塌是造成消防员伤亡的重要原因，2003 年 12 月 3 日湖南衡阳衡州大厦（底框架商住楼）在火灾中突然倒塌，造成 20 名消防官兵牺牲。此后，国内消防界对建筑火灾中倒塌原因和预防措施进行了研究，其中武警学院屈立军教授，借助“十一五”国家科技支撑计划课题，带领研究团队，对底框架商住楼火灾中的行为、倒塌时间预测技术进行了深入研究，并开发了预测软件和检测仪器。其主要研究成果如下。

一、室内火灾轰燃后的时间-温度计算模型研究

火灾轰燃后，对建筑结构会造成不同程度的破坏，甚至使建筑结构失效倒塌。所以，研究、预测火灾轰燃后房间的温度性状，对钢筋混凝土底框架结构的倒塌时间预测具有重大意义。因为要预测底框架结构的倒塌时间，必须估计钢筋混凝土底框架结构在火灾中随温度变化的承载力，而构件的承载力取决于构件截面温度场分布，构件截面温度场计算必须以底框架建筑的下部房间在火灾轰燃后的温度-时间曲线为受火条件。本节将建立普通房间火灾轰燃后的温度-时间计算模型。

（一）火灾温度计算模型

室内火灾温度取决于可燃物的放热速率和各种热损失速率。要确定室内火灾温度，必须从房间的热平衡入手。把火灾持续时间离散化，在微小时间增量 $\Delta t = 60\text{s}$ 内，热平衡如图 3-7 所示。

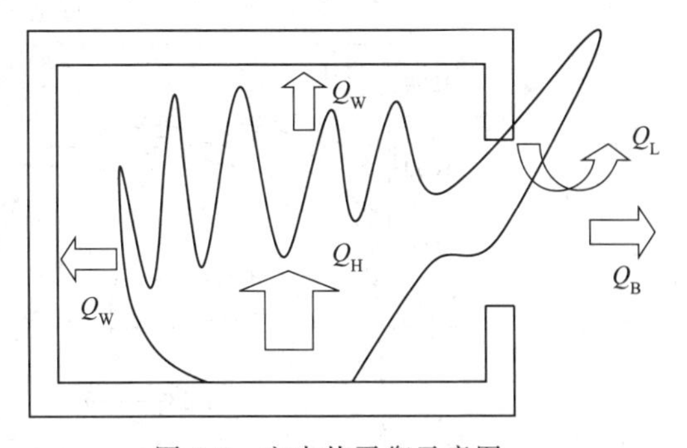

图 3-7　室内热平衡示意图

由能量守恒，热平衡方程为式（3-30）。

$$Q_H = Q_B + Q_L + Q_W + Q_R \quad (3\text{-}30)$$

式中，Q_H 为可燃物实际放热速率；Q_B 为通过窗口辐射热损失速率；Q_L 为由窗口喷出的热烟气带走的热损失速率；Q_W 为房间壁面吸热速率；Q_R 为房间气体吸热速率，忽略。

根据火灾动力学，推导出室内平均温度迭代方程如式（3-31）和式（3-32）。

$$T_f = \frac{4692800Dk_h FB - 5.67\varepsilon_F E\left[\left(\frac{T_f + 273}{100}\right)^4 - 74\right] + 49868FB + \frac{A_h}{A_T}L_h T_{1,h} + (\frac{A_z}{A_T} - E)L_z T_{1,z}}{2.481FBC_F + \frac{A_h}{A_T}L_h + (\frac{A_z}{A_T} - E)L_z} \quad (3\text{-}31)$$

$$k_h=\left(\frac{40k_R+18.4(1-k_R)}{18.4}\right) \tag{3-32}$$

式中，D 为燃烧系数；F 为开口因子；B 为燃料放热量；ε_F 为火焰黑度；E 为开窗率；T_f 为火灾温度；C_F 为烟气比热；$T_{1,h}$ 为室内混凝土构件温度；$T_{1,z}$ 为砖墙表面温度；A_h 为室内混凝土构件表面积；A_z 为砖墙表面积；L_h 为室内混凝土构件换热系数；L_z 为砖墙换热系数；k_R 为塑料质量与总燃料质量之比。

图 3-8 为墙体为加砌混凝土、楼板为钢筋混凝土房间计算得到的温度-时间曲线。

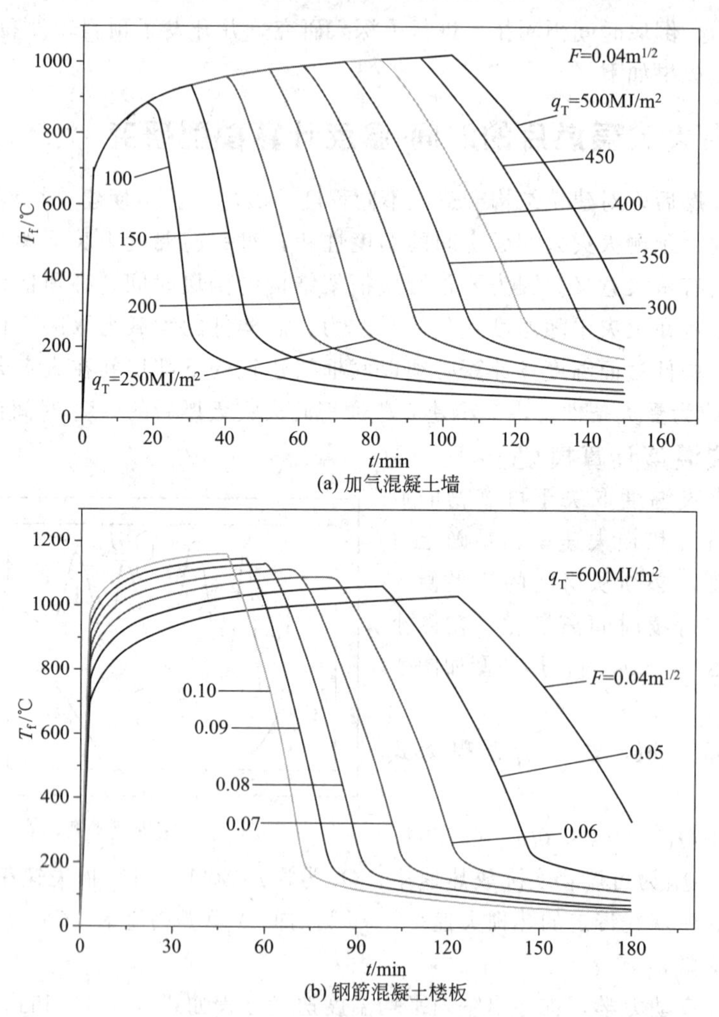

图 3-8　加气混凝土墙体、钢筋混凝土楼板房间的温度-时间曲线

以上计算方法是一种简单的单室火灾区域模型，本研究进行了一些改进，包括 5 个方面。

① 原模型不考虑房间壁面材料和热烟气的热参数随温度升高而变化，本研究把材料和烟气的热参数视为其自身温度的函数。

② 燃料的热释放速率与原模型不同，采用了研究小组所作火灾试验的均值。

③ 房间壁面材料采用混凝土与砖墙热参数的面积加权均值，考虑了不同房间墙体面积与混凝土楼板面积比例的实际情况。

④ 修正了通风系数，可人为干预，如打开卷帘门。

⑤ 考虑了热值较高的塑料与总可燃物的比例。

(二) 室内温度试验验证

为了验证上述室内温度计算模型，利用 60m^3 火灾试验室，进行 14 次室内火灾轰燃试验，试验室及部分试验照片如图 3-9 所示。试验中实测的燃料质量烧损曲线如图 3-10 所示。实测的温度曲线如图 3-11 所示。

图 3-9　试验室及部分试验照片

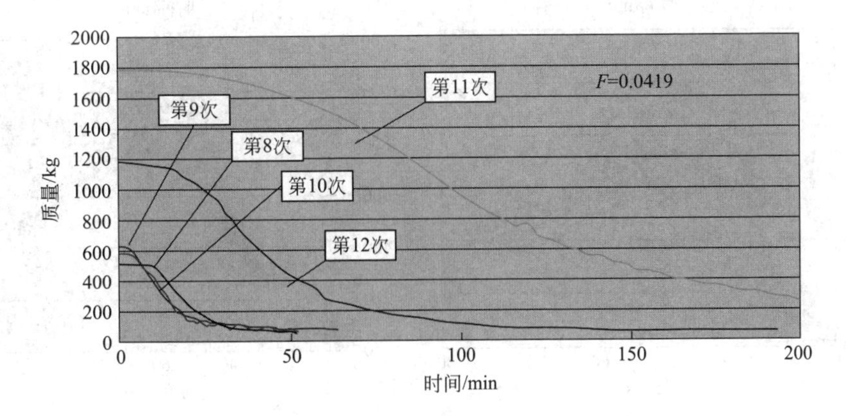

图 3-10　燃料质量烧损曲线

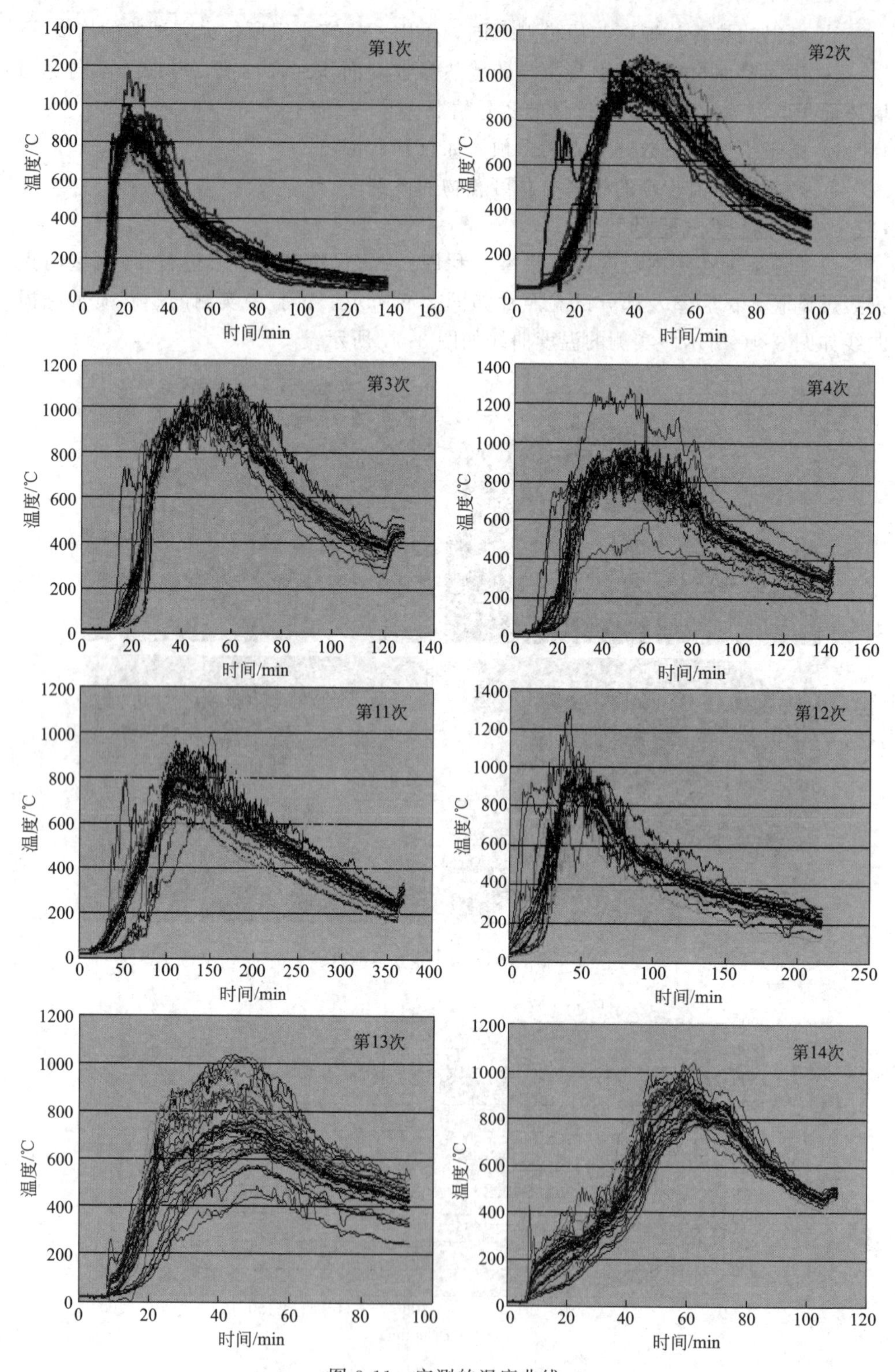

图 3-11 实测的温度曲线

二、钢筋混凝土柱截面温度场计算方法研究

为了计算火灾时钢筋混凝土构件的承载力，必须了解构件内的温度分布。本节将研究钢筋混凝土构件在实际火灾升温条件下的温度场计算问题。

依据非稳态热导热理论，研究了钢筋混凝土构件在火灾中的温度场计算，墙柱构造分 6 种情况。采用差分法计算的矩形截面温度分布如图 3-12 所示。计算结果与实测值符合性较好。

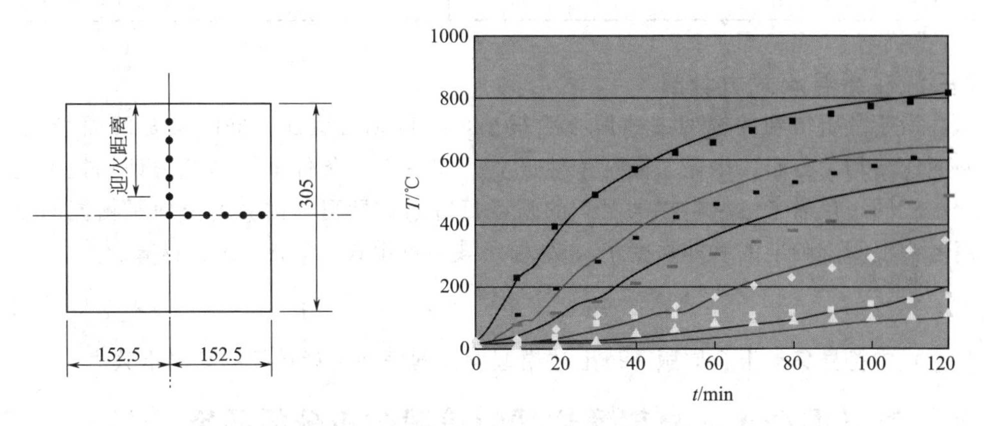

图 3-12　温度场计算结果与试验值对比

三、钢筋混凝土柱的高温承载力计算方法研究

(一) 混凝土的高温力学强度

本研究采用清华大学的研究成果由式（3-33）～式（3-36）计算混凝土在任意热-力路径下的强度。

$$f_{cu}^{T\sigma}=f_{cu}^{T}+(f_{cu}^{Tu}-f_{cu}^{T})\frac{\sigma_0}{f_{cu}^{Tu}} \tag{3-33}$$

$$\frac{f_{cu}^{Tu}}{f_{cu}}=\frac{1}{1+12\left(\dfrac{T}{1000}\right)^{10}} \tag{3-34}$$

$$\frac{f_{cu}^{T}}{f_{cu}}=\frac{1}{1+20\left(\dfrac{T}{1000}\right)^{7.5}} \tag{3-35}$$

式中，T 为混凝土的温度,℃。混凝土中初应力 σ_0 按式（3-36）计算。

$$\sigma_0=\frac{N_F}{A} \tag{3-36}$$

式中，N_F 为火灾时柱的设计轴力；A 为柱截面面积。

(二) 钢材的高温力学强度

同样定义：钢材在温度 T 时的设计强度 f_{yT} 与常温下的标准强度 f_y 之比为钢

材的强度折减系数，用 k'_s表示，可表示为式（3-37）。

$$k'_s = f_{yT}/f_y \tag{3-37}$$

钢材在高温时的强度折减系数按表 3-7 取值。

表 3-7 钢材高温时的强度折减系数

温度/℃	100	200	300	400	500	600	700
普通低碳钢	1.00	1.00	1.00	0.67	0.52	0.30	0.05
普通低合金钢	1.00	1.00	0.85	0.75	0.60	0.40	0.20

（三）柱高温承载力计算

由于分析得到的框架中柱偏心距很小，柱按轴心受压，同时又是四面受火，截面应变均匀分布，平截面假定依然成立，柱在火灾条件下的承载力计算模型与常温相同，仅需考虑材料在高温下的强度折减系数即可。由力的竖向平衡同时采用考虑混凝土龄期的后期强度 f_n，高温承载力可由式（3-38）进行计算。

$$N_{uT} = \varphi\left(\sum_g k'_s A'_s f'_y + f_n A_{cT}\right) \tag{3-38}$$

式中符号参见报告原版。按上述模型设计程序即可计算柱的高温承载力。

四、钢筋混凝土底框架商住楼的荷载效应分析研究

（一）荷载效应组合

本小节采用式（3-39）进行荷载效应组合。

$$S_f = S_p + 1.0S_T = (1.1S_{Gk} + 0.7S_h) + 1.0S_T \tag{3-39}$$

式中，S_f 为火灾时柱子的总荷载效应；S_p 为重力荷载作用下的荷载效应；S_{Gk}为标准重力恒载作用下的荷载效应；S_h 为标准楼面重力活载作用下的荷载效应；S_T 为相邻柱对研究柱产生的温度荷载效应。

（二）重力荷载效应分析

本小节以框架中柱为对象，柱按轴心受压，内力分析按常规：荷载按其作用位置竖向传递，不考虑上部房屋的空间作用；梁上荷载向柱的传递按简支梁反力计算，不考虑梁的连续性。

（三）温度荷载效应分析

钢筋混凝土构件的温度内力来自于两部分：一是构件截面上温度不均匀引起的应力，在同一截面上，该应力自相平衡，对结构承载力影响不大，不予考虑。二是相邻柱截面可能不同，受火条件可能不同，因而产生温差，同时由于框架梁的截面大，刚度大，由此温差引起的温度内力必须考虑。

五、倒塌时间预测研究

钢筋混凝土柱在火灾中遭到火灾温度损伤后实际剩余承载力 N_{uT}是构件截面

几何参数 a_k、钢材的高温强度 f_{yT}、混凝土的高温强度 f_{cT} 的函数，可表达为式(3-40)。

$$N_{uT}=N_{uT}(f_{yT},\ f_{cT},\ a_k\cdots)=N_{uT}(f_y,\ f_c,\ T,\ a_k\cdots) \tag{3-40}$$

式中，f_y，f_c 分别为钢材和混凝土的设计常温强度，T 为材料所受温度。因火灾房间温度随轰燃后持续时间而变化，材料温度 T 又是时间 t 的函数，所以可把剩余承载力 N_{uT} 表达成时间 t 的函数，如式（3-41）。

$$N_{uT}=N_{uT}(f_y,\ f_c,\ T,\ a_k,\ t\cdots) \tag{3-41}$$

显然，随时间增大，温度升高，材料强度降低，承载力是时间 t 的减函数。

设结构在火灾时由作用在结构上的有效重力荷载 p 所产生的荷载效应为 N_p，N_p 的取值是有效重力荷载 p 的函数，其变化与时间无关。但温度内力 N_T 是时间的函数，所以总荷载效应 N_f 也可由式（3-42）表示为时间 t 的函数。

$$N_f=N_p+N_T=N_f(p,\ t) \tag{3-42}$$

显然，N_f 是时间 t 的增函数。

依据建筑结构理论，当 N_f（p，t）$=N_{uT}$（f_y，f_c，T，t，$a_k\cdots$）时，结构在火灾中处于倒塌的极限状态，相应的时间即为结构的理论倒塌时间。

应当说明，结构的倒塌时间采用底部框架中最不利的柱的倒塌时间。由于底框架建筑的框架梁截面较大，同时由于梁上砖墙的加强，框架梁实际上是连续墙梁，其刚度可视为无限大。当框架中最不利的柱在火灾中失效时，其侧向挠度增大，高度缩短，所承担的荷载就会通过刚度无限大的梁向相邻柱转移，导致群柱连续压溃而失稳。而这种内力转移的过程非常快，所以把最不利柱的倒塌时间视为结构的倒塌时间。

六、倒塌时间数值预测系统(DHDSY V2.0)程序设计流程图

(一) 软件设计目标与内容

钢筋混凝土底框架商住楼在火灾中倒塌时间预测软件（DHDSY V2.0）完全独立开发，具有自主知识产权，其设计目标是为避免在灭火战斗中造成灭火人员的重大伤亡，向火场指挥员提供较为科学的撤离时间和一些战术建议。软件主要包括 2 部分内容：倒塌时间预测计算和战术咨询。本软件采用 Visual Basic6.0 计算机语言编制，在 Windows 环境下运行，如图 3-13 所示。

(二) 软件的功能

1. 火灾-结构工况

除火灾荷载、通风系数和构件截面参数可变外，本软件将采用框架层数、火灾所在层数、目标柱横向柱列、目标柱纵向柱列、火灾层有无吊顶、楼板施工方式、火灾层横向梁左右跨度截面情况、火灾层纵向梁左右跨度截面情况、火灾层上一层横向梁左右跨度截面情况、火灾层上一层纵向梁左右跨度截面情况，共 10 个参数来描述火灾-结构工况。

2. 软件预测功能

根据上述10个参数的变化和可能的组合（再考虑两种不同的燃料），本软件可预测各种钢筋混凝土底框架结构商住楼在火灾中的理论倒塌时间，共计（34×3＋144×2）×2＝780种工况。

当按照程序人机对话要求，输入必要参数后，软件将计算出所选火灾-结构工况下商住楼的倒塌时间和强度裕度（即柱子的实际承载力与荷载作用下的轴力之差）。倒塌时间是强度裕度为0时的时间。

3. 软件咨询功能

（1）倒塌预警

本软件设置3级预警。

① 黄色预警：当轰燃时钟距理论倒塌时间30min时发出。

② 橙色预警：当轰燃时钟距理论倒塌时间20min时发出。

③ 红色预警：当轰燃时钟距理论倒塌时间10min时发出。

（2）战术建议

软件咨询功能是在计算出倒塌时间后，根据轰燃时钟即轰燃后火灾实际持续时间进程，向火场指挥员提出撤离或其他战术建议。主要包括下述功能。

① 总体战术。

疏散人员，力保主体，观察裂缝，随时撤离。

② 总体倒塌判断。

若按5级火灾荷载（1.2倍正常估计火灾荷载）在计算时间内，最小强度裕度大于常温强度裕度的10％时，倒塌的可能性不大。

若按3级火灾荷载（1.0倍正常估计火灾荷载）在计算时间内，最小强度裕度小于常温强度裕度的10％时，倒塌的可能性较大，特别警惕。

其余情况为有可能倒塌，适当警惕。

③ 竖向变形观测。

建议采用专用仪器或经纬仪观察建筑竖向变形，当火灾轰燃后60min以上，柱在10min内所产生的压缩变形达到2mm时，可以此作为倒塌预兆，建议撤离。

④ 裂缝观察。

建议派专人持望远镜观察柱表面裂缝情况，当建筑中柱的混凝土本体（非表面装修或抹灰）在其截面宽度（或高度）中间部位（距截面边缘50mm以内范围）发生竖向裂缝，尤其是形成较长或较宽裂缝，或某处出现较密集裂缝时，可以此作为倒塌的预兆，向指挥员发出预警，建议撤离。从肉眼观察确认裂缝到最后倒塌30～50min。

⑤ 预警优先顺序。

裂缝预警第一，变形预警第二，软件预警第三。

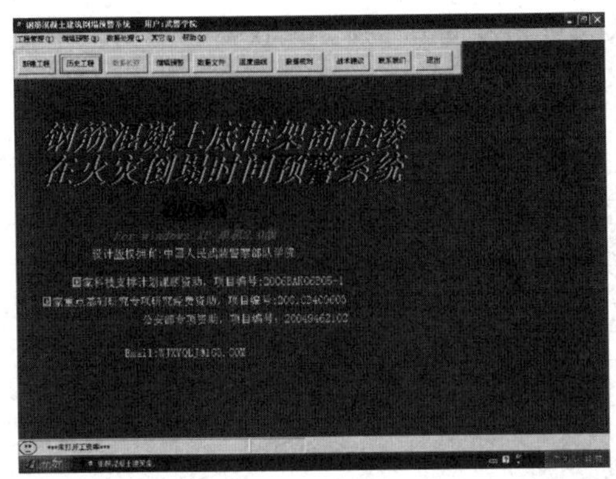

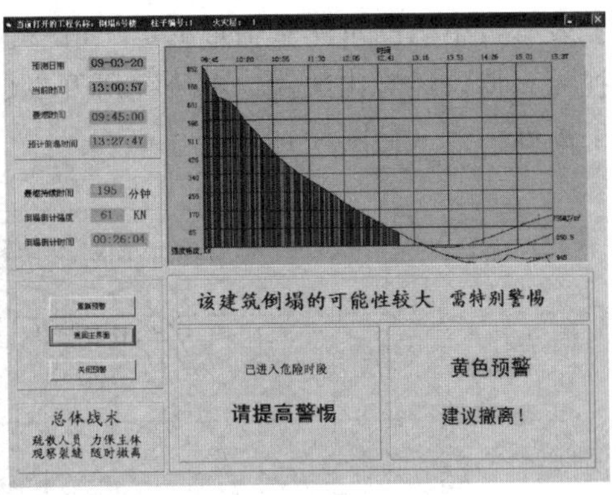

图 3-13　DHDSY V2.0 软件主界面和倒塌预警界面

七、倒塌时间物理预测系统开发

上述钢筋混凝土底框架结构在火灾中倒塌时间数值预测系统，并不能考虑建筑结构的重大施工缺陷，结果只对正常施工质量的建筑物有效。为了克服这一缺点，课题组开发了物理预测系统（DHDWY），用于火灾发生时现场观测，预报倒塌时间。

（一）预测原理

钢筋混凝土底框架商住楼在火灾中的倒塌是由于底部钢筋混凝土框架柱失效引起的。试验研究表明，钢筋混凝土柱在火灾下的失效与其轴向变形具有很强的关联性。柱子在加热初期结构尚未损伤，不产生新的压缩变形，柱受热后膨胀伸长；此后，柱截面产生一定的损伤和压缩变形，其值和伸长变形大致相当，整体变形趋于稳定；在火灾后期，柱子截面平均温度进一步升高产生较大程度的破坏，压缩变形（包括侧向变形增大引起的缩短）大于伸长变形，总压缩变形急剧增大，进而发生倒塌。据此，只要在火灾中观测到框架柱随时间的竖向变形，就可能预测结构的倒塌。

（二）实施方案

预测系统（见图 3-14）采用数码相机连续自动拍照，并将所拍图像输入到笔记本计算机，用专用程序对所选目标进行图像识别，转换成建筑竖向变形数据，正值为膨胀，负值为压缩。

图 3-14　物理预测系统组成

（三）精度校准

本系统开发完成后，用钢材试验对其观测精度作了校准。将钢试件放入筒式加热炉加热，使其膨胀变形。在试件上装有可精确测量膨胀变形的电子应变仪，其精度为0.8%。该仪器测量的变形值视为真值。经对比试验，本研究所开发的预测系统所测结果与电子应变仪测量结果高度一致（见图3-15）。

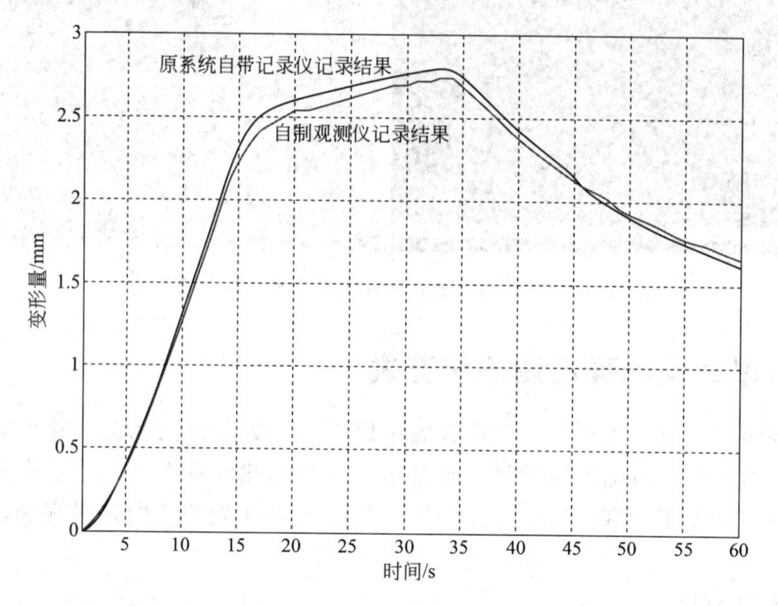

图3-15　测量的钢材膨胀曲线对比

第三节　呼吸保护

在有浓烟、毒气、刺激性气体或严重缺氧的火灾现场，呼吸保护器具对于顺利地完成抢险救援任务具有重要的意义。为了管好、用好呼吸保护器具，必须了解其构造、工作原理及呼吸生理常识。

一、呼吸生理

人的机体在新陈代谢过程中，不断地消耗氧，同时产生二氧化碳。氧要由外界获得，而二氧化碳需排出体外，因此，机体需要不断地与外界环境之间进行气体交换，即摄取氧而排出二氧化碳，这个过程就是呼吸。人的呼吸过程由人体呼吸系统完成，呼吸系统包括鼻、咽、喉、气管、支气管和肺等器官。

人的呼吸过程包括以下四个阶段：①肺通气，即大气与肺内气体的交换；②肺换气，即肺与血液间的气体交换；③气体在血液中的运输；④组织换气，即血液与组织间的气体交换。肺通气是通过呼吸运动来实现的。

人的胸腔通过呼吸肌的活动而产生有节律的扩大与缩小，称为呼吸运动。吸气时，胸廓扩张，肺被牵拉扩张，容积增大，肺内压力降低，外界空气进入肺脏；

呼气时，胸廓缩小，肺容积变小，肺内压力上升，气体被排出体外。肺换气是通过肺泡壁与毛细血管壁进行的。原理是肺泡内的氧气分压（13.6kPa）高于静脉血中氧分压（5.34kPa），所以氧自肺泡中扩散到肺毛细血管中。二氧化碳则正相反，肺泡中二氧化碳分压（5.34kPa）低于静脉血中二氧化碳分压（6.14kPa），因此，当血液流经肺泡壁时，血液中的二氧化碳向肺泡内扩散，由呼气排出体外。交换结果，静脉血变为含氧丰富的动脉血，运送至全身各组织。在组织处，由于组织氧分压（4.00kPa）低于动脉血氧分压（13.34kPa），因此，氧透出毛细血管壁向组织扩散；而组织二氧化碳分压（6.67kPa）高于动脉血二氧化碳分压（5.34kPa），因此，二氧化碳由组织扩散入血液。交换结果，动脉血变成静脉血，循环流至肺脏，再进行肺换气过程。血液在肺换气和组织换气的过程中起到了运输氧气和二氧化碳的载体作用。这样人体就完成了吸氧排碳的呼吸生理过程。

二、危险环境对人体的影响

大气由空气、水蒸气、工业气体和固体微粒组成。而空气是一种自然的混合气体，它的主要成分是氮气和氧气。通常条件下，大气成分变化不大，并且，这些变化对人的机能影响甚微。可是，在化学危险品发生泄漏或火灾条件下，局部大气的成分会起激烈变化。主要是毒气浓度超标、氧气浓度降低、二氧化碳浓度升高。氧气浓度的降低将导致人体组织缺氧；二氧化碳浓度升高，使人体呼吸加深加快，脉搏加快。人体吸入一定量的有毒气体会中毒，如一氧化碳轻度中毒会头痛、眩晕、恶心、呕吐、四肢无力，严重中毒时可突然昏倒；氮氧化物中毒后，起初只有眼部不适、咳嗽等轻微黏膜刺激症状，但经过4～6h后，急性中毒症状逐渐加重，严重者出现呼吸困难、休克甚至死亡。氯气、光气、芥子气等剧毒气体，吸入量很少都会致人死亡。

三、个体呼吸保护装备

为保护消防人员的健康与安全，以确保火场中消防战斗力，应采取呼吸保护措施。最有效的呼吸保护措施就是个体呼吸保护装备。

（一）个体呼吸保护器具分类

1. 根据对人体呼出气体的处理方式分类

根据对人体呼出气体的处理方式分类，可分为开放式和密闭式两种呼吸器。

（1）开放式呼吸器

对供给气体仅呼吸一次，人体呼出的废气经单向开启的呼气阀排入大气中。这类呼吸器有空气呼吸器和过滤式防毒面罩（或称过滤式“自救器”）。

（2）密闭式呼吸器

对供给气体呼出后并不废弃或基本不废弃，而在呼吸器内部经过密闭循环系统加以处理，吸收二氧化碳，补充氧气，再供人体呼吸，这类呼吸器有压缩氧气呼吸器和化学氧气呼吸器。

2. 根据人体吸入气体的来源分类

根据人体吸入气体的来源分类，可分为过滤式防毒面具和自给式呼吸器。

（1）过滤式防毒面具

吸入气体来自大气。

（2）自给式呼吸器

供给气体由呼吸器本身提供，如氧气呼吸器和空气呼吸器。

（二）三种呼吸器的优缺点比较

目前我国消防部队配备使用的呼吸保护器具主要有过滤式防毒面具、氧气呼吸器、空气呼吸器等三种。这三种呼吸器的主要优缺点如下。

1. 过滤式防毒面具

这种防毒面具，结构简单、重量轻、携带使用方便，对佩戴者有一定的呼吸保护作用。其不足之处是：使用时外界的一氧化碳浓度不能大于2%，氧气浓度不能低于18%；且呼吸阻力大；一种滤毒罐只能过滤一种或几种毒气，其选择性强。因此，在火场环境中遇到一氧化碳浓度高、烟雾浓重、严重缺氧或不能正确判断火场中毒气成分时，其使用安全性就存在一定的问题。

2. 氧气呼吸器

氧气呼吸器使用范围较为广泛，我国消防部队在20世纪80年代以前大都装备过这种呼吸器。因气源系纯氧，故气瓶体积小，重量轻，便于携带，且有效使用时间长。其不足之处是：这种呼吸器结构复杂，维修保养技术要求高；部分人员对高浓度氧（含量大于21%）呼吸适应性差；泄漏氧气有助燃作用，安全性差；再生后的氧气温度高，使用受到环境温度限制，一般不超过60℃；氧气来源不易，成本高。

3. 空气呼吸器

空气呼吸器适用范围广，结构简单，空气气源经济方便，呼吸阻力小，空气新鲜，流量充足，呼吸舒畅，佩戴舒适，大多数人都能适应；操作使用和维护保养简便；视野开阔，传声较好，不易发生事故，安全性好；尤其是正压式空气呼吸器，面罩内始终保持正压，毒气不易进入面罩，使用更加安全。其不足之处是：钢瓶重量较大，面罩气密性不如氧气呼吸器；使用的可燃材料配件尚待阻燃处理。

从上述三种呼吸器的优缺点比较可见，空气呼吸器具有许多独特优点。特别是正压式空气呼吸器，更适合在灭火战斗中使用。因此，正压式空气呼吸器正在逐步取代其他几种呼吸器，全面装备消防部队。

（三）空气呼吸器技术进展

1. 碳纤维复合材料气瓶

碳纤维复合材料气瓶是近几年发展起来的一种新材料气瓶。其特点在于它与碳钢气瓶相比具有重量轻、耐腐蚀和使用寿命长等特点，将它用于自给正压式空气呼吸器，可大大减轻装具的自重。因此，在使用实际过程中可直接降低佩带者体力消耗。

碳纤维复合材料气瓶是在铝合金内胆外用碳纤维和玻璃纤维等高强度纤维制成。

铝合金内胆按照美国交通部的 CFR178.463AL 制造标准制造，100%检查，检查项目：壁厚、直线度、同轴度、光洁度和硬度。

主要缠绕层为细丝碳纤维，外层采用代号为 S2 ©的玻璃纤维数层，以增加抗冲击及耐磨性。

2. 防泄漏面罩

面罩材料是天然橡胶和硅橡胶混合材料制成的，台柱状的面窗，由聚碳酸酯材料注塑而成，表面涂 PVC 材料，耐刻划，耐冲击，透光性好。结构采用美国技术，头罩呈网状形，以四点支撑方式与面窗连接，宽紧带可调节面罩佩戴松紧，密封性能提高，使用方便。

3. 应急冲泄阀

应急冲泄阀位于供气阀入口处，可以调节，并提供不小于 225L/min 的恒定空气流量。一旦供气阀发生故障，打开冲泄阀，直接向面罩供气，增加了安全性。

（四）氧气呼吸器技术进展

氧气呼吸器是一种自给、密闭式呼吸保护器具。氧气呼吸器按储氧方式，可分为压缩氧气呼吸器、化合氧气呼吸器和液态氧气呼吸器；按使用时面罩内的压力状况，可分为正压式氧气呼吸器和负压式氧气呼吸器。

1. 正压式面罩

最初的氧气呼吸器都采用负压式面罩，其安全性受到质疑。正压氧气呼吸器面罩的主要特点是呼吸系统始终保持正压，能有效防止环境中有毒有害气体进入人体。由于其较高的安全性和良好的舒适性，可在有害气体浓度较高、有害物质种类不明和缺氧环境中使用。发达国家从 20 世纪 80 年代开始研制正压氧气呼吸器，最具代表性的是美国生产的 Biopak240、德国生产的 BG4，这两种呼吸器具有安全系数高、防护时间长、呼吸舒适等优点。我国从 20 世纪 90 年代开始引进正压氧气呼吸器，已掌握了呼吸器的生产技术。目前，大批量推广使用的机械式正压氧气呼吸器在各种抢险救灾过程中发挥了巨大作用。但也存在缺陷，主要表现在：报警器的报警压力、声音大小不稳定及报警时引起氧气浪费；体积大，救灾中容易与灾害现场磕碰影响正常使用；装备重量大，容易使救灾人员产生疲劳感，降低救灾效率。

2. 智能式氧气呼吸器

为了尽可能减少灾害损失，尽快提高我国各类抢险救援队伍的整体战斗力，使之更能适应生产安全和公共安全的救援需要，迫切需要为其装备技术更先进、性能更安全的多规格多型号安全防护装备，开发生产新型报警更准确、体积更小、重量更轻、性能更安全的智能化正压氧气呼吸器已势在必行。

智能化正压氧气呼吸器是完全基于人体呼吸生理学原理与人机工程学原理设计的一种小型、轻便、简洁的新型氧气呼吸器，在设计上突出体现了体积小、重量轻、性能可靠、佩戴舒适、使用维护方便等优点；采用双弹簧直接加载在弹性气囊上产生呼吸回路中的静态正压，使呼气和吸气阻力的压力波动最低；采用定量供氧、自动补氧和手动补氧的联合供氧方式；采用前排气结构，即呼出的CO_2气体不经过清净罐而直接由排气阀排出，既节约氧气，又减少了热量的生成；采用 LiOH 作为CO_2的吸收剂，具有装填量少、吸收率高、粉尘小，使出口气体湿度降低，佩戴起来更加舒适。智能化正压氧气呼吸器采用电子报警装置，实现了呼吸器整机气密性的自我测试，在使用过程中可以自动检测仪器是否发生故障；采用声光报警的形式，将呼吸器的欠压报警、缺氧报警、呼救报警集为一体。

3. 过滤式面罩技术进展

过滤式面罩因其轻便、便宜等优点，得到各国重视。美国的防火研究机构（FPRF）和国家标准技术研究所（NIST）等国外研究机构都在积极开展烟气防护方面的研究，并且希望借助这些工作建立相关的安全标准。各国首先集中精力对呼吸防护技术的有关理论问题进行研究，解决了一些实际问题，而后着手改进防毒面具，着重从改进活性炭和化学吸收剂的质量，研究滤毒罐合理的装填方案，以扩大吸除气状、蒸汽状毒剂的通用性和防毒能力。研究防毒性能好、强度高、耐折性好、气流阻力小的过滤材料和不同的滤烟层结构，扩大滤烟层有效过滤面积，以提高防护毒剂气溶胶的能力。美国、英国和意大利等西方国家依靠先进的科学技术，研制了一批新型过滤式面罩，逐步进行了更新换代，此批大量采用新材料、新结构、新工艺，注重提高整体防护水平，改善佩戴舒适性。目前发达国家呼吸防护产品的研究主要集中在面罩主体的材料研制、过滤材料的选用与配置、过滤效率的提高、呼吸阻力的降低等方面，且研究水平已经有了很大的突破，各种颗粒物的过滤效率可高达 99.9%。从事新型防护用品研究的世界知名企业有：美国的国立安全卫生研究所、杜邦公司、3M 公司、SCOTT 公司、SEARO 公司、法国斯博瑞安公司、德国的德尔格公司、意大利的迪皮埃公司、韩国的北国企业、日本的绿安全贸易公司等。正因为如此多的企业投入研究，使得呼吸防护用品的研究深度和广度都有所提高。

我国的过滤式面罩工业经过 60 多年的发展，为保护人体呼吸系统免受有毒有害气体等的伤害，保证生命安全，实现安全生产、安全发展做出了积极的贡献。针对当时二炮部队和原国防科工委的急需，科研工作者们研制了可防护四氧化二氮和偏二甲肼两种有毒蒸气的特防面具，并于 1975 年正式定型装备部队，为 T-1 型，也称 75 型防毒面具。随着我国航天事业的飞速发展，相关部门加快了液体推进剂专用防护装备的研制步伐。至今先后研制成功了液体推进剂 T-2 和 T-3 型特防面具和专用滤毒罐。但这些产品只达到了 20 世纪 80 年代或 90 年代的国际水平。在过滤式防护面罩发展的同时，过滤式面罩的检测技术也得到了同步发展。我国的过滤式防护面罩的检测技术已由建国初期的全盘引进前苏联的单一检测到如今与国际接轨的全新检测体系。我国先后制定了过滤式防毒面具通用技术条件（GB 2890—1995）、过滤式防毒面具性能试验方法（GB/T2891—1995）、过滤式防毒面具滤毒罐性能试验方法（GB/T2892—1995）、煤质颗粒活性炭有效防护时间测定总方法（GB7702.13—1987）以及呼吸防护自吸过滤式防毒面具（GB2890—2009）。

最近，武警学院科研所针对毒害气体的物理化学特性和使用环境开发了新型吸附材料。对以活性炭为代表的颗粒状吸附材料进行改性；对竹碳纤维、纤维素、离子交换纤维等纤维状吸附材料进行改性；开发具备不规则形状的沸石类分子筛为代表的吸附材料，增加与有毒气体的接触面积，降低呼吸阻力；开发以经相关溶液浸渍的聚丙烯酰胺为代表的溶合性吸附材料；制备了有特殊化学基团且具有大比表面积和孔容的纳米多孔材料，吸附效果明显提升。

第四节 服装保护

消防队员在抢险救援和灭火战斗中，往往处于烟雾、毒气、酸碱、高温，甚至放射性物质的包围之中，消防队员的个人防护器具，从某种意义上讲，是灭火救援成败的关键。服装保护主要指避免消防队员受到高温、毒品及其他有害环境伤害的服装、头盔、靴帽、眼镜等。主要有灭火防护服、隔热服、避火服、抢险救灾服等。

一、消防员灭火防护服

消防员灭火战斗行动时所穿的服装称为灭火防护服（见图 3-16），主要用于保护消防员的身体躯干、头颈、四肢免受火灾伤害，分为上衣和裤子，但在高温环境中不适应，也不能接受火灾直接烧烤，执行的标准是 GA 10—2014《消防员灭火防护服》。

上衣和裤子均由四层组成，即外层、防水透气层、隔热层和舒适层。外层采用芳纶纤维材料，具有阻燃、耐磨和高强度等特点。防水透气层采用纯棉符合覆聚四氟乙烯膜材料，具有防水透气性。聚四氯乙烯俗名塑料王，可耐酸、耐碱及其他化学药品。隔热层采用阻燃隔热材料组成，防止热量向身体传递。内层为舒适解毒层，其材料为棉布起绒，在外层沾上活性炭，制成活性炭布，绒布靠身体，使穿着舒适，活性炭布可吸收进入服装的有毒物质。

二、消防员隔热防护服

消防员在靠近火焰等辐射热较强的环境下作业时穿着，如扑救油罐、液化石油气、化工装置等火灾时，需要长时间近火作业，容易被火灾热辐射灼伤，消防员可穿隔热防护服（见图 3-17）。

图 3-16　消防员战斗服

图 3-17　消防员隔热防护服

消防员隔热防护服面料由外层、隔热层、舒适层等多层织物复合制成。外层采用具有反射辐射热的金属铝箔复合阻燃织物材料，隔热层用于提供隔热保护，多采用阻燃黏胶或阻燃纤维毡制成。采用多层织物复合的结构，防辐射渗透性能以及隔热性能得到提高。

服装有分体式和连体式两种。分体式包括上衣、裤子、隔热头罩、隔热手套和脚盖等。连体式包括连体衣裤、隔热头罩、隔热手套和脚盖等。外层一般采用金属铝箔复合编织物，具有漫反射作用，可以将 90%的辐射热反射掉，执行标准为 GA 634—2006《消防员隔热防护服》。

三、消防员避火防护服

消防员避火防护服（见图 3-18）是消防员进入火场，短时间穿越火区或短时间在火焰区进行灭火战斗和抢险救援时，为保护自身免遭火焰和强辐射热的伤害而穿着的防护服装，也适用于玻璃、水泥、陶瓷等行业中的高温抢修时穿着。但不适用于在有化学和放射性伤害的环境中使用。

消防员避火防护服采用分体式结构，有头罩、带呼吸器背囊的防护上衣、防护裤子、防护手套和靴子等五个部分组成。头罩上配有镀金视窗，宽大明亮且反射辐射热效果好，内置防护头盔，用于防砸，还设有护胸布和腋下固定带。防护上衣后背上设有背囊，用于内置正压式空气呼吸器，保护不被火焰烧烤。防护裤子采用背带式，穿着方便，不易脱落。手套为大拇指和四指合并的二指式。靴子底部具有耐高温和防刺穿功能。消防员避火防护服的主要材料包括：耐高温防火面料、碳纤维毡、阻燃黏胶毡、阻燃纯棉复合铝箔布、阻燃纯棉布等。

图 3-18 消防员避火防护服

普通避火服的原理是通过阻燃隔热的技术，将消防员内外绝热，防止火场热量向身体传递，同样消防员自身产生的热量也无法散发。主动温控型避火服是指利用“冷媒”将消防员身体产生的热量带走，以达到舒适温度下的热量平衡。

国外对主动温控服装研究起步较早。美国海军航空兵系统司令部正开发一种称为“制冷盔甲”的背心式空调系统。该系统采用的方法是：通过一套过滤吹风管将周围的空气吸进位于进气口一侧的空气调节器，经过调节的空气从出气口进入飞行服内的导管，达到降低飞行员体温的目的。系统开始运转后，内部电扇就会打开，并释放冷气，可以将飞行员周围的温度降低 18℃。整套系统只有笔记本大小，重 5kg，使用时，只需将其安装在飞行员背心的前部，用背带悬挂在肩上即可。第一套液体冷却服装是在 1962 年由英国皇家空军基地的 Borton 和 Collier 研制成功的。虽然研究的初衷是用于战斗机飞行员的热防护，但是他们很快意识到个体冷却系统将有很多可能的应用。最初英国研制的液冷服是用 40 根细的塑料管编织在一套棉制内衣里，冷水被输送到脚踝和腕部，然后沿着四肢和躯干返回，头部和颈部不被冷却。世界上在航天服制作方面较为先进的是美国用于出舱活动的航天飞机舱外航天服和俄罗斯用于国际空间站出舱活动的奥兰-M 型航天服。虽然美国舱外航天服和俄罗斯奥兰-M 型航天服有所不同，但相同点是它们都有液冷服。液冷服是由许多管道排列而成的，细管内的水循环可以将人体代谢产生的热量吸收并带到生命保障背包里，然后经过背包内的冷却装置冷却后再回到液冷服。2005 年 4 月，日本发明了一种新型的空调服。这种空调服每件外衣的背部都缝入两台小风扇，通过超小型可充电电池组为风扇供电，使得穿着者皮肤表面的空气流通，排汗蒸发，体温下降。德国研制的降温背心外表看上去与普通的运动背心没什么区别，但其夹层里密布着细小的水管，水管中流淌着 17℃的降温液，可以达到抵御高温、帮助运动员保持体能的作用。

武警学院消防指挥学研究生，开发了主动温控型避火服，其主要由避火服主体、液体循环系统、动力与控制系统以及连接系统组成。避火服主体部分包括避火服外层的七层面料和内层的棉布材质网眼布；液体循环系统包括换热管网及冷源装置；动力与控制系统包括动力循环泵及温控系统；连接系统包括转换接头以及快速插拔接头。整个系统通过热敏电阻来探测消防员服装内温度，当避火服内温度超过设定温度后，水泵即开始工作，在泵的驱动下，液体存储装置中的冷却水不断流入避火服内的循环管路网，在换热管路网内部通过对流和传导的方式，将消防员人体代谢产生的废热回流到冷却液装置冷却；当热敏电阻探测到消防员服装内温度低于设定温度后，水泵即停止工作，液体存储装置中的冷却水不会再进入循环管路网，保证人体温度得到有效回升。如此可以保证消防员一直处于舒适状态，不会出现过冷和过热的现象。

四、消防员抢险救援防护服

消防员抢险救援防护服（见图 3-19）是消防员在进行抢险救援作业时穿着的专用防护服，能够对其除头部、手部、踝部和脚部之外的躯干提供保护。不得在灭火作业或处置放射性物质、生物物质及危险化学物品作业时穿着。

消防员抢险救援防护服由外层、防水透气层和舒适层等多层织物复合而成。可允许制成单衣或夹衣，并能满足服装制作工艺的基本要求和辅料相对应标准的性能要求。消防员抢险救援防护服可分为连体式救援服和分体式救援服。

五、特种防护服装

（一）消防员化学防护服

消防员化学防护服（见图 3-20）是消防员在处置化学事故时穿着的防护服装。可保护穿着者的头部、躯干、手臂和腿等部位免受化学品的侵害。不适用于灭火以及处置涉及放射性物品、液化气体、低温液体危险物品和爆炸性气体的事故。在处置各类化学事件时，消防员面临的是易燃易爆化学品，很多场合其危险程度具有未知性。同时化学品对人体的呼吸道及皮肤都会有腐蚀危害作用，其危害程度可能使消防员致残甚至危及生命。根据化学品的危险程度，消防员化学防护服装可分为气密型防护和液体喷溅致密型防护两个等级。

（二）防核防化服

防核防化服（见图 3-21）是消防员在处置核放射事故、生化毒剂事故和化学事故时穿着的用于保护自身安全的防化服。防核防化服为连体式结构，面料由内、外层材料结合而成。外层使用塑料涂覆织物材料，具有阻燃、防水、抗撕破、抗拉和抗紫外线等性能。内层使用浸渍有活性炭的聚氨酯压缩泡沫，用于吸附各种生化毒剂和危险化学品。

图 3-19　消防员抢险救援防护服

图 3-20　消防员化学防护服

（三）防蜂服

防蜂服（见图 3-22）是消防员在执行捣毁蜂巢任务时为保护自身安全穿着的防护服装。防蜂服重量较大，与消防员化学防护服相近，可以作为化学防护训练服，代替化学防护服进行日常的防化训练。防蜂服采用连体式结构，面料为涂塑复合织物，配有头罩、手套和靴子。有些防蜂服面罩使用聚碳酸酯材料，有的使用金属丝网材料，都具有良好的防蜂性能。

图 3-21　防核防化服

图 3-22　防蜂服

（四）防爆服

防爆服（见图 3-23）是消防员人工拆除爆炸装置时穿着的用于保护自身安全的个人防护服装。防爆服由有领防护外套、防护裤、胸甲、腹甲、头盔、排气扇、内置整体式无线电耳机和麦克风等部分组成，根据防止爆炸破片以及冲击波伤害的要求，防爆服面料主要由防弹层和外层两层材料构成。防弹层采用高性能纤维织物材料多层复合制成，通常使用凯夫拉纤维织物，具有优异的吸收破片冲击能量的性能。外层材料使用诺梅克斯阻燃织物材料，具有耐磨、耐撕破等性能。防爆头盔的面罩采用整块防弹玻璃制成，为佩戴者的面部和颈部提供防护，并配有耳塞提供听力保护。防爆头盔内部配有无线电耳机和麦克风，便于通信联络。

图 3-23　防爆服

（五）电绝缘服

电绝缘服（见图 3-24）是消防员在具有 7000V 以下高压电现场作业时穿着的用于保护自身安全的防护服，具有耐高电压、阻燃、耐酸碱等性能。

图 3-24　电绝缘服

电绝缘服由上衣和背带裤两部分组成。服装包括三层材料，外层采用防化耐电尼龙涂覆 PVC 材料制成；中层采用防静电绝缘材料；内层使用锦丝涂覆织物材料。其他辅料包括：尼龙织带、防静电扣和防静电插扣等。

（六）防静电服

防静电服（见图 3-25）是消防员在易燃易爆事故现场进行抢险救援作业时穿着的防止静电积聚的防护服装。在易燃易爆的环境下，特别是在石油化工现场，防静电服能够防止衣服静电积聚，避免静电放电火花引发的爆炸和火灾危险。

防静电服通常采用单层连体式，上衣为“三紧式”结构，下裤为直筒裤。防静电服选用的防静电织物，在纺织时大致等间隔或均匀地混入导电性纤维或防静电合成纤维或两者混合交织而成，也有选用具有较小电场强度的特种面料，经染整、抗静电处理制成。防静电服一般不允许使用金属附件，如必须使用时，需要保证穿着时金属附件不能直接外露。

防静电内衣与防静电服的设计功能和防护原理相同。防静电内衣一般选用纯棉纱、混纺纱线或化纤线与金属导电纤维丝并线，经过织布、染整和抗静电处理制成，具有较好的吸湿和透气性能。

（七）救生衣

救生衣（见图 3-26）是消防员在进行水上抢险救援作业时穿着的防止溺水的防护装具。救生衣由尼龙布衣套和浮力材料组成。其中浮力材料采用聚乙烯等材质的泡沫塑料，具有良好的物理性能，不受海水和油类的侵蚀。尼龙布衣套具有防水、增加浮力和自燃保温功能，并配有反光织物、哨笛和救生衣灯，牢固耐用，穿着方便。有的救生衣具有保温层，采用上衣下裤连体式设计，适合于消防员在寒冷的水中进行抢险救援等消防作业。

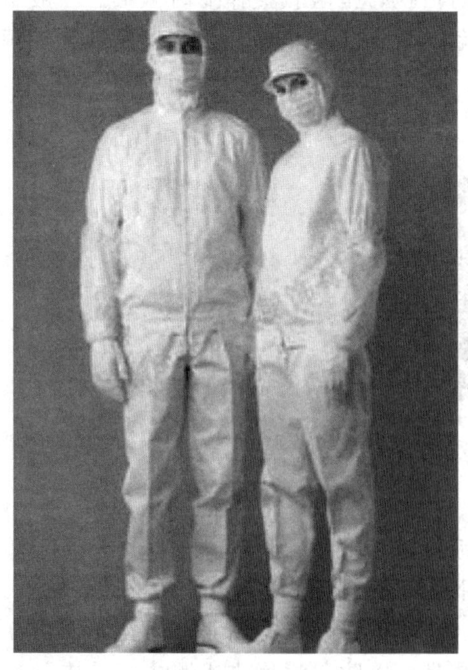

图 3-25　防静电服

图 3-26　救生衣

六、配套器具

(一) 消防员防护头盔

消防员防护头盔是用于保护消防员头部、颈部以及面部免受掉落物砸击和辐射热危害的防护装具，具有防震、防水、防热辐射、防酸碱化学药品等性能。主要包括消防头盔、抢险救援头盔、头面部防护装具等。

1. 消防头盔

消防头盔（见图 3-27）主要适用于消防员在火灾现场作业时佩戴，对消防员头、颈部进行保护，除了能防热辐射、燃烧火焰、电击、侧面挤压外，最主要的是防止坠落物的冲击和穿透。消防头盔根据外形可分无帽檐式和有帽檐式两种。

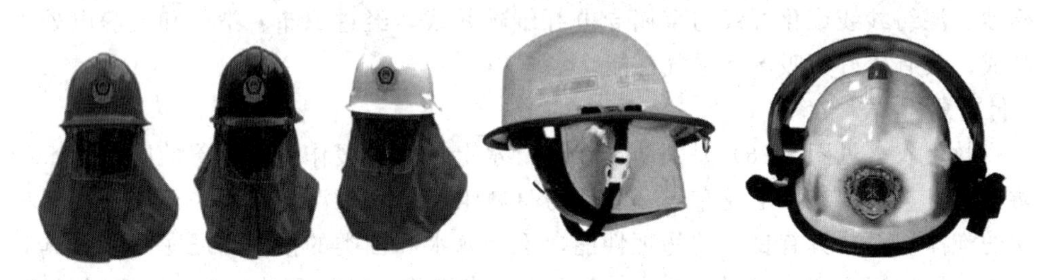

图 3-27 各式消防头盔

2. 抢险救援头盔

抢险救援头盔（见图 3-28）适用于消防员执行抢险救援作业时佩戴。一般不考虑其耐热性能，而对其冲击吸收性能、耐穿透性、电绝缘性、侧向刚性、下颏带拉伸强度等性能的要求与消防头盔相同。抢险救援头盔的结构与消防头盔相似，帽壳分无帽檐型和有帽檐型。

图 3-28 各式抢险救援头盔

3. 头面部防护装具

头面部防护装具包括阻燃头套和消防护目镜。阻燃头套（见图 3-29）是消防员在灭火现场用于保护头部、面部以及颈部免受火焰烧伤或蒸汽烫伤的防护装具。具有阻燃、隔热、保暖以及耐腐蚀等特点。消防护目镜（见图 3-30）是消防员在进行各种消防作业时用于保护眼睛的防护装具，以防飞溅物进入眼内或冲击面部造成伤害。同时还具有防尘、防热、防紫外线辐射、防高强度冲击和防高速粒子冲击的功能。

图 3-29　阻燃头套

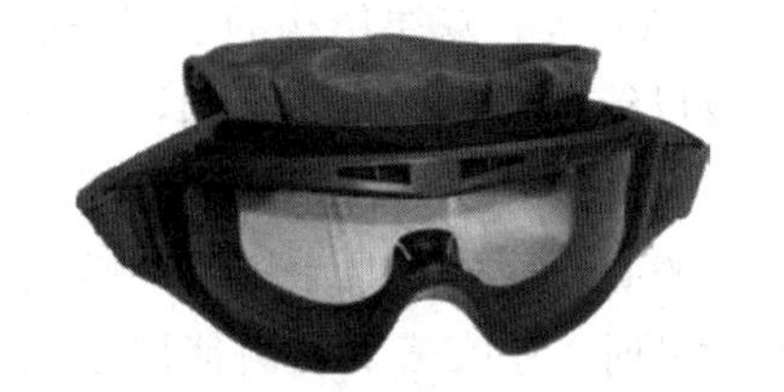

图 3-30　消防护目镜

(二) 消防员防护手套

消防员防护手套是用于消防员手部保护的防护装备。按防护要求分为消防手套、消防救援手套、消防防化手套和消防耐高温手套。

1. 消防手套

消防手套（见图 3-31）主要是针对消防员在火场作业时，为抵御明火、热辐射、水浸、一般化学品和机械伤害而设计的。消防手套适用于消防员在一般灭火作业时戴，不适合在高风险场合下进行特殊消防作业时使用，也不适用于化学、生物、电气以及电磁、核辐射等危险场所。消防手套为分指式，除手套本体外，允许有袖筒。消防手套由外层、防水层、隔热层和衬里等四层材料组合制成。消防手套的规格至少有 6 种。现不规定标准尺码，由生产厂商自行确定，但需向最终用户说明如何通过手长和手的周长来确定使用哪个尺码的消防手套。

图 3-31　各式消防手套

2. 消防救援手套

消防救援手套（见图 3-32）是消防员在抢险救援作业时用于对手和腕部提供保护的专用防护手套。不适合在灭火作战时使用，也不适用于化学、生物、电气以及电磁、核辐射等危险场所。消防救援手套为五指分离，允许有袖筒。消防救援手套由外层、防水层和舒适层等多层织物复合而成。

3. 消防防化手套

消防防化手套（见图 3-33）适用于消防员在处置化学品事故时戴，而并不适用于高温场合、处理坚硬物品作业时使用，也不适用于电气、电磁以及核辐射等危险场所。消防防化手套可以是五指式，也可以是连指式，结构有单层、双层和多层复合，材料一般由橡胶（如氯丁胶、丁腈胶等）、乳胶、聚氨酯、塑料（如PVC、PVA）等；双层结构的手套一般是以针织棉毛布为衬里，外表面涂覆聚氯乙烯，或以针织布、帆布为基础，上面涂敷 PVC 制成，这类手套称为浸塑手套。另外，还有全棉针织内衬，外覆氯丁橡胶或丁腈橡胶涂层。多层复合结构的手套由多层平膜叠压而成，具有广泛的抗化学品特性。当消防员穿戴手套在事故现场处置化学品时，手套表面材料能阻止化学气体或化学液体向手部皮肤浸透，使消防员免受化学品的烧伤、灼烧。

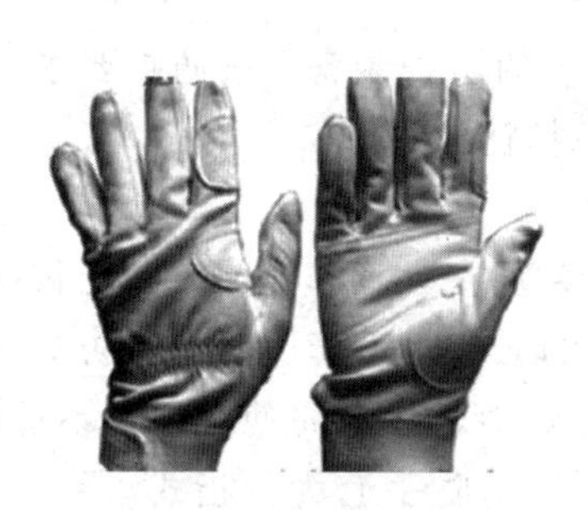

图 3-32　消防救援手套

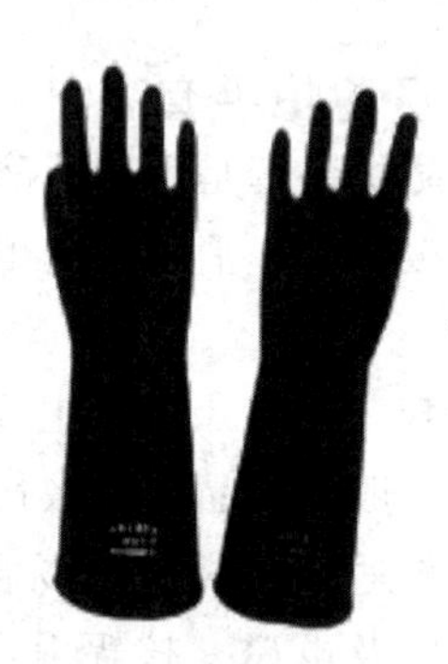

图 3-33　消防防化手套

4. 消防耐高温手套

消防耐高温手套（见图 3-34）适用于消防员在火灾、事故现场处理高温及坚硬物件时戴，不适用于化学、生物、电气以及电磁、核辐射等危险场所。消防耐高温手套可以是分指式也可以是连指式，一般为双层或三层结构，外层为耐高温阻燃面料，内衬里为全棉布。有些手套的表面喷涂金属，既耐高温阻燃，又能反射辐射热，也有的手套外层采用高强度耐高温、耐切割材料制成。

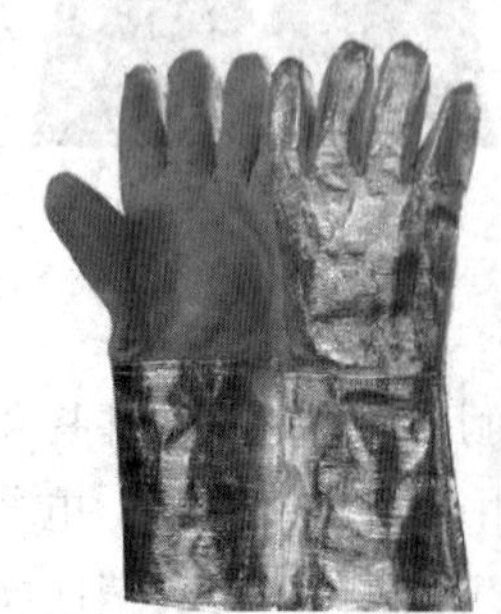

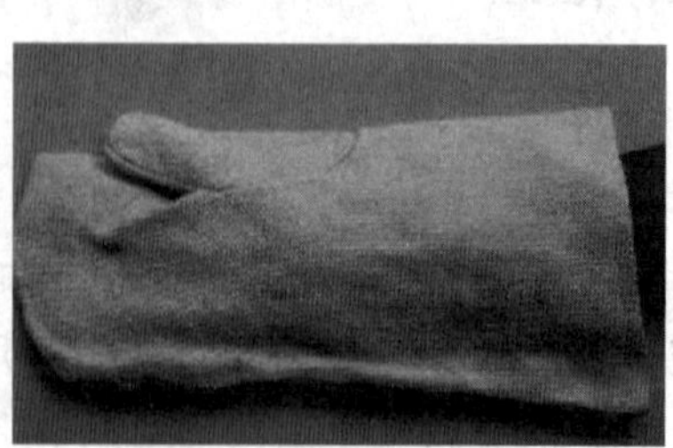

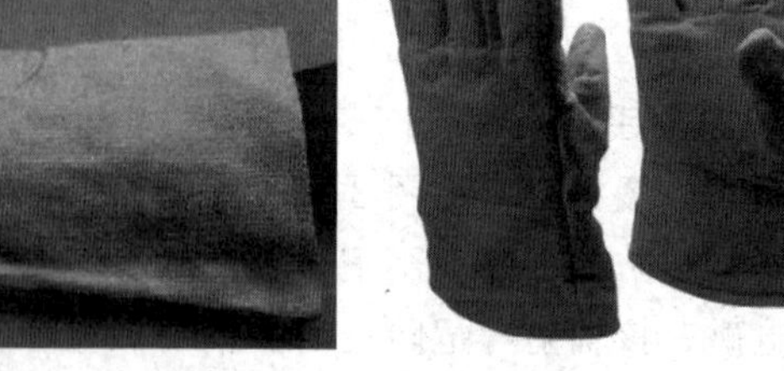

图 3-34　各式消防耐高温手套

（三）消防员防护靴

消防员防护靴是消防员进行消防作业时用于保护脚部和小腿部免受伤害的防护装备。消防员防护靴的种类大致可分为消防员灭火防护靴、消防员抢险救援防护靴、消防员化学防护靴三种。

1. 消防员灭火防护靴

消防员灭火防护靴［见图 3-35(a)］是消防员在灭火作业时用来保护脚部和小腿部免受水浸、外力损伤和热辐射等因素伤害的防护装备，根据材质的不同，分为消防员灭火防护胶靴和消防员灭火防护皮靴两种。消防员灭火防护胶靴适用于一般火场、事故现场进行灭火救援作业时穿着。但不能用于有强腐蚀性液体、气体存在的化学事故现场，有强渗透性军用毒剂、生物病毒存在的事故现场，带电的事故现场等。消防员灭火防护皮靴的适用范围与消防员灭火防护胶靴相同。

2. 消防员抢险救援防护靴

消防抢险救援防护靴［见图 3-35(b)］是消防员在抢险救援作业时用于脚部、踝部和小腿部的防护装备，不适合于灭火作战或处置放射性物质、生物物质以及危险化学品作业时穿着。救援靴由靴底、靴帮、靴头三部分构成。靴帮材料采用皮革，靴外底材料为橡胶。

3. 消防员化学防护靴

消防员化学防护靴［见图 3-35(c)］通常与消防员化学防护服配套使用。适用于消防员在处置一般化学事件时穿着，不适于在灭火和涉及放射性物品、液化气体、低温液体、危险物品、爆炸性气体、生化毒剂等事故现场穿用。消防员化学防护靴由靴底、靴帮、靴头三部分构成。靴头、靴底结构与消防员灭火防护胶靴相似，其中靴头内设置有钢包头层，靴底设置有钢中底层。

(a) 消防员灭火防护靴

(b) 消防员抢险救援防护靴

(c) 消防员化学防护靴

图 3-35 消防员防护靴

参考文献

［1］NFPA. Hand book of Fire Protection Engineering. Massachusetts：National Fire Protction Assocication Quincy，2000.

[2] 朱建华，褚家成. 池火特性参数计算及其热辐射危害评价. 中国安全科学学报，2003，13 (6)：25-28.

[3] 庄磊，陈国庆. 大型油罐火灾的热辐射危害特性. 安全与环境学报，2008，8 (4)：110-114.

[4] 迟立发. 油罐火灾的辐射热及其预测. 消防科学与技术，1983，2 (2)：10-16.

[5] Heskestad G. Luminous height ofturbulent diffusion flames. Fire Safety Journal，1983，5 (2)：103-108.

[6] Mudan K S. Geometric view factors forthermal radiation hazard assessment. Fire Safety Journal，1987，10 (2)：89-96.

[7] 朱方龙. 热防护服隔热防护性能测试方法及皮肤烧伤度评价准则. 中国个体防护装备，2006 (4)：26-30.

[8] 康青春，消防灭火救援工作实务指南. 北京：中国人民公安大学出版社，2011.

[9] 董希琳，康青春，舒中俊，李玉. 超大型油罐火灾纵深防控体系构建与实现. 消防科学与技术，2013，32 (9)：1020-1022.

[10] 孙沛. 液化石油气多火源火灾热辐射伤害研究. 廊坊：中国人民武装警察部队学院，2013.

[11] 邢志祥，蒋军成. 喷射火焰对容器的热辐射计算. 安全与环境工程，2003，10 (3)：71-73.

[12] 李全峰. 火焰形状对其热辐射通量的影响. 中国科技信息，2010，15 (5)：40-42.

[13] 姜巍巍，李奇，李俊杰，姜春明. 喷射火及其热辐射影响评价模型介绍. 石油化工安全环保技术，2007，23 (1)：33-35.

[14] 王兆芹，冯文兴，程五一. 高压输气管道喷射火几何尺寸和危险半径的研究. 安全与环境工程，2009，16 (5)：108-110.

[15] 傅智敏，黄晓哲，李元梅. 烃类池火灾热辐射量化分析模型探讨. 中国安全科学学报，2010，20 (8)：65-67.

[16] 宇德明，冯长根，曾庆轩等. 热辐射的破坏准则和池火灾的破坏半径. 中国安全科学学报，1996，6 (2)：5-10.

[17] 马宝磊. 液化石油气火灾热辐射实验与模拟研究. 廊坊：中国人民武装警察部队学院，2011.

[18] 康青春. 灭火救援指挥 [M]. 廊坊：武警学院试用教材，2006.

[19] Jan Stawczyk. Experimental evaluation of LPGtank explosion hazards. Journal of Hazardousmaterials，2003，18 (3)：189-200.

[20] 傅智敏，黄金印. 大型地上立式油罐区火灾爆炸危险与灭火救援. 消防科学与技术，2012，31 (7)：747-750.

第四章
侦检技术及装备

侦检在灭火救援中占有相当重要的地位，只有及时发现问题并迅速查明情况，确定事件的性质，才能够采取有效的现场处置、人员救护及防护措施，提高灭火救援的效率。

第一节　火场侦检技术及装备

火灾是最经常、最普遍地威胁公众安全和社会发展的主要灾害之一。根据可燃物的类型和燃烧特性，可分为A、B、C、D、E、F六大类。A类火灾是指固体物质火灾，该类物质通常具有有机物质的性质，一般在燃烧时产生灼热的余烬，如木材、干草、煤炭、棉、毛、麻、纸张等；B类火灾指液体或可熔化的固体物质火灾，如煤油、柴油、原油、甲醇、乙醇、沥青、石蜡、塑料等火灾；C类火灾指气体火灾，如煤气、天然气、甲烷、乙烷、丙烷、氢气等火灾；D类火灾指金属火灾，如钾、钠、镁、铝镁合金等火灾；E类火灾指物体带电燃烧的火灾；F类火灾指烹饪器具内的烹饪物火灾，如动植物油脂火灾。

由于火场中可燃物质繁多，情况较为复杂，释放大量热量的同时，常伴有火焰、浓烟、有毒有害物质，为火场侦检和灭火救援带来了一定的难度。

一、侦检技术

火场侦检技术是指消防员到达火灾现场后，对火场情况进行侦察和检测的方式方法，包括仪器侦检法和人工侦检法。

(一) 仪器侦检法

主要是利用各种仪器设备，对火场建筑构件温度及可燃气体（蒸气）进行测量，对浓烟、空心墙体、闷顶及倒塌建筑中被困人员进行搜救。通过侦检，可确定以下内容。

① 着火点的位置。

② 可燃气体的种类、浓度及扩散或污染范围。

③ 人员被困情况。

④ 火场建筑构件温度实时变化情况等。仪器侦检的结果可为灭火技战术的制定提供理论数据支撑。

（二）人工侦检法

主要是侦察人员通过利用除仪器以外的方式方法进行侦察检测。具体包括以下内容。

（1）看　建筑类火灾，主要查看着火建筑内消防设施情况、火焰燃烧和火势蔓延情况、烟雾特征、建筑结构受火势威胁情况等；油品类火灾，可通过燃烧时储罐外部干湿分明的界限，判断轻质油品储罐内油位高低情况、可燃液体储罐燃烧情况、周围临近罐受威胁情况等。通过看到的具体情况，决定采取扑救的措施。

（2）听　主要是听火场中发出的各种声响，如人员的呼救声和反应声，判断人员受困方位及数量；建筑构件坍塌前的断裂声，判断燃烧进入的阶段，会不会发生建筑倒塌事故；可燃液体储罐燃烧发出的响声，判断是否会发生沸溢、喷溅或爆炸。

（3）喊　进入火场中寻找被困人员，除认真观察、倾听呼救外，还应主动呼唤被困人员。是进入建筑内部时，要注意搜寻床下、衣橱及卫生间等位置，以便迅速找到被困人员并将其救出。

（4）嗅　在火场外围侦察时，可通过嗅觉来辨别燃烧物质的种类和性质。但在实施内部侦察或有危险化学品的火场侦察时，则不能用嗅的方法。

（5）摸　可通过用手触摸感觉温度的方式，来判断火源隐藏的位置。

（6）扣　使用工具叩击建筑物的墙体，以辨别墙体的性质（不燃实心墙体或难燃的空心墙体）。对于易燃易爆物质如金属储罐，也可采用不会产生火花的非金属工具叩击罐体的方式，来判定液位的高度。

（7）水枪射流　在不造成水渍损失的情况下，可利用直流水枪射流进行侦察检测。如可燃液体储罐火灾侦检时，可对罐壁实施冷却，通过观察冷却水流在罐壁上的蒸发情况，判定储罐内液位的高度；进入或穿过燃烧区进行火情侦察、灭火、救人或排险前，可先利用直流水枪射流冲击燃烧区建筑构件，检验其强度；在火场视线很差的情况下，如浓烟、夜晚或室内无光线等，可先利用直流水枪射流冲击潜行路线的地面，通过声音判定路面情况，以免发生意外。

二、侦检装备

侦检装备是指用于火场侦检的各种仪器设备，主要包括红外探测装备、生命探测装备、可燃气体检测仪和烟气分析仪等。

（一）红外探测装备

一切温度高于绝对零度的物体都能产生热辐射，温度愈高，辐射出的总能量就愈大。红外探测装备就是利用这一物理现象，通过红外传感器，实现红外辐射“光-热-电”能量的转换过程，对非电量进行测量。红外传感器一般由光学系统、探测器、信号调理电路及显示单元等组成。红外探测器是红外传感器的核心，其输出的电压信号与被测目标的温度成正比，该电压信号经转化后，可以以数字或图像的形式显示在显示器上。根据这一原理制成的装备称为红外探测装备，如红外测温仪和红外热像仪等。

1. 红外测温仪

（1）工作原理

红外测温仪的工作原理如图 4-1 所示。处于某一背景的目标所辐射的红外能量，通过大气传输到红外测温仪的光学系统，光学系统将目标辐射的能量会聚到探测器上，探测器将入射的辐射转换成电信号，通过放大及线性化等信号处理后，以 4～20mA 或 0～5 V 的模拟信号或数字显示输出。

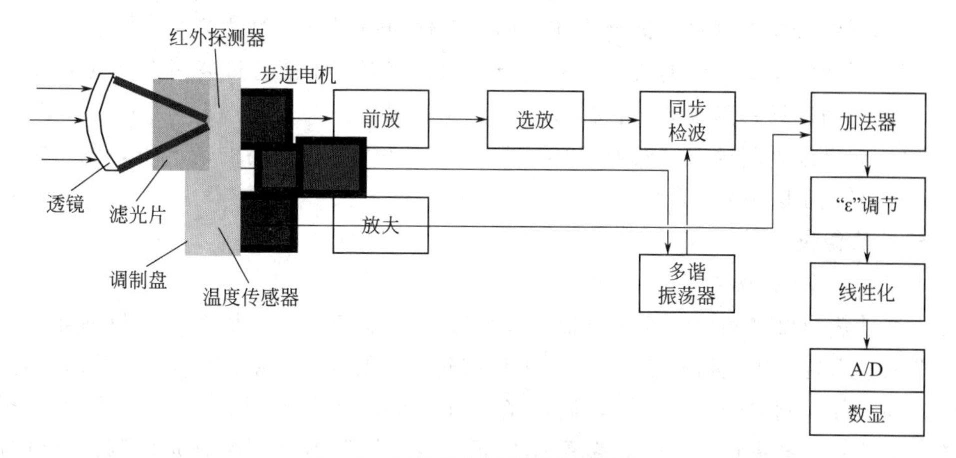

图 4-1　红外测温仪的工作原理图

（2）分类及用途

红外测温仪的种类很多，可分为便携式、在线式、扫描式，并有光纤、双色等测温仪。可用于检测火场建筑、油罐、化工装置等各部位温度，从而帮助指挥员判断火源位置、建筑构件表面温度以及建筑倒塌、储罐爆炸等时间。

便携式（手持式）测温仪由于其体积小、重量轻，采用电池供电，适合随身携带，可随时进行温度的检测和记录，有光学瞄准或激光瞄准装置，操作非常简单，只需轻轻一扣扳机，就能进行测量，因此，在火场侦检中应用较多。

（3）影响红外测温仪准确测温的主要因素

① 距离系数，也称光学分辨率（$D:S$）。即测温仪探头到目标之间的距离 D 与被测目标直径 S 之比。$D:S$ 值越大，则光学分辨率越高。因此，如果测温仪由于环境条件限制，必须安装在远离目标之处，而又要测量小的目标时，就应选择高光学分辨率的测温仪。对于固定焦距的测温仪，可测目标的有效直径 D 是不同的，因而在测量小目标时要注意目标距离。

② 被测物质发射率。红外测温仪一般都是按黑体（发射率 $\varepsilon=1.00$）分度的，而实际上，物质的发射率都小于 1.00，且不同物体由于材质不同，其发射率也不同。因此，在需要测量目标的真实温度时，须按测定目标的材质，设置相应的发

射率值。物质发射率可从《辐射测温中有关物体发射率的数据》中查得。

③ 强光背景里目标的测量。若被测目标有较亮背景光，如受太阳光、强灯直射或火场中火光照射等，则测量的准确性将受到影响，因此可用物体遮挡直射目标的强光以消除背景光干扰。

（4）使用注意事项

① 必须准确确定被测物体的发射率。

② 避免周围环境高温物体的影响。

③ 对于透明材料，环境温度应低于被测物体温度。

④ 测温仪要垂直对准被测物体表面，在任何情况下，角度都不能超过30°。

⑤ 不能应用于光亮的或抛光的金属表面的测温，不能透过玻璃进行测温。

⑥ 正确选择距离系数，目标直径必须充满视场。

⑦ 如果红外测温仪突然处于环境温度差为20 ℃或更高的情况下，测量数据将不准确，温度平衡后再取其测量的温度值。

2. 红外热像仪

（1）工作原理

红外热像仪是利用红外探测器、光学成像物镜和光机扫描系统（目前先进的焦平面技术省去了光机扫描系统），接受被测目标的红外辐射能量分布图形，将其反映到红外探测器的光敏元上，通过光机扫描机构（焦平面热像仪无此机构），对该能量分布图形进行扫描，并聚焦在单元或分光探测器上，由分光探测器将红外辐射能转换为电信号，经放大处理、转换为标准视频信号通过电视屏或监测器，显示出红外热像图，这种热像图与物体表面的分布场相对应。

（2）分类

红外热像仪可分为制冷型和非制冷型两大类。

消防用红外热成像仪为非制冷型，按照其应用方式分为救助型热像仪和检测性热像仪。救助型热像仪一般在红外方式下具有白热、黑热和伪真彩三种显示模式，具有温度测量、耗电显示、图像降噪功能和在特定环境温度（如高温）持续工作的能力及较高的外壳保护等级。

救助型热像仪主要用于消防救援中的火情侦察、人员搜救、辅助灭火和火场清理等，特别适用于协助消防员在浓烟、黑暗、高温等环境条件下进行灭火和救援作业。检测性热像仪一般应用于电气设备、石化设备、工业生产安全和森林防火的检查，具有图像冻结、图像存储、热像还原、操作提示和参数修正功能。检测型热像仪比救助型热像仪具有更高的测量精度。

（3）使用方法

目前最先进的红外热成像仪，其温度灵敏度可达0.05 ℃。无论白天、黑夜均可用来探测隐蔽的物体，其距离可达百米之遥。这种装置可以被消防员操持在手中直接观察，如图4-2（a）所示，也可戴在头部或安装在头盔上进行观察，如图

4-2（b）所示。即使在烟幕缭绕及视野全部被遮挡的情况下，成像效果也不会受到影响。

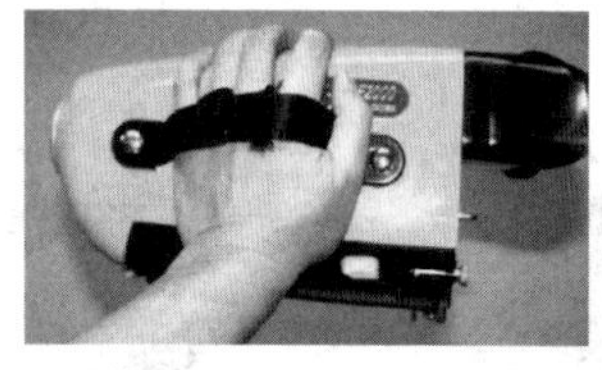

(a) 手持式

(b) 头戴式

图 4-2 红外热成像仪

（二）生命探测装备

只要是生命，身体之中就会有着许多特别的生命信息，这些生命信息会通过各种能量方式表现在身体外部，如声波、超声波、电波、光波等，这些波的频率不同，自然就会发出完全不同的能量，生命探测装备正是通过探测这些不同的波，通过转换，以不同的形式展现出来，进而判断存在的生命特征。

1. 音频生命探测仪

（1）工作原理

音频生命探测仪（见图 4-3）是一套以人机交互为基础的探测系统，包括信号的检测、监听、选取、储存和处理等几个方面。应用了声波及震动波的原理，采用先进的微电子处理器和声音/振动传感器，进行全方位的振动信息收集，可探测以空气为载体的各种声波和以其他媒体为载体的振动，并将非目标的噪声波和其他背景干扰波过滤，进而迅速确定被困者的位置。高灵敏度的音频生命探测仪采用两级放大技术，探头内置频率放大器，接收频率范围为 1～4000 Hz，主机收到目标信号后再次升级放大。它通过探测地下微弱的诸如被困者、呼喊、爬动、敲打等产生的音频声波和振动波，就可以判断生命是否存在。

（2）适用场所

适合搜寻被困在混凝土、瓦砾或其他固体下的幸存者，能准确识别来自幸存者的微弱声音如呻吟、呼喊、爬动、拍打、划刻或敲击等，还可以对周围的背景噪声做过滤处理。

2. 视频生命探测仪

（1）工作原理

视频生命探测仪也称光学生命探测仪（见图 4-4），利用光反射原理，主要通过高清晰光学或红外摄像头与高灵敏度声音探测器，集声音和视频图像于一体，探测废墟下人员声音和视频图像。

（2）应用

仪器的主体呈管状，非常柔韧，能在瓦砾堆中自由扭动。仪器前面有细小的探头，可深入极微小的缝隙探测，类似摄像仪器，将信息传送回来，救援队员利用观察器就可以准确发现被困人员，其深度可达几十米以上。特别适用于对难以到达的地方进行快速定性检查，广泛应用于矿山、地震、塌方救援中及火灾现场建筑物倒坍人员的搜救。

图 4-3　音频生命探测仪　　　　图 4-4　各种视频生命探测仪

采用模块式结构和轻小便携的蛇眼生命探测仪，使眼睛能看到原来不能看到的地方。这种镜头可以安装在直杆窥镜或光纤窥镜上、灵活的鹅颈弯管上、延伸线缆上、可伸缩的套筒上或者机械手接头上，可展现高清晰度的全彩色液晶视频图像，帮助进行快速定性检查。还可直接连一台标准的 VCR 进行录像和回放。

3. 雷达生命探测仪

（1）工作原理

雷达生命探测仪多采用非接触生命探测技术，融合超宽频谱雷达技术、生物医学工程技术于一体，借助于电磁波穿透遮挡介质，像雷达一样，探测被埋压生命体的呼吸、心跳、体动等生命特征，并能精确测量被埋生命体的距离深度，从而达到寻找存活者的目的，其工作原理如图 4-5 所示。

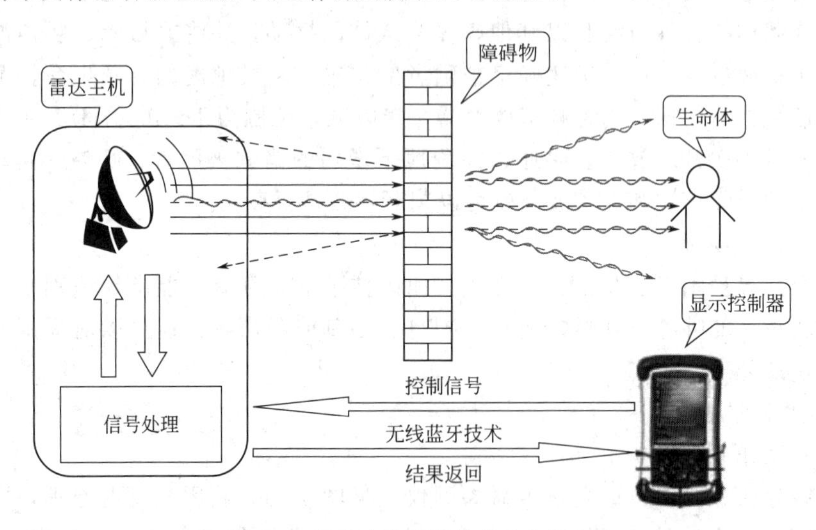

图 4-5　雷达生命探测仪的工作原理

（2）特点

雷达生命探测仪具有较强的穿透能力和抗干扰能力。可以穿透 4～6m 的混凝土，探测到 20m 距离、$216m^3$ 空间内微弱的呼吸和运动。具体穿透深度取决于现场表面材料，理想情况下可达10m以上甚至更深，但它不能穿透金属障碍物。雷达生命探测仪不受其他无线设备的影响，也不影响其他无线设备的使用。在使用时不需要导线和探头，无需钻孔和防水，而且不受天气影响。雷达生命探测仪可多个系统同时使用，是目前世界上最先进的生命探测仪。

(3) 应用

主要应用于灾害现场被困人员特别是被埋压人员的搜救。

(三) 可燃气体探测仪

可燃气体探测仪是一种可对单一或多种可燃气体爆炸下限浓度进行检测的便携式检测仪器。当空气中可燃气体的浓度达到或超过设定好的阈值时，检测仪器能自动发出声光报警信号，提醒有关人员及时采取预防措施。

1. 分类

可燃气体探测仪按防爆要求，可分为防爆型和非防爆型；按照使用方式，可分为固定式和便携式；按照探测可燃气体的分布特点，可分为点型和线型；按照测量显示类型，可分为0～100% LEL和人工煤气两种类型。消防部队常用的可燃气体探测仪一般为便携式点型可燃气体探测仪。

2. 点型可燃气体探测仪的工作原理

点型可燃气体探测仪是利用可燃气体对气敏传感器发生某种作用，而引起其特性发生改变的原理制作的。气敏传感器是点型可燃气体探测仪的核心部件，目前使用的气体传感器主要有半导体式、催化燃烧式、电化学式及光学式四种。

(1) 半导体式气敏传感器　可分为电阻式和非电阻式两种形式，目前大多数点型可燃气体探测器使用的都是电阻式半导体气敏传感器。当可燃气体接触到该类型传感器检测元件的表面时，气体被吸附，元件的阻值发生变化。

(2) 催化燃烧式气敏传感器　当可燃气体与该类型传感器的检测元件接触时，可燃气体会在元件表面无焰燃烧，元件的阻值发生变化。

(3) 电化学气敏传感器　有不需供电的原电池式和需要供电的可控电位电解式两种形式，其原理是，气体进入传感器后被氧化，在外部电路中会产生电流，电流的大小与气体的浓度成正比，主要用于探测一氧化碳。

(4) 光学式气敏传感器　有红外吸收型、光谱吸收型和荧光型三种型式，其中，红外吸收型最为常用。红外吸收型气敏传感器的工作原理是基于可燃气体对红外光中某些波段的吸收特性。

3. 便携式点型可燃气体探测仪的特点及注意事项

(1) 特点　一般由自身所配电池供电，配有加长杆，可远距离实施测量。用于测量甲烷、乙炔、氢气等三十余种易燃易爆气体浓度，具有轻便、小巧、携带方便、快速检测等特点。

(2) 注意事项

① 检测人员要做好个人的安全防护。

② 当仪器具有低限和高限两个报警设置值时，低限报警设定值应设为1% LEL～25% LEL，高限报警设定值应设为50% LEL；当仪器仅有一个报警设定值时，其报警设定值应设为1% LEL～25% LEL。

③ 当被测区域可燃气体浓度达到设定的报警值时，仪器发出声、光报警信号。需要重新测量时，需将探测器置于洁净空气中30 s内，自动或手动恢复到正常测量状态。

(四) 烟气分析仪

烟气分析仪主要用于测量火场烟气的组分和浓度。

1. 分类

根据其携带方式可分为便携式和在线式。便携式烟气分析仪的特点是重量小、携带方便、取样快捷、读数简便，能快速测量现场气体的浓度、温度、含湿量等，便于工作人员现场使用，投资小。在线式烟气连续监测分析仪的特点是能够连续不间断地对排放物进行监督、检测，随时读取现场数据并通过远端处理系统用微机进行记录、存储，可以对烟气进行连续监测，以获取全面而完整的监测数据，但投资大。因此，火场烟气侦检使用比较多的是便携式烟气分析仪。

2. 工作原理

(1) 便携式烟气分析仪

该类仪器主要使用电化学式传感器进行测量。采用气体扩散技术和各种不同的专用电极，利用敏感材料与被测物质中的分子、离子或生物质接触时所引起的电极电势、表面化学势的变化、所发生的表面化学反应或生物反应转换成电讯号而测定特定物质的浓度。

(2) 在线式烟气分析仪

该类仪器主要采用非色散型红外线吸收式和电化学式或热磁式相结合的方式进行测量。非色散型红外线吸收气体浓度装置是利用不同气体成分在红外波段内均有不同的特征吸收波长，根据气体成分对某一特征吸收波长的吸收大小而确定气体的浓度，从而将气体成分的浓度信息转换为数字信息。

3. VARIO PLUS 增强型烟气分析仪

VARIO PLUS增强型烟气分析仪（见图4-6）是一种便携式的烟气分析仪器，用于烟气控制和各种工业烟气长期监测，连续分析。

图4-6 VARIO PLUS 增强型烟气分析仪

该仪器有能够探测6种气体的电化学传感器和能够探测3种气体的红外传感器。其中氧气浓度的测量采用两极电化学传感器；有毒气体的测量如一氧化碳、一氧化氮、二氧化氮、二氧化硫、硫化氢采用三极电化学传感器；红外传感器能够测量一氧化碳、二氧化碳和碳氢化合物。同时采用热电偶和铂电极PT2000测量原理，能够测量外界环境温度。

第二节　化学事故侦检技术及装备

根据《危险货物分类和品名编号》（GB 6944—2012），将危险货物划分为爆炸品，气体，易燃液体，易燃固体，易于自燃的物质、遇水放出易燃气体的物质，氧化性物质和有机过氧化物，毒性物质和感染性物质，放射性物质，腐蚀性物质，杂项危险物质和物品等九大类。随着社会经济的快速发展，化学危险品的种类和数量不断增多，发生化学事故的概率也不断增加。化学危险品侦检是成功处置该类事故的重要前提，在灾害事故现场，只有侦检人员采用合理的侦检技术和有效的侦检仪器，才能够确定化学灾害物质的性质和浓度，为防护和处置措施的制定提供科学依据。

一、侦检技术

化学侦检技术是指消防员到达事故现场后，针对空气进行检测、针对人员进行监测的方法和技术。

（一）空气检测

消防部队进入灾害现场时，首先要对环境空气进行检测，以评估灾害程度和范围。当现场存在可燃气体、毒剂和缺氧情况时，消防队员要加强个人防护。

由于开阔空间中，自然扩散力的作用，空气中的污染物往往扩散很快，不是检测的要点。但低洼地带、封闭空间、容器等使灾害物质的扩散周期加大，因此，往往要首先检测这些位置。空气检测不是救援行动的辅助部分，而是对救援行动的指导工作。确定污染范围的尺寸，应该沿污染源下风轴线方向连续取样，直至达到安全要求。还要沿垂直轴线方向取样检测，以确定污染宽度。必须谨慎考虑，周密部署，正确确定空气取样计划，才能保证得出正确的检测结果，以合理确定灾害现场不稳定的污染物的范围。

由于缺乏必要的检测仪器，对未知无机蒸气和气体的检测十分困难。有的地方用气体检测管检测无机气体，光化电离检测仪器可以检测少量无机物质。光化电离检测仪和火焰离子检测仪可以检测未知有机化合物。在相对较高浓度时，可用可燃气体检测仪检测可燃气体或蒸气。

（二）人员监测

在可能造成人员受到化学危险品伤害的区域工作的人员，应该配备适当的个人检测仪器，当化学危险品浓度超标时发出警告。另外，对正常工作在化学危险品场所的工人，也要作例行检查，以确定其吸收的化学危险品剂量。

人员检测仪器监测的范围很宽，如可燃气体浓度、氧气浓度及有毒气体浓度。这些仪器应该是小型的、便携的，还应该具有声像报警信号，如果在高噪声区工作，应该配备报警耳机。另外，应该配备充电电池，电池工作时间不应该小于一个班次。校准调节钮不能被操作人员随便调节。

二、侦检装备

化学侦检装备主要是用于事故现场有毒、可燃气体、氧气、有机挥发性气体浓度和受污染液体侦检的仪器、装备的总称。

（一）有毒气体检测仪

1. 工作原理

有毒气体检测器由一个带气体传感器的变送器构成，气体检测器对传感器上的电信号进行采样，经内部数据处理后，输出和周围环境气体浓度相对应的4～20mA电流信号或Modbus总线信号。

2. 分类

有毒气体检测仪的关键部件是气体传感器，根据传感器的工作原理，可将有毒气体检测仪分为三类。

① 利用物理化学性质的有毒气体检测仪：如半导体式、催化燃烧式、固体热导式。其中半导体式又可分为表面控制型、体积控制型、表面电位型。

② 利用物理性质的有毒气体检测仪：如热传导式、光干涉式、红外吸收式。

③ 利用电化学性质的有毒气体检测仪：如定电位电解式、迦伐尼电池式、隔膜离子电极式、固定电解质式等。

3. 应用

有毒气体检测仪可检测一氧化碳、硫化氢、氢气等60多种有毒物质。广泛应用到各类石油、化工、化工生产装置区；市政、消防、燃气、电信、煤炭、冶金、电力、医药、食品加工等其他存在有毒有害气体的场所。

4. 常用的几种有毒气体检测仪

（1）MX21有毒气体检测仪

MX21有毒气体检测仪是一种便携式智能型有毒气体检测仪，有四种专用的探测元件，可以同时检测可燃气体（甲烷、煤气、丙烷、丁烷等）、有毒气体（CO、H_2S、HCl等）、氧气和有机挥发性气体等四类气体。使用时，检测人员应事先做好个人防护，应使用具有防爆功能的通信器材。

（2）AreaRAE复合式气体检测仪

AreaRAE复合式气体检测仪是一个便携式的检测器，可以在事故现场有选择性地对多种气体进行检测。该仪器共装有5个传感器，其中3个为固定式探头，分别检测氧气、可燃气体和有机挥发性混合气体；另外附2个选择性探头，可对氯气、氨气、硫化氢等有毒气体及γ射线进行检测。通过无线接收装置，仪器检测到的数据可传输到控制计算机上。可以进行计算机实时检测，采集数据，当危险值超限时，可以启动警报信号等功能。

（3）CMS芯片式有毒气体检测仪

CMS 芯片式有毒气体检测仪用于快速测量空气中的各种有毒有害气体及蒸气浓度。监测时，可根据需要更换相应的芯片。芯片存储在原始包装内，不能暴露在阳光直接照射的地方，取出芯片时，只能接触芯片的边缘位置。该类检测仪的气体芯片种类有氨气、氯气、二氧化碳气体、氯化氢气体、一氧化碳气体、硫酸蒸气、氮的各类氧化物气体、硫化氢气体、酒精蒸气、二氧化硫等。

（4）多种气体检测仪

多种气体检测仪可检测硫化氢、一氧化碳、可燃气体等多种气体的浓度，能够对事故现场环境中的多种气体实现连续检测。

（5）PGM-37 易燃易爆气体监测仪

PGM-37 易燃易爆气体监测仪是一种手持式易燃易爆气体监测仪，可以检测氢气、甲烷、丙烷、丁烷（液化气、天然气）、己烷、庚烷、辛烷、乙醇、甲醇、丙酮、汽油等物质。它可人工编写程序，提供在特定危险环境中，针对某一特定易燃易爆气体的 LEL 含量进行连续监测。

（6）测爆仪

测爆仪主要用于对工作环境空气中的可燃气体和氧气浓度进行检测。预热时间可燃气体为 30s，氧气为 5min。

各种气体检测仪如图 4-7 所示。

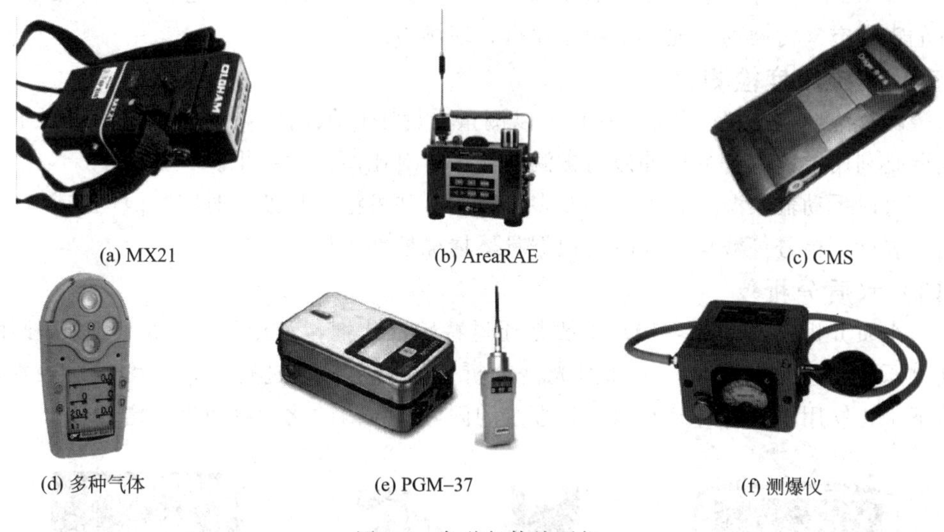

(a) MX21　(b) AreaRAE　(c) CMS

(d) 多种气体　(e) PGM−37　(f) 测爆仪

图 4-7　各种气体检测仪

（二）气相色谱-质谱联用仪

气相色谱-质谱（GC-MS）联用方法是一种结合气相色谱和质谱的特性，在试样中鉴别不同物质的方法。

1. 工作原理

（1）气相色谱原理

气相色谱的流动相为惰性气体，气-固色谱法中以表面积大且具有一定活性的吸附剂作为固定相。当多组分的混合样品进入色谱柱后，由于吸附剂对每个组分的吸附力不同，经过一定时间后，各组分在色谱柱中的运行速度也就不同。吸附力弱的组分容易被解吸下来，最先离开色谱柱进入检测器，而吸附力最强的组分最不容易被解吸下来，因此最后离开色谱柱。这样，各组分被顺序分离进入检测器中被检测出来。

（2）质谱原理

质谱分析是一种测量离子荷质比（电荷-质量比）的分析方法，其原理是使试样中各组分在离子源中发生电离，生成不同荷质比的带正电荷的离子，经加速电场的作用，形成离子束，进入质量分析器。在质量分析器中，再利用电场和磁场使其发生相反的速度色散，将其分别聚焦而得到质谱图，从而确定其质量。

2. 应用

气相色谱-质谱联用仪主要应用于工业检测、食品安全、环境保护等众多领域。在灭火救援现场，多用于对现场多种负载化合物的定性和定量分析。

3. HAPSITE 气相色谱-质谱分析仪

HAPSITE 气相色谱-质谱分析仪（见图 4-8）用于定性和半定量检测挥发性有机危害性空气污染物，尤其适用于便携式现场检测。

（三）酸碱浓度检测仪

酸碱浓度检测仪（见图 4-9）可以测量受污染区域内液体的酸碱值、电压值，主要是利用主机配备的缓冲液与被测液体进行对比而得出结果。

可以手动输入温度，存储 200 多个数据，并可记录日期、时间、pH 值或电压值、温度、标号等数据，同时可根据具体情况校准主机。

（四）水质分析仪

水质分析仪（见图 4-10）主要是通过特殊催化剂，利用化学反应变色原理使被测原液颜色发生变化，再通过光谱分析仪的偏光原理进行分析。可对地表水、地下水、饮用水、各种废水以及处理过的固体颗粒内的化学物质进行定性分析。

图 4-8 HAPSITE 气相色谱-质谱分析仪

图 4-9 酸碱浓度检测仪

图 4-10 水质分析仪

第三节 生物战剂侦检技术及装备

生物战剂是指能在人员或动物体内繁殖并引起大规模疾病的微生物。可用做生物战剂的物质很多，目前被公认的已有6大类20～30种。6大类分别是细菌、病毒、生物毒素、支原体、衣原体和立克次体。细菌性生物战剂主要包括炭疽杆菌（Bacillus anthraci）、鼠疫耶尔森菌（Yersinia pestis）、霍乱弧菌（Vibrio cholerae）等；病毒类战剂主要包括天花病毒（Orthopoxvirus variola）、委内瑞拉马脑炎病病毒（Venezuelan equine encephalitis virus）、克里米亚-刚果出血热病毒（Crimean-Congo haemorrhagic fever virus）等；生物毒素主要包括肉毒毒素（Botulinumtoxin）、葡萄球菌肠毒素（Staphyloccocus enterotoxin）、蓖麻毒素（Ricin）等。

生物战剂种类繁多，危害范围广，其所致疾病具有一定的潜伏期，与其他灾害事故相比，侦察检测较为困难，因此，应根据多方面的情况综合分析，及早发现问题，将危害降到最低。

一、侦检技术

生物侦检技术是对生物战剂种类进行检验与鉴定、对污染范围进行界定的技术与方法，包括人工判定法和仪器侦检法。

（一）人工判定法

1. 通过实施生物战剂袭击的条件和特点进行判定

有利于生物武器使用的气候主要包括两个方面：一是在日落前1h到日出后2h和风速较小的情况；二是阴天或有雾的天气。喷洒的方式主要有飞机或航弹、集速弹。使用飞机直接喷洒生物战剂气溶胶时，飞行高度比较低，且尾部常带有烟雾带。使用航弹或集速弹施放生物战剂时，因炸药量少、爆炸力弱，所以炸声低沉、闪光点较小。因此，要掌握这些施放条件及特点，提高警惕，才能够及时发现异常情况，尽早采取应对措施。

2. 通过地面周围环境出现的异常情况进行判定

根据投放方式的不同，生物战剂施放后地面环境会出现不同的特点，主要表现在三个方面。

① 利用昆虫等媒介进行施放。此种情况，当地会出现集中成群的蚊、蝇、跳蚤等或本地没有的昆虫，其出现的季节、场所、密度、体态及虫龄等均具有反常现象。可通过找到盛放媒介物容器的残余物或异常杂物、食品等，进一步做出判定。

② 利用生物弹进行施放。其特点是地面有浅小的弹坑及特殊形状或材质的弹片，且弹坑周围有异常粉末或液滴。

③ 利用气溶胶发生器进行施放。会在周围发现特殊的容器、气球或降落伞等物品。

3. 通过爆发的反常疫情进行判定

若周围发生了较为异常的传染病疫情，则可经过进一步的检验鉴定，判定为生物战剂袭击。异常情况主要包括以下五个方面。

① 病情异常。主要是指突发的或当地从未有过的传染病，或出现了大量的家畜、植物等死亡的现象。

② 传染途径异常。如通过接触传播的某种传染疾病通过呼吸道进行传播的情况。

③ 季节异常。如夏秋两季容易发生的某些传染疾病在冬春两季爆发的情况。

④ 职业异常。如不接触家畜或家畜产品的人员中，出现了大量的炭疽病患者。

⑤ 混合感染。主要是指在同一地区发生多种病原体混合感染的情况。

4. 通过现场调查判定污染情况，划定污染区域

发现使用生物战剂迹象后，在向上级机关做好报告的同时，还要组织人员做好个人防护，携带采样器材，深入现场进行调查。调查的内容主要包括如下两个方面。

① 生物战剂污染。向目击者及附近军民调查敌人使用生物战剂经过；了解可能受感染的人员去向及目前健康状况；寻找施放生物战剂的容器或有关迹象；了解昆虫、动物分布及卫生、气象等情况；采集检验标本。

② 调查疫情。调查是否存在病情、传染途径、季节、职业及混合感染等五方面的异常情况，以便初步做出临床诊断；调查患者发病是否与实施生物战剂袭击空中情况和地面情况及特点有关；调查并预判疫情的可能发展趋势及可能影响的因素，如传染源是否得到控制等。

在判定和调查的基础上，确定污染范围，分级划分污染区域。

（二）仪器侦检法

有的生物战剂不具有明显的特征，很难通过人工法进行判定。此时，就需要组织人员做好个人防护，携带生物侦检器材，进入现场进行侦察和检测。

二、侦检装备

生物侦检装备是对生物污染事故现场进行快速侦检的仪器设备的总称。

（一）利用 PCR 技术检测的生物侦检装备

PCR（Polymerase Chain Reaktion，聚合酶链式反应）是一种基于 DNA 或 RNA 的检测方法，凡没有核酸的生物战剂都不能用 PCR 直接扩增和检测。其优点是可以通过直接扩增（DNA）或逆转录后扩增（RNA）使检样中的靶序列扩增上百万倍，从而简化了检测的要求。

1. PCR 生物检测系统

PCR 生物检测系统是运用 PCR 技术，将样本 DNA 经过变性、退火、延伸三个过程进行扩增。在反应过程中引入荧光物质，随着 DNA 反应产物的不断增多，收集到的荧光信号也不断增强。在 PCR 反应结束之后，利用相应的分析软件对荧光信号进行分析处理，以确定样本中是否含有目标细菌或病毒。该方法可对微量病原体的遗传物质（DNA/RNA）进行复制和鉴别。系统对可疑生物因子（炭疽、土拉、布鲁氏和鼠疫）等进行检测。

2. 移动式炭疽生物快速侦检仪

移动式炭疽生物快速侦检仪是利用生物基因 DNA 的分离技术，识别病毒和细菌的生物检测设备。它是在 PCR 技术基础上发展起来的一种快速侦检生物基因信息仪器。从提取现场样品到提供检测报告，通常可在 90min 内完成。

移动式炭疽生物快速侦检仪除可以对炭疽菌进行快速检测外，利用不同的检测试剂，还可以对鼠疫杆菌、土拉弗氏菌、霍乱弧菌、马鼻疽杆菌、马脑炎病毒、线状病毒、痘病毒、口蹄疫病毒等 17 中细菌和病毒进行检测。

（二）BAT 便携式生物快速检测仪

BAT 便携式生物快速检测仪主要用于快速定性检测可疑因子。可检测的病原体有炭疽、蓖麻毒素、鼠疫、天花、葡萄球菌肠毒素、肉毒杆菌、培训测试盒、兔热病等生物危险品介质，定性检测（阳性或阴性）能存储 200 个实验结果。

（三）RAMP 生物快速检测系统

RAMP 生物快速检测系统是一款新颖的层析免疫检定装置，能够快速提供有关生物威胁的诊断结果。RAMP 可以用于测定几乎所有的免疫活性物质。该系统标准配置包括用于探测炭疽杆菌、天花病毒、蓖麻毒素及肉毒毒素的检测试剂盒。

各类生物检测系统如图 4-11 所示。

(a) PCR生物检测系统

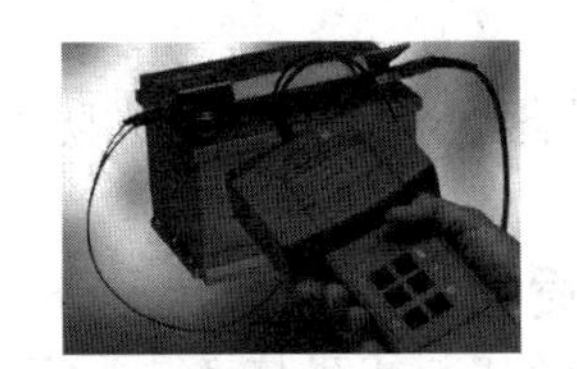

(b) BAT 便携式生物快速检测仪

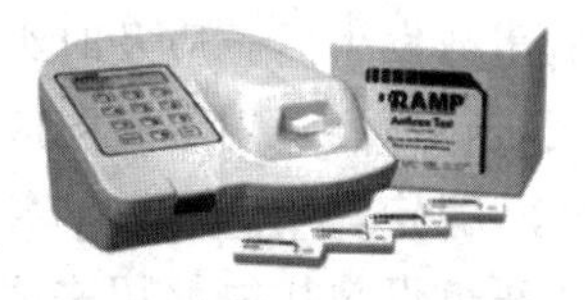

(c) RAMP生物快速检测系统

图 4-11　各类生物检测系统

第四节　军事毒剂侦检技术及装备

军事毒剂主要指一类用于军事上具有特殊毒性的化学物质，一般应具备下列条件：毒性强，作用快，毒效持久，施放后易造成杀伤浓度或战斗密度，能通过多种途径引起中毒，不易发现，防护和救治困难，容易生产，性质稳定，便于储存。因此，实际上作为军事毒剂的毒物是不多的。

根据军事毒剂的性质、作用原理及战术目的，将其按战术用途可分为致死性毒剂、致伤性毒剂、失能性毒剂、扰乱性毒剂和牵制性毒剂；按作用快慢可分为速效性毒剂和非速效性毒剂。按临床（或毒理作用）可分为神经性毒剂、糜烂性毒剂、氰类毒剂（全身中毒性毒剂）、窒息性毒剂、失能性毒剂、刺激性毒剂和植物杀伤剂等。

神经性毒剂（Nerve agents），是现今毒性最强的一类化学战剂，可破坏人体神经系统，主要代表有沙林、塔崩、梭曼和VX；糜烂性毒剂（Blister agents），能引起皮肤、眼、呼吸道等局部损伤，吸收后出现不同程度的全身反应，使细胞坏死、溃烂，主要代表有芥子气、氮芥和路易氏剂；氰类毒剂（Cyanide agents），也被称作全身中毒性毒剂（Systemic agents），经呼吸道吸入后与细胞色素氧化酶的Fe^{2+}结合，破坏细胞呼吸功能，导致组织缺氧。高浓度吸入可导致呼吸中枢麻痹，死亡极快，主要代表有氢氰酸、氯化氰；窒息性毒剂（Choking gases, asphyxiants），主要损伤呼吸系统，引起急性中毒性肺水肿，导致缺氧和窒息，如光气、双光气以及氯气、氯化苦等；失能性毒剂（Incapacitating agents, incapacitants），主要是使人精神失常，四肢瘫痪。这类毒剂种类繁多。美军装备的主要是毕兹（BZ）。它可以引起思维、情感和运动机能障碍，使人员暂时丧失战斗能力；刺激性毒剂（Irritants），对眼和上呼吸道有强烈的刺激作用，引起眼痛、流泪、喷嚏和胸痛等。主要代表有苯氯乙酮、亚当氏剂、CS和CR；植物杀伤剂（Antiplant agents），主要是使植物枝叶脱落、枯死。

军事毒剂虽然种类较少，但其杀伤力巨大，而且大多都是致命性的。只有做好军事毒剂的侦察与检测，才能够有针对性地提出防护及救治措施。

一、侦检技术

事故发生后，应及时组成侦检小组，做好个人防护，对扩散区域毒物的性质、浓度进行检测，划定不同区域。

（一）确定染毒区域有毒物质的性质

军事毒剂往往都用来做化学战剂或恐怖袭击，不能预先知道其种类和性质，因此，需要侦检人员借助侦检仪器来确定毒物性质。

（二）确定染毒区域的气体或蒸气浓度

为防止中毒，侦检人员必须对毒物气体或蒸气的浓度进行检测，根据所测浓度划分危险区域，根据不同的区域，采取不同的防护标准。

1. 重度染毒区

重度染毒区是事故中心区，即毒剂施放源附近区域，如布施物品附近等。该区域较小，但毒物浓度高，甚至还有地面污染。在该区域内，人员遭受严重毒害，可能会有较大伤亡。在该区域执行任务的侦检及救援人员，必须佩戴高等级的防护装备。该区域的边界可根据毒性和浓度来确定。

2. 中度染毒区

中度染毒区指人员在该区域内受到中等的毒物污染，在事故发生后的一段时间内出现。该区域有毒物质的浓度已经降低，但面积较大，受害人员多，不经救治，可能会产生一定的人员伤亡。

3. 轻度污染区

轻度污染区是指人员遭受轻度伤害的区域。该区域面积大，受害人员更多，但只要及时撤退及救治，就会恢复健康。可采取简易方法进行自救互救，采取简单的防护措施，如毛巾、口罩遮住口鼻，佩戴风镜防护眼镜等。

4. 安全区域

不会对人员造成伤害的区域。是撤离的缓冲区，也是救援人员和装备的集结区。但随时可能成为轻度污染区，要不断监测。

(三) 监测区域边界变化

监测染毒区域边界的变化，以便及时了解事故危害的动态。当事故灾害逐渐消失，确定危害毒物浓度已降至轻度伤害浓度以下时，救援指挥员应该及时调整警戒范围。

二、侦检装备

军事毒剂检测工具主要用于侦检存在于空气、地面、装备上的气态及液态沙林、梭曼及芥子气等军事毒剂，鉴别装备是否遭受污染，进出避难所、警戒区是否安全，洗消作业是否彻底等。

(一) GT-AP2C 型军事毒剂侦检仪

GT-AP2C 型军事毒剂侦检仪是一种便携式装备，用以侦检存在于空气、地面、装备上的气态及液态 GB、GD、HD、VX 型等化学战剂。广泛应用于鉴别装备是否遭受污染、进出避难所、警戒区、洗消作业区是否安全。采用焰色反应原理，主要由侦检器、氢气罐、电池、报警器及取样器等组成。

(二) CHEMPRO100 化学探测器/军事毒剂侦检仪

CHEMPRO100 化学探测器/军事毒剂侦检仪是专为检测分析化学战剂而设计的化学探测器。可作为污染区域的检测探头或固定式的探测器，检测类型分糜烂性毒剂、神经性毒剂和全身性毒剂三大类。

(三) 军用侦毒器

军用侦毒器用于战时或和平时期对沙林、梭曼、塔朋、维埃克斯、芥子气、路易氏气、氢氰酸、氯化氰、光气、双光气、苯氯乙酮、亚当氏气的侦检，均采用低阻力侦毒管，可查明空气、地面和各种物体上的毒剂种类，概略测定空气的染毒浓度，收集染毒样品。

(四) 军用毒剂监测仪

军用毒剂监测仪能对神经性毒剂（沙林、梭曼、维埃克斯等）和糜烂性毒剂的染毒空气，提供侦检报警，以告知使用者及时采取安全防护措施，是一种便携式的化学监测器材。

各类军事毒剂侦检仪如图 4-12 所示。

(a) GT-AP2C型

(b) CHEMPRO100

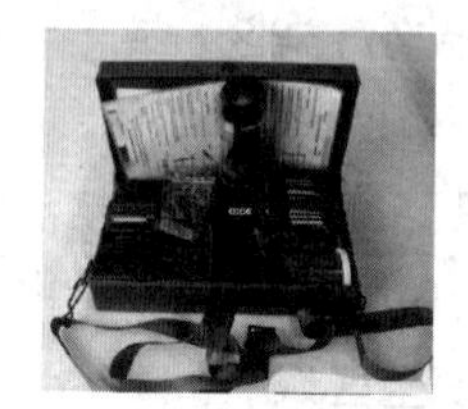

(c) 军用侦毒器

图 4-12 各类军事毒剂侦检仪

第五节 核泄漏事故侦检技术及装备

核泄漏事故是指由各种原因引起的核放射损伤和放射性污染事故。根据其产生的原因，可以分为核军事打击、核恐怖袭击、核电站泄漏及其他核泄漏事故四大类。核军事打击的目标以军事目标、通信设施、电力设施、交通设施和重要工业设施为主，核弹威力大，污染范围广，侦检及救援难度大。核恐怖袭击与军事核弹相比，武器威力要小得多，但其为追求恐怖效果，袭击的目标往往是人员密集场所，人员伤亡较大，且不宣而战，具有隐蔽性和突然性。核电站泄漏的原因有人为因素和自然因素。人为因素造成泄漏的起因、泄漏点及泄漏物质较为明确，侦检较为容易。自然因素如地震、海啸、雷击等引起的核泄漏事故，危害较大，后果难以准确估量。其他核泄漏事故，是指除上述三种情况引起的核泄漏事故，如运输过程、工业无损探伤的放射源丢失、包装损坏等。这类事故一般规模较小，容易控制在一定范围内，但往往比较隐蔽，侦检救援人员难以发现，容易使其受到核辐射伤害。

核泄漏事故可能造成严重的人员伤亡，同时，由于放射性物质泄漏，污染周围的土壤、水源及空气等环境，对公众健康造成持久性危害。

一、侦检技术

核泄漏事故的侦检技术是指在事故现场对泄漏原因、泄漏源、泄漏物质的性质等进行侦察检测的方法和手段。

(一) 调查询问

① 对于核电站核泄漏事故，可进入厂区技术支持中心，获得核电站重要安全

参数、核电站内和其邻近地区的辐射状况，具有向国家核安全局进行通信联络、实时在线传输核电站重要安全参数的能力等。

② 可通过询问技术人员、操作人员及周围群众等，了解被困人员数量及状况，操作情况，泄漏时间，泄漏点位置，泄漏物性质、储量、技术处置措施等情况。

（二）仪器侦检

当遇到核军事打击、核恐怖袭击及其他核泄漏事故或核电站核泄漏事故未知泄漏物性质的情况下，侦检人员应穿戴全封闭式防核防化服，携带侦检仪器进入现场进行侦检。主要查明泄漏物的位置、性质、剂量、辐射范围，测定现场及周围区域的风力和风向，确认应急措施执行情况，搜寻遇险和被困人员，并迅速组织营救和疏散。

（三）划分危险区域范围

根据调查询问及仪器侦检的情况，确定警戒范围，设立警戒标志，布置警戒人员，严控人员出入，并在整个处置过程中，实施动态监测。

二、侦检装备

核辐射侦检装备使用光子等量计量测定技术，主要用于核泄漏事故中，探测灾害事故现场核辐射（α、β、γ、X 射线）强度（放射剂量率和累积剂量），寻找并确定放射污染源的位置，检测人体体表的残余放射性物质等。

（一）X5C 核放射探测仪

X5C 核放射探测仪使用光子等量剂量测定技术，根据测量人员所处位置和长竿探测仪所在位置的放射性剂量率和累积剂量，判断该位置的辐射安全性。主要应用于核电站、消防救援、核事故应急、无损检测、确定污染区域边界、核子实验室以及核医学等领域。该仪器的测量范围为 1500 nSv/h～2.99 Sv/h，主要可探测 α、β、γ 和 X 射线。

（二）MCB-1 核放射探测仪

MCB-1 核放射探测仪使用 GM 型（盖革-米勒计数管）专用探头，应用光子等量剂量原理，能够快速准确地寻找并确定反射污染源的位置，同时显示所检测射线的强度。

（三）CoMo170 放射性污染检测仪

CoMo170 放射性污染检测仪采用闪烁探头传感技术，可检测 α、β、γ 三种射线，可固定或移动使用，一次探测面积达 170 cm^2。自定义设定 25 种放射性元素的检测参数，能存储 750 个测量结果。主要用于检测体表沾染的残余放射性物质。

（四）ED150 人体辐射计量仪

ED150 人体辐射计量仪采用铯-137 源标定，可检测 γ 射线和 X 射线，检测范围为 10μSv～1Sv。主要应用于核事故现场，测量人体吸收辐射的累计剂量。

（五）GammaRAEⅡ个人辐射保护检测器

GammaRAEⅡ个人辐射保护检测器主要用于测量人体吸收辐射的累计剂量。

各类核辐射探测仪如图 4-13 所示。

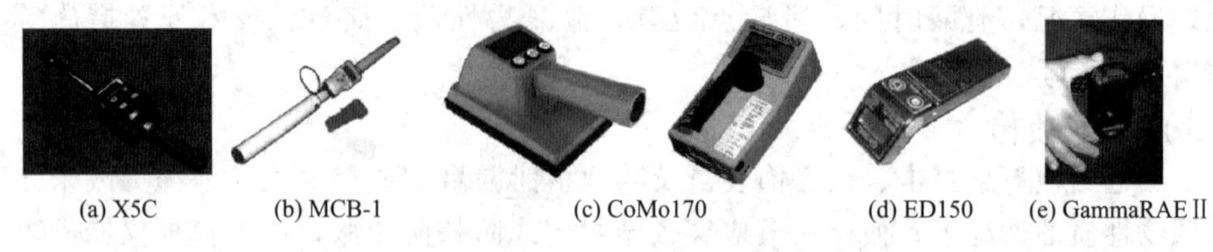

(a) X5C　(b) MCB-1　(c) CoMo170　(d) ED150　(e) GammaRAEⅡ

图 4-13　各类核辐射探测仪

第六节　侦检消防车

侦检消防车是近几年才发展起来的，车上装有各类侦检仪器，可对灾害事故现场的空气、土壤及水源中的有毒、有害、易燃、易爆及放射性物质进行侦察检测。所携带的各类侦检仪器可以在车上进行操作，也可以拿出车外进行操作。

一、分类

按照侦检物质的不同，侦检消防车可分为放射物侦检车、生化物侦检车、可燃物侦检车及核生化侦检车等。在实际工作中，为了提高工作效率，往往将侦检器材放到同一辆车上。车辆必须能够提供保证仪器安全使用的电源、空调、换气、湿度及照明条件。

二、结构

侦检消防车一般由仪器箱、操作台、正压换气装置、照明装置、数据处理及传输装置等组成，根据所携带仪器要求，加装特殊装置，例如需要侦检剧毒和放射性物质时，还应配有洗消装置。

（一）仪器箱

仪器箱主要是用来储存各类侦检器材，为防止消防车行驶过程中产生剧烈颠簸和灰尘，仪器箱中还应有减震吸能材料、仪器固定机构和防尘措施。

（二）操作台

操作台是用于放置侦检器材及操作的地方，因此要坚固、平整，还应当设有必需的电、气、水等插口。

（三）正压换气装置

侦检消防车上的正压换气装置有两组，一组安装在工作间，另一组安装在驾驶室，两组独立工作，独立调节。通过正压换气装置的过滤系统，吸入的车外被污染空气经净化后排入车厢内，供车厢内工作人员呼吸。因此，正压换气装置应能够保证车厢内气压大于车外气压，以确保车外被污染的空气不能入侵车厢内，保障工作人员安全。

（四）洗消装置

当侦检剧毒或有放射性物质时，侦检消防车应备有相应的洗消装置（如洗消间），及时对设备和人员进行消毒和洗消。

三、维护保养

为保证侦检消防车随时处于良好的工作状态，保障工作人员的安全，应定期对其进行维护保养，重点包括以下几个方面。

① 按照仪器要求，对侦检消防车中配备的各类侦检器材进行定期标定。

② 正压换气装置是否处于良好工作状态。

③ 操作台上的各类插口是否能正常工作。

④ 按照消防车的保养程序，对底盘进行保养。

四、核生化侦检消防车

核生化侦检消防车是一种专门用于核泄漏、生物战剂及化学危险物侦检、洗消的多功能、特种消防车辆。

（一）功用

该车是一部移动实验室型的大型综合侦检车辆，针对核生化事故现场，能实现长时间静止和行驶状态下的大规模、大面积侦检作业，可保证在30min内对现场炭疽等各种生物污染与事故作出侦检鉴定，可对目前几乎所有的化学物品进行已知和未知条件下的检测和识别。

主要配置了核生化三个功能模块。

1. 核泄漏事故侦检模块

该模块配有成套的核泄漏侦检装备，用于确定核辐射源、个人核辐射剂量及表面核辐射强度的吸收监控。

2. 生物战剂侦检模块

该模块配有高端的快速生物取样、分析鉴定仪器，能够提供应急条件下，生物战剂的快速鉴定报告。

3. 化学危险物侦检模块

该模块配有常规化学侦检仪器和色谱-质谱联用等高端化学侦检装备，同时装有19万种化学危险物的数据库，可实现对未知气、液、固三类化学危险物的快速侦检。

（二）结构及特点

核生化侦检消防车主体结构由车辆底盘和上装结构组成。上装结构为确保车内工作人员的安全，模拟实验室结构，采用夹芯板箱式，内部均采用了易清洗、耐消毒的内饰材料，即可作为运输车辆使用，又可作为现场实验室使用。上装结构主要分为驾驶室、检验室和器材室，各室之间相互独立。

1. 车辆底盘

型号为GW-Mess的核生化侦检消防车，采用德国奔驰Atego系类底盘，使用柴油发动机，重心低，车辆的稳定性好。底盘的性能参数见表4-1。

表4-1 核生化侦检消防车底盘参数

品牌	梅赛德斯-奔驰Atego系列
型号	1228L
载重	12t
功率	280马力
驱动	4×2
外形	9.66m×2.5m×3.2m(长×宽×高)
最大车速	>100km/h

2. 驾驶室

驾驶室前排有主驾驶和副驾驶两个座位，后排的座位可共四人乘坐，配有车载台、手持台、显示屏（与录像监控系统连接）、空气呼吸器和其他附属器材。驾驶员在车长的指挥下控制侦检车的行进。

3. 检验室

检验室包括检验间和控制台。

(1) 检验间构成及操作

检验间分为检测分析、防护装备和洗消三个分区，检测分析分区主要有生物污染检测系统、化学侦检器材、手套箱、生物层流罩、化学层流罩、消毒柜、侦检附属计算机及其他附属器件；防护装备分区主要包括空气呼吸系统、保持正压的空气过滤换气系统等；洗消分区主要配有洗消系统、个人洗消喷淋系统。此外，检验间还有气象数据系统、音频、视频及数据传输系统、空调系统、通信及照明设备等。

消防员采样得到的样品通过进样窗口送到检验间。生物样品通过车身左侧生物进样窗口送到手套箱进行样品制备，送到消毒柜消毒，再送到层流罩经过离心、转移等步骤进行DNA分离，与PCR试剂混合，放入荧光定量仪中进行PCR扩增、分析，最后得到检测结果；化学样品通过车身右侧的化学进样窗口送入化学层流罩，经处理放入顶空进样装置加热蒸发，在利用气象色谱-质谱两用化学分析仪器进行分析，得出检测结果。消防员在取样、侦检后，需经洗消分区进行洗消，然后才能进入侦检车。为确保侦检车内部不被污染，洗消分区的两道门不能同时打开。

（2）控制台构及操作

控制台主要有核辐射探测仪车载装置、车载台、手持台、显示屏、车门控制键、多功能气象站控制键及其他控制键。将核辐射探测仪放入其车载装置内，可以不出侦检车就能够检测周围核辐射的剂量；显示屏与录像监视系统相连接，可为车长实时显示现场的视频图像；车门控制键可实现对侦检车的3个门进行控制；多功能气象站控制键能够实时反映周围的气象信息。

4. 器材室

器材室主要放置各类装备器材，包括侦检器材、个人防护装备及其他辅助装备。

（1）侦检器材

主要包括X5核辐射探测仪、ED150型电子可调节人体剂量计、CoMo170F型核辐射表面污染强度检测仪、生物污染侦检仪、HAPSITE气相色谱-质谱联用化学分析仪、德尔格CMS有毒有害气体检测仪和Pac Ex2测爆仪等。

（2）个人防护装备

主要包括活性炭正压保护系统、空气呼吸系统、德夫康洗消系统。

① 活性炭正压保护系统。核生化侦检消防车上共有2套独立的活性炭正压保护系统，主要用于净化进入车内的空气。此外，车内还装有一台超压装置，当车厢封闭不严或车窗破损时，超压装置可以使车厢内的气压比外界气压高出200 Pa，确保室外被污染空气不进入车厢内，保证车内工作人员的安全。

② 空气呼吸系统。当活性炭正压保护系统出现故障时，车内人员将受到有毒有害气体的威胁，此时，可以使用空气呼吸系统来保证安全。该系统由两个压缩空气钢瓶、车内管路、控制阀、快接插口及面罩组成，车内人员在紧急情况下打开控制阀，取下面罩，就近连接快速插口，即可得到呼吸保障。空气呼吸系统的压缩空气钢瓶位于车辆后部，每个钢瓶的容量为50 L，压力30MPa，上装结构共有9个快速接口，可供9人使用1h。

③ 德夫康洗消系统。该系统采用高反应德夫康洗消泡沫对人员、仪器装备及车辆进行洗消。该系统由发泡单元、操作盘、喷淋管、手提式喷头、卷盘、洗消添加剂组成，用于核事故、生物恐怖袭击和化学灾害事故的现场洗消。对于不同类型的灾害现场，洗消系统配有不同种类的添加剂。

（3）其他辅助装备

主要包括多功能气象站、监视照明系统和空调设备。

① 多功能气象站。用于灾害现场的气象监测，只要发动侦检车，气象站控制单元就会自动启动。气象站由主机、适配插座、温湿传感器、风速、风向标、雨量器、计算机连线等组成。可以显示时间、日历、温度、湿度、露点、大气压、风向、风速、环境中风的降温能力和雨量等，为现场警戒、采样、路线的选择和处置效果评估等提供可靠的气象学依据。

② 监视照明系统。车上配有固定式和移动式监视照明系统，为夜晚的侦检作业提供良好的视野，并将信号传输至检验室内。固定监视照明系统位于车辆后部，配有强光照明灯和高清晰的摄像头，摄像头能360°旋转，监视范围广；移动式监视照明系统配有头盔式摄像头和挎包式信号发射器，通过无线系统将视频和音频信号传入检验室内，移动式信号传输距离为100m。

③ 空调设备。侦检车的上装结构为全封闭式，内部散热设备比较多，车厢内温度较高，为了保证仪器设备的正常运行，为工作人员提供一个较为舒适的工作环境，车上配备了空调设备。该设备的运行模式有制冷、制热、除湿等三种方式，可循环或手动运行，风速可调节，制冷制热效果明显。

参考文献

[1] 康青春主编. 消防应急救援工作实务指南. 北京：中国人民公安大学出版社，2011.

[2] 康青春主编. 消防灭火救援工作实务指南. 北京：中国人民公安大学出版社，2011.

[3] 李进兴主编. 消防技术装备. 北京：中国人民公安大学出版社，2006.

[4] 闵永林主编. 消防装备与应用手册. 上海：上海交通大学出版社，2013.

[5] 中华人民共和国公安部消防局编. 中国消防手册第九卷，灭火救援基础. 上海：上海科学技术出版社，2007.

[6] 中华人民共和国公安部消防局编. 中国消防手册第十二卷，消防装备8 消防产品A 上海：上海科学技术出版社，2007.

[7] 邵建章主编. 生化侦检技术. 廊坊：中国人民武装警察部队学院试用教材，2006.

[8] 王长江主编. 核、生化灾害事故应急处置. 北京：国防大学出版社，2014.

[9] 吴文娟，张文昌，牛福等. 化学毒剂侦检、防护与洗消装备的现状与发展. 国际药学研究杂志，2011，(12).

[10] 陈峰，吴太虎，王运斗等. 生物及化学毒剂侦检技术发展现状. 医疗卫生装备，2011，(1).

[11] 蔡子达. 谈侦检车在处置核泄漏灾害事故中的应用. 武警学院学报，2011，(6).

第五章 防爆技术与措施

近年来，随着化工生产工艺流程越来越复杂，各种生产装置、运输管线、储存设备增多，带来了巨大的消防安全隐患问题。例如，2013年11月22日，青岛输油管道爆炸，造成62人遇难，136人受伤，直接经济损失7.5亿元。为减少人员伤亡和财产损失，必须采取强效的防爆抑爆措施，本章将对各类爆炸事故的原理、特点及防爆措施作系统性的介绍，供读者参考。

防爆基本技术与措施，就是根据科学原理和实践经验，对火灾爆炸危险所采取的预防、控制和消除措施。根据物质燃烧爆炸原理，不使物质处于燃爆的危险状态、在设计时严格按照防火防爆规范执行和采用生产安全装置，就可以防止火灾爆炸事故的发生。但在实践中，由于受到生产、储存条件的限制，或者受某些不可控制的因素影响，仅采取一种措施是不够的，往往需要同时采取多方面的措施，以提高安全度。此外，还应考虑某种辅助措施，以便万一发生火灾爆炸事故时，减少危害，把损失降到最低限度。

第一节　救援现场爆炸危险概述

一、爆炸及其种类

(一) 爆炸现象

在自然界中存在着各种爆炸。通常把物质发生一种极为迅速的物理或化学变化，并在瞬间放出大量能量，同时产生巨大声响的现象称为爆炸。它通常借助于气体的膨胀来实现。例如乙炔罐里的乙炔与氧气混合发生爆炸时，大约在1s内完成下列化学反应。

$$2C_2H_2+5O_2 = 4CO_2+2H_2O+Q \tag{5-1}$$

反应同时放出大量的热量和二氧化碳、水蒸气等气体，使罐内压力升高10～13倍，其爆炸可以使罐体升空20～30m。

爆炸就是物质剧烈运动的一种表现。物质运动急剧加速，由一种状态迅速地转变成另一种状态，将系统蕴藏的或瞬间形成的大量能量在有限的体积和极短的时间内，骤然释放或转化。此过程中，系统的能量转化为机械功以及光和热的辐射等形式。

爆炸过程表现为两个阶段：第一阶段，物质或系统的潜在能以一定的方式转化为强烈的压缩能；第二阶段，压缩能急剧膨胀，对外做功，从而引起周围介质的变形、移动和破坏。

爆炸的破坏形式主要包括震荡作用、冲击波、碎片冲击、造成火灾等。震荡作用在遍及破坏作用范围内，会造成物体的震荡和松散；爆炸产生的冲击波向四周扩散，会造成建筑物的破坏；爆炸后产生的热量，会将由爆炸引起的泄漏的可燃物点燃，引发火灾，加重危害。

一般说来，爆炸现象具有以下特征。

① 爆炸过程进行得很快。

② 爆炸点附近压力急剧升高。

③ 发出或大或小的响声。

④ 周围介质发生震动或邻近物质遭到破坏。

（二）爆炸分类与爆炸原理

爆炸可以由不同的原因引起，但不管是何种原因引起的爆炸，归根结底必须有一定的能量。按照能量的来源，爆炸可以分为三类：即物理爆炸、化学爆炸和核爆炸。

1. 物理爆炸

物理爆炸是由物理因素（如状态、温度、压力等）变化而引起的爆炸现象。即系统释放物理能引起的爆炸，爆炸前后物质的性质和化学成分均不改变。

比如，当高压蒸汽锅炉内过热蒸汽压力超过锅炉能承受的极限程度时，锅炉破裂，高压蒸汽骤然释放出来形成爆炸；陨石落地、高速弹丸对目标的撞击等物体高速运动产生的动能，在碰撞点的局部区域内迅速转化为热能，使受碰撞部位的压力和温度急剧升高，碰撞部位的材料发生急剧变形，伴随巨大声响，形成爆炸现象。

这里研究的物理爆炸通常指受压容器爆炸和水蒸气爆炸。

（1）受压容器爆炸

受压容器爆炸是指锅炉、压力容器、压力管道以及气瓶内部有高压气体、溶解气体或液化气体的密封容器损坏，使容器内高压介质泄压、体积膨胀做功而引起的爆炸。

例如氧气瓶的物理爆炸，引起物理爆炸的主要原因有以下几方面。

① 充装压力过高，超过规定的允许压力。

② 气瓶充至规定压力，而后气瓶因接近热源或在太阳下曝晒，受热而温度升高，压力随之上升，直至超过耐压极限。

③ 气瓶内、外表面被腐蚀，瓶壁减薄，强度下降。

④ 气瓶在运输、搬运过程中受到摔打、撞击，产生机械损伤。

⑤ 气瓶材质不符合要求，或制造存在缺陷。

⑥ 气瓶超过使用期限，其残余变形率已超过10%，已属于报废气瓶。

⑦ 气瓶充装时温度过低，使气瓶的材料产生冷脆。

⑧ 充装氧气或放气时，氧气阀门开启操作过急，造成流速过快，产生气流摩擦和冲击。

又如锅炉发生物理爆炸的主要原因有：锅炉设计、制造、安装上存在的缺陷，质量不符合安全要求；安全装置失灵，不能正确反映水位、压力和温度等，丧失了保护作用；操作人员违规操作造成缺水、汽化过猛、压力猛升引起爆炸。

（2）水蒸气爆炸

水蒸气爆炸是指高温熔融金属或盐等高温物体与水接触，使水急剧沸腾、瞬间产生大量蒸汽膨胀做功引起爆炸。

例如炼油厂燃烧炉由于漏油发生火灾，消防员灭火时直流水射入炉内，水在高温下迅速汽化，体积膨胀，引起炉膛物理爆炸。

2. 化学爆炸

由于物质发生剧烈的化学反应，使压力急剧上升而引起的爆炸称为化学爆炸。爆炸前后物质的性质和化学组成均发生了根本的变化。

如炸药爆炸、可燃气体（甲烷、乙炔等）爆炸。化学爆炸是通过化学反应将物质内潜在的化学能，在极短的时间内释放出来，使其化学反应处于高温、高压状态的结果。一般气体爆炸的压力可以达到2×10^6Pa，高能炸药爆炸时的爆轰压可达2×10^{10}Pa以上，二者爆炸时产物的温度可以达到2000～4000℃，因而使爆炸产物急剧向周围膨胀，产生强冲击波，对周围物体产生毁灭性的破坏作用。化学爆炸时，参与爆炸的物质在瞬间发生分解或化合反应，生成新的爆炸产物。

（1）按爆炸时所发生的化学变化分类

① 气体单分解爆炸。由单一气体在一定压力下发生分解，放出热量，使气态产物膨胀而引起的爆炸现象，叫做气体单分解爆炸。这类气体在发生分解爆炸后，从设备中喷出的分解气体产物极易与空气形成爆炸性气体混合物，造成连续性的爆炸灾害。

生产中可能遇到的单分解气体有乙炔、乙烯基乙炔、甲基乙炔、乙烯、环氧乙烷、氮氧化物等。这些气体的分解爆炸都需要有一定的临界压力和分解热。所谓临界压力，就是气体发生单分解爆炸所需要的最低压力。低于该压力，气体就不能发生单分解爆炸。乙炔的临界压力是1.3×10^5Pa，甲基乙炔温度为20℃时分解爆炸临界压力是4.3×10^5Pa，120℃时是3.04×10^5Pa。例如乙炔在高压下能发生单分解爆炸，反应式见式（5-2）。

$$C_2H_2 = 2C + H_2 + 266.08\ kJ/mol \tag{5-2}$$

乙炔单分解爆炸的临界压力是0.137MPa。在生产、储存、使用中如果压力超过该临界压力，乙炔就会发生单分解爆炸，产生226.08kJ/mol的分解热。假定没有热损失，爆炸温度可达3100℃，爆炸压力为初压的9～10倍，对环境会造成很大的危害。分解爆炸所需要的能量，随压力升高而降低；初压为 1.96×10^5 Pa 时，达到最高压力的时间是 0.18s；初压为 9.8×10^5 Pa 时，时间是 0.03s。分解爆炸的诱导距离也与压力有关，在一定的管径里实验，压力越高，诱导距离越短。表 5-1 为乙炔分解爆炸初压与诱导距离的关系。

表 5-1 乙炔在直径为 2.5cm 的管内爆炸的初压及诱导距离

初压(绝压)/MPa	0.34	0.37	0.49	1.96
距离/m	9.1	6.7	3.7	0.9～1.0

由表 5-1 可以看出，如果压力升至 1.96MPa，在非常短的距离内便发生爆炸。

② 气体混合物爆炸。可燃性气体或蒸气预先按一定比例与空气（氧气）均匀混合后遇点火源即发生爆炸，这种混合物称为气体爆炸性混合物。

在一般的燃烧中，可燃气体或蒸气与助燃气体的混合是在燃烧过程中逐渐形成的，这时燃烧的速率取决于扩散的速率，作用比较缓慢，所发生的燃烧是扩散燃烧。若可燃气体或蒸气预先与空气混合并达到适当的比例，燃烧的速率就不再取决于气体或蒸气扩散的速率，而取决于化学反应的速率，后者速率比前者速率大得多，这就形成爆炸。在化工生产过程中，可燃性气体或蒸气与空气形成爆炸性混合物的情况是很多的，如炼油厂的热油泵房，阀门或管线法兰的密封失效后，会有油气进入泵房，可能形成爆炸性混合物，遇火源便会造成爆炸事故。

从机理上来说，爆炸性混合物与火源接触，便有原子或自由基生成而成为连锁反应的作用中心。此时，热和连锁反应都向外传播，促使邻近的一层爆炸混合物发生化学反应，然后在这一层又成为热和连锁反应的源泉，而引起另一层爆炸混合物的反应。火焰以一层层同心圆球面的形式向各方面蔓延。火焰逐渐加速，可达每秒数百米（爆炸）以至数千米（爆轰）。若在火焰扩散的路程上有容器或建筑物等障碍物时，则由于气体温度的上升，以及由此引起的压力的急剧增加，而造成极大的破坏作用。

③ 炸药爆炸。炸药爆炸是一个化学能量急剧释放的过程。此过程中，高能物质的势能迅速地转变为热能、光能、爆炸产物对周围介质的动能，这些能量高度集聚在有限的空间内就形成了高温高压等非寻常状态，于是对附近介质形成急剧的压力突跃和随后的复杂运动。显示出不同寻常的移动和机械破坏效应。实验证明：炸药爆炸后的功率极高，如一个直径为 D 的 TNT 球形药块所释放的能量为 $3.52\times10^9\times D^3$J，功率可达 $4.72\times10^{10}\times D^2$kW。这样大的功率可以形成极强的脉冲压力、脉冲电流、磁场。

衡量炸药爆炸的五个参量分别是：爆热、爆温、爆容、爆压和爆速，依据《民用爆破器材术语》的有关概念，分别叙述如下。

a. 爆热。一定条件下，单位质量炸药爆炸时放出的热量。一个重要的爆炸性能参数，是炸药对外做功的能源，释放的爆热量越多，表示对外做功的能力越大。

b. 爆温。是指炸药爆炸时放出的热量能使爆炸产物完全加热所达到的最高温度。以℃来表示温度，取决于爆热和产物的组成。

c. 爆容。单位质量炸药爆炸时，生成的气体产物在标准状况下所占的体积，其值越大，做功能力越大，以 L/kg 表示。

d. 爆压。爆炸时生成的热气体所产生的压力。由于爆炸过程产生的气体产物在爆炸时被加热到 2000℃以上，压力很大，不过这个压力是不断变化，所以爆压是指爆炸反应完成瞬间爆轰波阵面上所具有的压强，以 Pa 表示。

e. 爆速。指爆轰波沿炸药装药稳定传播的速度，m/s。是衡量炸药爆炸强度的重要标志，爆速越大，炸药爆炸越强烈。

常见几种炸药的爆炸参数见表 5-2。

表 5-2 常见几种炸药的爆炸参数

序号	名称	爆热/(kJ/kg)	爆温/℃	爆容/(L/kg)	爆压/GPa	爆速/(m/s)
1	梯恩梯 TNT	4435	2587	730	19.08	7000
2	黑索今 RDX	5816	3700	908	32.63	8200
3	太安 PENT	6067	3816	790	30.05	8281
4	奥克托 HMX	5983	3038	782	33.4	9110
5	硝化甘油 NG	6210	4000	715	26.79	7500

(2) 按爆炸的瞬时燃烧速率分类

① 爆燃。物质爆炸时的燃烧速率为每秒数米，爆炸时无多大的破坏力，声响也不太大。例如，无烟火药在空气中的快速燃烧，可燃气体混合物在接近爆炸浓度上限或下限时的爆炸等，都属于此类爆炸。

② 爆炸。物质爆炸时燃烧速度为每秒十几米至数百米，爆炸时能在爆炸点引起压力激增，有较大的破坏力，有震耳的声响。可燃气体混合物在多数情况下的爆炸，以及被压实的火药遇火源引起的爆炸等，都属于此类。

③ 爆轰。以强冲击波为特征，以超音速传播的爆炸称为爆轰，也称为爆震。这种爆炸时的燃烧速率可达每秒数千米以上。爆轰时的特点是突然引起压力激增并产生超音速的冲击波。由于在极短的时间内产生的燃烧产物急速膨胀像活塞一样挤压其周围气体，反应所产生的能量有一部分传给被压缩的气体层，于是形成的冲击波由其本身的能量所支持，在介质（空气、水等）中迅速传播，同时可引起该处的其他爆炸性气体混合物或炸药发生爆炸，从而产生一种“殉爆”现象，具有很大的破坏力。各种处于部分或全部封闭状态的炸药的爆炸，以及气体爆炸混合物处于特定浓度或处于高压下的爆炸均属于此类。某些可燃气体混合物的爆轰速率见表 5-3。

表 5-3 某些可燃气体混合物的爆轰速率

混合气体	混合百分比/%	爆轰速率/(m/s)	混合气体	混合百分比/%	爆轰速率/(m/s)
乙醇-空气	6.2	1690	甲烷-氧气	33.3	2146
乙烯-空气	9.1	1734	苯-氧气	11.8	2206
一氧化碳-氧气	66.7	1264	乙炔-氧气	40.0	2716
二硫化碳-氧气	25.0	1800	氢气-氧气	66.7	2821

为防止殉爆的发生，应保持使空气冲击波失去引起殉爆能力的距离，其安全间距按式（5-3）计算。

$$S=k\sqrt{g} \tag{5-3}$$

式中，S 为引起殉爆的安全距离，m；g 为爆炸物的质量，kg；k 为系数，k 平均值取 1～5（有围墙取 1，无围墙取 5）之间。

3. 核爆炸

核爆炸是核武器或核装置在几微秒的瞬间释放出大量能量的过程。为了便于和普通炸药比较，核武器的爆炸威力，即爆炸释放的能量，用释放相当能量的 TNT 炸药的重量表示，称为 TNT 当量。核反应释放的能量能使反应区（又称活性区）介质温度升高到数千万开，压强增到几十亿大气压（1 大气压等于 101325Pa），成为高温高压等离子体。反应区产生的高温高压等离子体辐射 X 射线，同时向外迅猛膨胀并压缩弹体，使整个弹体也变成高温高压等离子体并向外迅猛膨胀，发出光辐射，接着形成冲击波（即激波）向远处传播。

二、爆炸的危害

爆炸通常伴随发热、发光、压力上升、真空和电离等现象，具有强大的杀伤力和破坏力，破坏作用取决于爆炸物数量和性质、爆炸时的条件及位置等因素。

（一）直接破坏

直接造成机械设备、装置、容器和建筑的毁坏和人员伤亡，爆炸后产生碎片（一般碎片在 100～500m 内飞散），碎片击中人体则造成伤亡，飞出后会在相当大的范围内造成危害。

（二）冲击波破坏

冲击波破坏也称爆破作用。爆炸时产生的高温高压气体产物以极高的速度膨胀，像活塞一样挤压周围空气，把爆炸反应释放出的部分能量传给压缩的空气层。空气受冲击波而发生扰动，这种扰动在空气中传播就成为冲击波。冲击波可以在周围环境中的固体、液体、气体介质（如金属、岩石、建筑材料、水、空气等）中传播，传播速度极快，可以对周围环境的机械设备和建筑物产生破坏作用，造成人员的伤亡。冲击波还可以在它的作用区域内产生震荡作用，使物体因震荡而松散，甚至破坏。在爆炸中心附近，空气冲击波波阵面上的超压可达几个甚至十几个大气压，在这样高的超压作用下，建筑物被摧毁，机械设备、管道等也会受到严重破坏。当冲击波大面积作用于建筑物时，波阵面超压在0.02～0.03MPa内，足以使大部分砖木结构建筑物受到强烈破坏。超压在0.1MPa以上时，除坚固的钢筋混凝土建筑外，其余建筑将全部破坏。

（三）导致火灾

爆炸气体产物的扩散发生在极其短促的瞬间，对一般可燃物来说，不足以造成起火燃烧，而且冲击波造成的爆炸风还有灭火作用。但爆炸产生的高温高压，建筑物内遗留大量的热或残余火苗，会把从破坏的设备内部不断流出的可燃气体、易燃或可燃液体的蒸气点燃，也可能把其他易燃物点燃引起火灾。爆炸抛出的易燃物有可能引起大面积火灾，这种情况在油罐、液化气钢瓶爆破后最易发生。正在运行的燃烧设备或高温的化工设备被破坏，其灼热的碎片可能飞出，点燃附近储存的燃料或其他可燃物，引起火灾。爆炸引起火灾，损失更为严重。

（四）中毒和环境污染

在实际生产生活中，许多物质不仅是可燃的，而且是有毒的，发生爆炸事故时，会使大量有害物质外泄，造成人员中毒和环境污染。

三、爆炸事故处置难点

（一）初期火灾不易控制

爆炸猝不及防，可能仅在1s内爆炸过程已经结束，而一旦起火，火势蔓延迅速，随着时间的延续，火灾面积增大，初期到场力量难以控制猛烈的燃烧。

（二）易造成大量人员伤亡

个人防护要求高，防爆防护意识要求强。要时刻做好撤退准备，有一套安全措施作保证且应视情况佩戴空气呼吸器、隔热服或防毒面具等个人防护装具，并对现场进行监测。

（三）除扑救火灾、处置险情外，人员救助任务繁重

爆炸事故往往伴随有建筑倒塌事故，需要各方协同作战、统一调度指挥。

（四）现场组织协调困难

现场秩序混乱，疏散组织工作难度大。

（五）情况掌握困难

难以在第一时间掌握现场情况，需要反复侦察，多方询问。

（六）处置措施专业性高

处置措施要有针对性，专业技术要求较高，需要指挥员了解爆炸物质的理化性质，判断准确，随机应变，果断决策，还要有丰富的实战经验，掌握最佳灭火进攻时机。

四、爆炸事故处置准备工作

（一）掌握相关专业知识

1. 爆炸性物质分类

可燃气体是爆炸极限下限为10%以下，或者上下限之差为20%以上的气体，如氢气、乙炔等；爆炸性物质是由于加热或撞击引起着火、爆炸的可燃性物质，如硝酸酯、硝基化合物等；爆炸品类物质是以产生爆炸作用为目的的物质，如火药、炸药、起爆器材等。

2. 爆炸品类物质的五种类型

① 具有整体爆炸危险的物质和物品，如爆破用电雷管、弹药用雷管、硝铵炸药（铵梯炸药）等。

② 具有抛射危险但无整体爆炸危险的物质，如炮用发射药、起爆引信、催泪弹药。

③ 具有燃烧危险和较小爆炸或较小抛射危险，或两者兼有但无整体爆炸危险的物质，如二亚硝基苯无烟火药、三基火药。

④ 无重大危险的爆炸物质和物品导爆索（柔性的），如烟花、爆竹、鞭炮等。

⑤ 非常不敏感的爆炸物质，如B型爆破用炸药、E型爆破用炸药、铵油炸药等。

3. 爆炸品的火灾危险性

① 爆炸物品都具有化学不稳定性，在一定外因的作用下，能以极快的速度发生猛烈的化学反应，产生的大量气体和热量在短时间内无法逸散开去，致使周围的温度迅速升高并产生巨大的压力而引起爆炸性燃烧。

② 一般炸药的起爆温度比较低，如雷汞只要温度升高到165°C时，就能起爆；黑火药的起爆温度虽较高，为270～300℃，但遇明火极易爆炸。

③ 有些爆炸品与某些化学药品如酸、碱、盐发生化学反应，反应的生成物是更容易爆炸的化学品。如雷汞遇盐酸或硝酸能分解，遇硫会爆炸。

④ 某些炸药与金属反应，生成更易爆炸的物质，特别是一些重金属（铅、银、铜等）及其化合物的生成物，其敏感度更高。如苦味酸受铜、铁等金属的撞击，立即发生爆炸。

4. 爆炸物品的相关规定

掌握爆炸物品与TNT的当量值，比如硝铵炸药的爆炸当量相当于TNT炸药的0.5～1倍，其当量值随硝铵中TNT的比例成分而定。掌握国家相应的规范规定，如建筑存药量为40～45t的铵梯炸药库，距村庄不小于670m；距10万人口以上城市规划区边缘不小于2300m；距10万人口以下的城镇边缘不小于1200m。国家的相关规定对确定爆炸波及范围有所帮助。

（二）熟悉演练

开展对辖区内有爆炸危险性单位的熟悉和实战演练工作，重点对本辖区内存有爆炸危险性的单位、场所和设施进行实地调研，熟悉、掌握具有爆炸危险性物品的理化性质和处置对策，制定完善灭火救援预案，开展相应的技战术训练和实战模拟演练，确保一旦发生事故，快速反应，准备充分，有效处置。

（三）安全防护准备

爆炸事故现场情况复杂，毒气可能很高，由于燃烧、爆炸致使同时存在高温、缺氧、断电、烟雾大而能见度低等恶劣条件。因此，安全防护准备是爆炸事故现场处置的必要条件，安全防护准备不充分，势必会影响参战人员的战斗力，影响现场处置工作的顺利进行。

根据事故处置的需要，参与事故处置的人员应准备好各种防护器材。防护器材的准备工作一般以个人防护器材为主。个人防护器材包括：对呼吸道、眼睛的防护为主的各种呼吸器具和防毒防爆面具；对全身防护的全身防护服和对局部防护的防毒防爆手套、靴套等。

五、爆炸事故现场处置措施

（一）查明并判断再次发生爆炸的可能性和危险性

反复侦察，做出正确的判断。要查明爆炸后人员伤亡情况和建筑结构的破坏情况；能否引起二次爆炸；爆炸物品的种类、性质、库存量；爆炸的具体部位、燃烧时间及火势蔓延主要方向；火场周围地理环境情况、消防水源位置和储量等。

（二）防止二次爆炸

抓住爆炸后和再次发生爆炸之前的有利时机，采取一切可能的措施，全力制止再次爆炸的发生。接近火点射水灭火或喷淋火源附近的易燃、易爆物品，防止可能发生的二次爆炸。

（三）划定警戒区域

通过检测，划定警戒区域，疏散警戒区内的人员，以及着火区域周围的爆炸物品。要消除警戒区域内一切火源，不能使用非防爆型电器，注意防止产生静电，在区域内可使用防爆电气设备，照明设备要保证安全距离，形成一个安全隔离区域。

（四）合理使用水流，部署力量

正确使用直流、开花或喷雾射流，扑救爆炸物品堆垛火灾时，水流应采用吊射，避免强力水流直接冲击堆垛，以免堆垛倒塌引起再次爆炸。前线处置人员要少而精，要视情况对一线处置人员进行轮换，防止人员疲劳，影响作战行动效率。

（五）安全防护措施到位

攻坚灭火人员要做好个人安全防护，尽量利用现场现成的掩蔽体（墙角、土坡、坑洼等）设置水枪阵地，尽量采用卧姿或匍匐等低姿射水。消防车辆不要停靠在离爆炸物品太近的水源处。对于爆炸品类物质火灾，切忌用沙土盖压，以免增强爆炸物品爆炸时的威力。

（六）时刻做好撤退的准备

前线人员发现有发生再次爆炸的危险时，应立即向现场指挥报告，现场指挥员确认确实可能发生再次爆炸的征兆或危险时应及时下达撤退命令。一线处置人员看到或听到撤退信号后，应迅速撤至安全地带，来不及撤退时，应就地卧倒。

第二节　气体爆炸及预防

一、气体的危险性

本类气体是指：

① 50℃时，蒸气压力大于 300 kPa 的物质；

② 20℃时，在 101.3 kPa 标准压力下完全是气态的物质。

本类气体包括压缩气体、液化气体、溶解气体和冷冻液化气体、一种或多种气体与一种或多种其他类别物质的蒸气的混合物、充有气体的物品和烟雾剂。

根据气体在运输中的主要危险性分为三类。

（一）易燃气体

本类包括在 20℃和 101.3 kPa 条件下：

① 与空气的混合物按体积分数占 13%或更少时可点燃的气体；

② 不论易燃下限如何，与空气混合，燃烧范围的体积分数至少为 12%的气体。

（二）非易燃无毒气体

在 20℃时，压力不低于 280 kPa 条件下运输或以冷冻液体状态运输的气体，并且是：

① 窒息性气体——会稀释或取代通常在空气中的氧气的气体；

② 氧化性气体——通过提供氧气比空气更能引起或促进其他材料燃烧的气体；

③ 不属于其他类别的气体。

（三）毒性气体

本类包括：

① 已知对人类具有的毒性或腐蚀性强到对健康造成危害的气体；

② 半数致死浓度 LC_{50} 值不大于 5000mL/m^3，因而推定对人类具有毒性或腐蚀性的气体。

二、气体的燃爆特性

（一）易燃易爆性

在列入国家标准《危险货物分类和品名编号》(GB 6944—2012) 的压缩气体或

液化气体当中，约有54.1%是可燃气体，有61%的气体具有火灾危险。易燃气体的主要危险性是易燃易爆性，所有处于燃烧浓度范围之内的易燃气体，遇火源都可能发生着火或爆炸，有的易燃气体遇到极微小能量着火源的作用即可引爆。

综合易燃气体的燃烧现象，其易燃易爆性具有以下三个特点。

① 比液体、固体易燃，且燃速快，一燃即尽。

② 一般来说，由简单成分组成的气体比复杂成分组成的气体易燃，燃速快，火焰温度高，着火爆炸危险性大。如氢气（H_2）比甲烷（CH_4）、一氧化碳（CO）等组成复杂的易燃气体易燃，且爆炸浓度范围大。这是因为单一成分的气体不需受热分解的过程和分解所消耗的热量。简单成分气体和复杂成分气体的火灾危险性比较见表5-4。

表5-4　简单成分气体和复杂成分气体火灾危险性比较

气体名称	化学组成	最大直线燃烧速率/(cm/s)	最高火焰温度/℃	爆炸浓度范围(体积分数)/%
氢气	H_2	210	2 130	4～75
一氧化碳	CO	39	1 680	12.5～74
甲烷	CH_4	33.8	1 800	5～15

③ 价键不饱和的易燃气体比相对价键饱和的易燃气体的火灾危险性大。这是因为不饱和的易燃气体的分子结构中有双键或叁键存在，化学活性强，在通常条件下，即能与氯、氧等氧化性气体起反应而发生着火或爆炸，所以火灾危险性大。

（二）扩散性

处于气体状态的任何物质都没有固定的形状和体积，且能自发地充满任何容器。由于气体的分子间距大，相互作用力小，所以非常容易扩散。

压缩气体和液化气体的扩散特点主要体现在以下两方面。

① 比空气轻的可燃气体逸散在空气中可以无限制地扩散，与空气形成爆炸性混合物，并能够顺风飘荡，迅速蔓延和扩展。

② 比空气重的可燃气体泄漏出来时，往往飘浮于地表、沟渠、隧道、厂房死角等处，长时间聚集不散，易与空气在局部形成爆炸性混合气体，遇着火源发生着火或爆炸；同时，密度大的可燃气体一般都有较大的发热量，在火灾条件下，易于造成火势扩大。常见易燃气体的相对密度与扩散系数的关系见表5-5。

掌握易燃气体的相对密度及其扩散性，不仅对评价其火灾危险性的大小，而且对选择通风门的位置、确定防火间距以及采取防止火势蔓延的措施都具有实际意义。

表 5-5 常见易燃气体的相对密度与扩散系数的关系

气体名称	扩散系数/(cm^2/s)	相对密度	气体名称	扩散系数/(cm^2/s)	相对密度
氢	0.634	0.07	乙烯	0.130	0.97
乙炔	0.194	0.91	甲醚	0.118	1.58
甲烷	0.196	0.55	液化石油气	0.121	1.56
氨	0.198				

(三) 可压缩性和受热膨胀性

任何物体都有热胀冷缩的性质，气体也不例外，其体积也会因温度的升降而胀缩，且胀缩的幅度比液体要大得多。

压缩气体和液化气体的可压缩性和受热膨胀性特点体现在以下三方面。

① 当压力不变时，气体的温度与体积成正比，即温度越高，体积越大。通常气体的相对密度随温度的升高而减小，体积却随温度的升高而增大。如压力不变时，液态丙烷 60℃时的体积比 10℃时的体积膨胀了 20%还多，其体积与温度的关系见表 5-6。

表 5-6 液态丙烷体积与温度的关系

温度/℃	−20	0	10	15	20	30	40	50	60
相对密度	0.56	0.53	0.517	0.509	0.5	0.486	0.47	0.45	0.43
热胀率 φ/%	91.4	96.2	98.7	100	101	104.9	109.1	113.8	119.3

② 当温度不变时，气体的体积与压力成反比，即压力越大，体积越小。如对 100L、质量一定的气体加压至 1013.25kPa 时。其体积可以缩小到 10L。这一特性说明，气体在一定压力下可以压缩，甚至可以压缩成液态。所以，气体通常都是经压缩后存于钢瓶中的。

③ 当体积不变时，气体的温度与压力成正比，即温度越高，压力越大。这就是说，当储存在固定容积容器内的气体被加热时，温度越高，其膨胀后形成的压力越大。如果盛装压缩或液化气体的容器（钢瓶）在储运过程中受到高温、暴晒等热源作用时，容器、钢瓶内的气体就会急剧膨胀，产生比原来更大的压力。当压力超过了容器的耐压强度时，就会引起容器的膨胀，甚至爆裂，造成伤亡事故。因此，在储存、运输和使用压缩气体和液化气体的过程中，一定要采取防火、防晒、隔热等措施；在向容器、气瓶内充装时，要注意极限温度和压力，严格控制充装量。防止超装、超温、超压。

(四) 带电性

从静电产生的原理可知，任何物体的摩擦都会产生静电，氢气、乙烯、乙炔、天然气、液化石油气等压缩气体或液化气体从管口或破损处高速喷出时也同样能产生静电。其主要原因是气体本身剧烈运动造成分子间的相互摩擦；气体中含有固体颗粒或液体杂质在压力下高速喷出时与喷嘴产生的摩擦等。

影响压缩气体和液化气体静电荷产生的主要因素有以下两方面。

① 杂质。气体中所含的液体或固体杂质越多，多数情况下产生的静电荷也越多。

② 流速。气体的流速越快，产生的静电荷也越多。

据实验，液化石油气喷出时，产生的静电电压可达9000V，其放电火花足以引起燃烧。因此，压力容器内的可燃压缩气体或液化气体，在容器、管道破损时或放空速度过快时，都易产生静电，一旦放电就会引起着火或爆炸事故。

带电性是评定可燃气体火灾危险性的参数之一，掌握了可燃气体的带电性，可据以采取设备接地、控制流速等相应的防范措施。

（五）腐蚀性、毒害性和窒息性

1. 腐蚀性

这里所说的腐蚀性主要是指一些含氢、硫元素的气体具有腐蚀性。如硫化氢、硫氧化碳、氨、氢等，都能腐蚀设备，削弱设备的耐压强度，严重时可导致设备系统裂隙、漏气，引起火灾等事故。目前危险性最大的是氢，氢在高压下能渗透到碳素中去，使金属容器发生“氢脆”变疏。因此，对盛装这类气体的容器，要采取一定的防腐措施。如用高压合金钢并含一定量的铬、钼等稀有金属制造材料，定期检验其耐压强度等。

2. 毒害性

压缩气体和液化气体中，除氧气和压缩空气外，大都具有一定的毒害性。《危险货物品名表》（GB 12268—2005）列入管理的剧毒气体中，毒性最大的是氰化氢，当在空气中的含量达到300mg/m^{3}时，能够使人立即死亡；达到200mg/m^{3}时，10min后死亡；达到100mg/m^{3}时，一般在1h后死亡。不仅如此，氰化氢、硫化氢、硒化氢、锑化氢、二甲胺、氨、溴甲烷、二硼烷、二氯硅烷、锗烷、三氟氯乙烯等气体，除具有相当的毒害性外，还具有一定的着火爆炸性，这一点是万万忽视不得的，切忌只看有毒气体标志而忽视了其火灾危险性。

3. 窒息性

除氧气和压缩空气外，其他压缩气体和液化气体都具有窒息性。一般地，压缩气体和液化气体的易燃易爆性和毒害性易引起人们的注意，而其窒息性往往被忽视，尤其是那些不燃无毒的气体。如氮气、二氧化碳及氦、氖、氩、氪、氙等惰性气体，虽然它们无毒、不燃，但都必须盛装在容器之内，并有一定的压力。如二氧化碳、氮气气瓶的工作压力均可达15MPa，设计压力有的可达20～30MPa。这些气体一旦泄漏于房间或大型设备及装置内时，均会使现场人员窒息死亡。

(六) 氧化性

除极易自燃的物质外，通常易燃性物质只有和氧化性物质作用，遇着火源时才能发生燃烧。所以，氧化性气体是燃烧得以发生的最重要的要素之一。氧化性气体主要包括两类：一类是明确列为不燃气体的，如氧气、压缩或液化空气、一氧化二氮等；另一类是列为有毒气体的，如氯气、氟气、过氯酰氟、四氟（代）肼、氯化溴、五氟化氯、亚硝酰氯、三氟化氮、二氟化氧、四氧化二氮、三氧化二氮、一氧化氮等。这些气体本身都不可燃，但氧化性很强，都是强氧化剂，与易燃气体混合时都能着火或爆炸。如氯气与乙炔气接触即可爆炸，氯气与氢气混合见光可爆炸等。因此，在实施消防安全管理时不可忽略这些气体的氧化性，尤其是列为有毒气体管理的氯气和氟气等氧化性气体，除了应注意其毒害性外，也应注意其氧化性，在储存、运输和使用时必须与易燃气体分开。

三、评价气体燃爆危险性的主要技术参数

(一) 爆炸极限

易燃气体的爆炸极限是表征其爆炸危险性的一种主要技术参数，爆炸极限范围越宽，爆炸下限浓度越低，爆炸上限浓度越高，则燃烧爆炸危险性越大。

(二) 爆炸危险度

易燃气体或蒸气的爆炸危险性还可以用爆炸危险度来表示。爆炸危险度是爆炸浓度极限范围与爆炸下限浓度的比值。

爆炸危险度说明，气体或蒸气的爆炸浓度极限范围越宽，爆炸下限浓度越低，爆炸上限浓度越高，其爆炸危险性越大。几种典型气体的爆炸危险度见表 5-7。

表 5-7 典型气体的爆炸危险度

名称	爆炸危险度	名称	爆炸危险度
氨	0.87	汽油	5.00
甲烷	1.83	辛烷	5.32
乙烷	3.17	氢	17.78
丁烷	3.67	乙炔	31.00
一氧化碳	4.92	二硫化碳	59.00

(三) 传爆能力

传爆能力是爆炸性混合物传播燃烧爆炸能力的一种度量参数，用最小传爆断面表示。当易燃性混合物的火焰经过两个平面间的缝隙或小直径管子时，如果其断面小到某个数值，由于游离基销毁的数量增加而破坏了燃烧条件，火焰即熄灭。这种阻断火焰传播的原理称为缝隙隔爆。爆炸性混合物的火焰尚能传播而不熄灭的最小断面称为最小传爆断面。设备内部的可燃混合气被点燃后，通过 25mm 长

的接合面，能阻止将爆炸传至外部的易燃混合气的最大间隙，称为最大试验安全间隙。易燃气体或蒸气爆炸性混合物，按照传爆能力的分级见表5-8。

表5-8　可燃气体或蒸气爆炸性混合物按照传爆能力的分级

级别	1	2	3	4
间隙 δ/mm	$\delta>1.0$	$0.6<\delta\leqslant1.0$	$0.4<\delta\leqslant0.6$	$\delta\leqslant0.4$

（四）爆炸压力和爆炸威力

1. 爆炸压力

易燃性混合物爆炸时产生的压力称为爆炸压力，它是度量可燃性混合物将爆炸时产生的热量用于做功的能力。发生爆炸时，如果爆炸压力大于容器的极限强度，容器便发生破裂。

各种易燃气体或蒸气的爆炸性混合物，在正常条件下的爆炸压力，一般都不超过1MPa，但爆炸后压力的增长速度却是相当大的。几种易燃气体或蒸气的爆炸压力及其增长速度见表5-9。

表5-9　几种易燃气体或蒸气的爆炸压力及其增长速度

名称	爆炸压力/MPa	爆炸压力增长速度/(MPa/s)
氢	0.62	90
甲烷	0.72	—
乙炔	0.95	80
一氧化碳	0.7	—
乙烯	0.78	55
苯	0.8	3
乙醇	0.55	—
丁烷	0.62	15
氨	0.6	—

2. 爆炸威力

气体爆炸的破坏性还可以用爆炸威力来表示。爆炸威力是反映爆炸对容器或建筑物冲击度的一个量，它与爆炸形成的最大压力有关，同时还与爆炸压力的上升速度有关。

测定炸药的威力，通常采用铅铸扩大法。即以一定量（10g）的炸药，装于铅铸的圆柱形孔内爆炸，测量爆炸后圆柱形孔体积的变化，以及体积增量（单位：mL）作为炸药的爆炸威力数值。典型气体和蒸气的爆炸威力指数见表5-10。

表 5-10 典型气体和蒸气的爆炸威力指数

名称	威力指数	名称	威力指数
丁烷	9.30	氢	55.80
苯	2.4	乙炔	76.00
乙烷	12.13		

(五) 自燃点

易燃气体的自燃点不是固定不变的数值，而是受压力、密度、容器直径、催化剂等因素的影响。一般规律为受压越高，自燃点越低；密度越大，自燃点越低；容器直径越小，自燃点越高。易燃气体在压缩过程中（例如在压缩机中）较容易发生爆炸，其原因之一就是自燃点降低的缘故。在氧气中测定时，所得自燃点数值一般较低，而在空气中测定时则较高。

(六) 化学活泼性

① 易燃气体的化学活泼性越强，其火灾爆炸的危险性越大。化学活泼性强的可燃气体在通常条件下即能与氯、氧及其他氧化剂起反应，发生火灾和爆炸。

② 气态烃类分子结构中的价键越多，化学活泼性越强，火灾爆炸的危险性越大。例如，乙烷、乙烯和乙炔分子结构中的价键分别为单键（$H_3C—CH_3$）、双键（$H_2C=CH_2$）和叁键（$HC\equiv CH$），则它们的燃烧爆炸和自燃的危险性依次增加。

(七) 相对密度

① 与空气密度相近的可燃气体，容易互相均匀混合，形成爆炸性混合物。

② 比空气重的可燃气体沿着地面扩散，并易窜入沟渠、厂房死角处，长时间聚集不散，遇火源则发生燃烧或爆炸。

③ 比空气轻的可燃气体容易扩散，而且能顺风飘动，会使燃烧火焰蔓延、扩散。

④ 应当根据可燃气体的密度特点，正确选择通风排气口的位置，确定防火间距值以及采取防止火势蔓延的措施。

(八) 扩散性

见本章第二节“二、气体的燃爆特性”。

(九) 可压缩性和受热膨胀性

见本章第二节“二、气体的燃爆特性”。

四、气体火灾的扑救

易燃气体总是被储存在不同的容器内，或通过管道输送。储存在较小容器内的气体压力较高，受热或受火焰熏烤容易发生爆裂。气体泄漏后遇着火源形成稳定燃烧时，其发生爆炸或再次爆炸的危险性与可燃气体泄漏未燃时相比要小得多。

① 扑救气体火灾切忌盲目灭火。即使在扑救周围火势以及冷却过程中不小心把泄漏处的火焰扑灭了，在没有采取堵漏措施的情况下，也必须立即用长点火棒将火点燃，使其恢复稳定燃烧。否则，大量可燃气体泄漏出来与空气混合，遇着火源就会发生爆炸，后果将不堪设想。

② 应先扑灭外围被火源引燃的可燃物火势，切断火势蔓延途径，控制燃烧范围，并积极抢救受伤和被困人员。

③ 如果火灾现场有压力容器或有受到火焰辐射热威胁的压力容器，能疏散的应尽量在水枪的掩护下疏散到安全地带，不能疏散的应部署足够的水枪进行冷却保护，并尽量将其中的物料转移。为防止容器爆裂伤人，进行冷却的人员应尽量采用低姿射水或利用现场坚实的掩蔽体防护。对卧式储罐，冷却人员应选择储罐四侧角作为射水阵地。

④ 如果是输气管道泄漏着火，应首先设法找到气源阀门。阀门完好时，只要关闭气体阀门，火势就会自动熄灭。

⑤ 储罐或管道泄漏关阀无效时，应根据火势大小判断气体压力和泄漏口的大小及其形状，准备好相应的堵漏材料（如软木塞、橡胶塞、气囊塞、黏合剂、弯管工具等）。

⑥ 堵漏工作准备就绪后，即可用水扑灭火势，也可用干粉、二氧化碳灭火，但仍需用水冷却烧烫的罐或管壁。火扑灭后，应立即用堵漏材料堵漏，同时用雾状水稀释和驱散泄漏出来的气体。

⑦ 一般情况下，完成了堵漏也就完成了灭火工作，但有时一次堵漏不一定能成功。如果一次堵漏失败、再次堵漏需一定时间，则应立即用长点火棒将泄漏处点燃，使其恢复稳定燃烧，以防止较长时间泄漏出来的大量可燃气体与空气混合后形成爆炸性混合物，从而潜伏发生爆炸的危险。

⑧ 如果确认泄漏口很大，根本无法堵漏，只需冷却着火容器及其周围容器和可燃物品，控制着火范围，直到燃气燃尽，火焰即自动熄灭。

⑨ 现场指挥应密切注意各种危险征兆，遇有明火熄灭而可燃气体仍在泄漏，且较长时间未能恢复稳定燃烧等爆炸征兆，或者受热辐射的容器安全阀出口火焰变亮、耀眼、尖叫、晃动等爆裂征兆时，指挥员必须适时做出准确判断，及时下达撤退命令。现场人员看到或听到事先规定的撤退信号后，应迅速撤退至安全地带。

⑩ 气体储罐或管道阀门处泄漏着火，若无法接近阀门且判断阀门还能有效关闭时，可先扑灭火势，再关闭阀门。一旦发现关闭无效，又无法堵漏时，应迅速设法安全点燃，恢复稳定燃烧。

第三节 粉尘爆炸及预防

一、粉尘爆炸的特点

(一) 粉尘的概念

人们对“粉尘”这个词并不陌生，尤其是在环境保护领域出现频率更高，例如建筑场地扬尘污染、工业粉尘排放污染、交通运输产生的二次扬尘污染、矿山开采过程中破碎、筛分、石料露天堆放等粉尘污染等。这里的“尘”字带有“尘埃”“废弃物”的含义。但在工业防爆领域中，粉尘是固体物质细微颗粒的总称，包括那些有用的颗粒状材料，如面粉、铝粉、聚乙烯微粒、煤粉、纤维等工业原料。“粉尘爆炸”经常指工业粉体物料的爆炸。如 1987 年 3 月 15 日，黑龙江省哈尔滨市亚麻纺织厂除尘室内亚麻粉尘达到爆炸浓度发生严重爆炸事故，炸毁 4 个车间，炸死 58 人，炸伤 182 人。亚麻粉尘爆炸在国内外麻纺织历史上已发生多次，这次爆炸威力之猛、伤亡之多、损失之大实属罕见，使人们深刻认识到了粉尘的危害性。

粉尘按所处状态，可分成粉尘层和粉尘云两类。粉尘层（或层状粉尘）是指堆积在某处的处于静止状态的粉尘，而粉尘云（或云状粉尘）则指悬浮在空间的处于运动状态的粉尘。

在粉尘爆炸研究中，把粉尘分为可燃粉尘和不可燃粉尘（或惰性粉尘）两类。可燃粉尘是指与氧发生放热反应的粉尘。含有 C、H 元素的有机物在空气（氧气）中都能发生燃烧反应，生成 CO_2 或 CO 和 H_2O；某些金属粉尘也可与空气（氧气）发生氧化反应生成金属氧化物，并放出大量的热。不可燃粉尘或惰性粉尘是指与氧不发生反应或不发生放热反应的粉尘。

在煤矿中，把粉尘定义为通过 20 号美国标准筛（球形颗粒粒径小于 850μm 以下的固体粒子，因为粒径 850μm 的煤粉还可参与爆炸快速反应）。而在其他行业，通常把通过 40 号美国标准筛（球形颗粒粒径小于 425μm）以下的细颗粒固体物质叫做粉尘，因为只有粒径低于此值的粉尘才能参与爆炸快速反应。

(二) 粉尘发生爆炸的条件

工业中所说的粉尘一般是指粒径小于 850μm 的固体颗粒的集合。在工业历史上，粉尘爆炸事故不断发生。随着工业的迅猛发展，粉尘爆炸源越来越多，爆炸危险性越来越大，事故数也有所增加，几乎涉及各行各业，粮食、饲料、药品、肥料、煤炭、金属、塑料等粉尘爆炸都造成了巨大的人身伤亡和财产损失。粉尘爆炸与可燃气体爆炸要求的条件类似，可以说有 4 个基本条件：粉尘颗粒足够小；有合适的可燃粉尘浓度；有合适浓度的氧气；有足够能量的点火源。

粉尘的粒度是一个很重要的参数。粉尘粒度的大小直接影响固体物料在空气中是否具有足够的分散度。如果没有足够的分散度，例如空气中有一个大煤块，那是不会发生爆炸的。这是因为粉尘的表面积比同质量的整块固体表面积大几个数量级。例如，把直径为100mm的球切割成直径为0.1mm的球时，表面积增大了999倍。这就意味着氧化面积增大了999倍，加速了氧化反应，增强了反应活性。因此这里讲的粉尘浓度一定是以足够的分散度为前提的。对于大多数粉尘，其粉尘直径小于0.5mm时，才具备了足够的分散度。粉尘的可燃性也与日常生活中的可燃性概念不同。例如，用火柴无论如何也不能把一根铝棒点燃，但它是可以把悬浮在空气中的铝粉引爆的。值得注意的是，物料处于整体块状与分散状态下的燃烧性能是有很大区别的。对一定量的物质来说，粒度越小，表面积越大，化学活性越高，氧化速率越快，燃烧越完全，爆炸下限越小，爆炸威力越大。同时，粒度越小，越容易悬浮于空气中，发生爆炸的概率也越大。可见，即使粉尘浓度相同，由于粒度不同，爆炸极限和爆炸威力也不同。

另外，粉尘的含湿量对其燃烧性能影响很大，当可燃粉尘的含湿量超过一定值后，就会成为不燃性粉尘。粉尘爆炸是多相化学反应，粉尘必须分解或挥发出蒸气才能与氧气反应。因此，单纯从反应放热来说，粉尘爆炸与气体爆炸没有什么区别，都应该按照反应方程进行计算，因而也应该有最危险浓度和爆炸极限。通常情况下，粉尘的浓度以悬浮粒子质量与空气体积之比表示。一般工业粉尘的爆炸下限介于20～60g/m^3之间，爆炸上限介于2000～6000g/m^3之间。然而，粉尘的爆炸浓度与气体爆炸浓度却有本质的差别。一方面，气体与空气很容易形成均匀混合物，而粉尘却容易下沉。对于粉尘料仓而言，底部可能堆积有大量粉尘，只有上部才有粉尘悬浮于空气中，即粉尘爆炸的下限浓度只能考虑悬浮粉尘与空气之比。另一方面，由于悬浮在空气中的粉粒在重力场和外界扰动的共同作用下，其浓度随时间和空间不断地变化着，而且即使在某一时刻，系统中大部分区域内的粉尘浓度在爆炸范围以外，但很可能在某一很小区域内的浓度进入爆炸范围。而一旦在小范围内发生爆炸，就会产生很大扰动，从而改变系统中的粉尘浓度，引起整个系统内的爆炸。因此，只要存在一定量的具有足够分散度的可燃粉尘，无论它是处于悬浮状态还是部分的（或全部的）沉积状态，都不能低估其爆炸的可能性。从这种意义上讲，粉尘爆炸不存在爆炸上限。可见，对于特定的粉尘储存空间来说，难以事先确定粉尘是否处于可爆浓度范围内。与气体爆炸相比，粉尘所需的点火能量较大，一般大于5MJ。影响粉尘点火能量的因素，除了温度、浓度、压力和惰性气体含量之外，还有粒度和湿度。粉尘粒度越小、湿度越小，最小点火能量越低。

（三）粉尘爆炸的特点

早在风车水磨时代，就曾发生过一系列磨坊粮食粉尘爆炸事故。到了20世纪，随着工业的发展，粉尘爆炸事故更是屡见不鲜，爆炸粉尘的种类也越来越多，几乎涉及所有的工业部门，例如农林业的粮食、饲料、食品、农药、肥料、木材、糖、咖啡等，矿冶业的煤炭、钢铁、金属、硫黄等，纺织业的棉、麻、丝绸、化纤等，轻工业的塑料、纸张、橡胶、染料、药物等，化工行业的聚乙烯、聚丙烯等。常见粉尘爆炸场所主要有通道、地沟、厂房、料仓、集尘器、除尘器、混合机、输送机、筛选机、打包机等。

同气体爆炸一样，粉尘爆炸也是助燃性气体（氧气或空气）和可燃物的快速化学反应。但是粉尘爆炸与气体爆炸的引爆过程不同，气体爆炸是分子反应，而粉尘爆炸是表面反应，因为粉尘粒子比分子大几个数量级。粉尘爆炸需经历以下过程。

① 给予粒子表面热能，表面温度上升。

② 粉尘粒子表面分子热分解并放出气体。

③ 放出的气体与空气混合，形成爆炸性混合气体，遇到火源发生爆炸。

④ 燃烧火焰产生的热量促进粉尘的分解，不断放出可燃性气体使火焰得以继续传播。

可见，粉尘爆炸虽然是粉尘粒子表面与氧发生的反应，但归根结底属于气相爆炸，可看作粉尘本身中储藏着可燃性气体。爆炸过程中粒子表面温度上升是条件，热传递在爆炸过程起着重要作用。这也是粉尘爆炸比气体爆炸要求的点火能量更大的原因。在空气中能够燃烧的任何固体物质，当其分裂为细粉末状时，都可能发生爆炸。为什么粉末在一定条件下会引起爆炸呢？这是因为影响化学反应速度的条件除了温度、浓度、压强（有气体参加的反应）、催化剂外，有固体参加的反应还受反应物颗粒大小的影响。粉尘颗粒越小，表面积越大。如飘浮在空气中的面粉，与空气有着相当大的接触面积，因而特别容易燃烧爆炸。一旦遇到热源，靠近火源的面粉首先受热燃烧，产生大量的热，又使附近的面粉迅速受热燃烧，产生更多的热，燃烧化学反应速率也越来越快。一般来说，燃烧的过程在毫秒级内就可以完成。同时，面粉在燃烧时，面粉中的碳、氢等元素和氧反应，生成二氧化碳气体和水蒸气。如果燃烧反应发生在密闭空间里就会产生很大的压力。在空气中不能燃烧的金属，如镁、铝等，其粉尘也能发生类似爆炸。粉尘爆炸具有如下特点。

① 由于粉尘重力的作用，悬浮的粉尘总要下沉，即悬浮时间总是有限的，而且沉积后，在无扰动条件下，粉尘应处于静止堆积状态，此时粉尘不会发生爆炸。只有粉尘悬浮于空气中，并达到一定浓度时，才会发生爆炸。

② 粉尘的粒度是一个很重要的参数。对一定量的物质来说，粒度越小，表面积越大，化学活性越高，氧化速率越快，燃烧越完全，爆炸下限越小，爆炸威力越大。同时，粒度越小，越容易悬浮于空气中，发生爆炸的概率也越大。可见，即使粉尘浓度相同，由于粒度不同，爆炸威力也不同。

③ 粉尘的爆炸极限难以严格确定。从理论上讲，可以设法制造粉尘均匀悬浮于空气中的条件，从而通过实验准确测定爆炸极限。一般工业粉尘的爆炸下限介

于 20～60g/m^3 之间，爆炸上限介于 2000～6000g/m^3 之间。然而，工业生产实际中，粉尘浓度与气体浓度却有本质的差别。一方面，气体与空气很容易形成均匀混合物，其浓度就是可燃组分所占的比例；而粉尘却容易下沉，对于粉尘料仓而言，底部可能堆积有大量粉尘，只有上部才有粉尘悬浮于空气中，即粉尘爆炸的浓度只能考虑悬浮粉尘与空气之比。另一方面，一旦在某个局部发生了粉尘爆炸，爆炸产生的冲击波就会扬起原本静止堆积的粉尘，从而产生二次爆炸，即静止堆积的粉尘又会参与到爆炸中去，增加了爆炸威力。从这种意义上讲，粉尘爆炸下限难以确定，爆炸上限更是没有意义。可见，对于特定的粉尘储存空间来说，难以事先确定粉尘是否处于可爆浓度范围内。

④ 爆炸能量大。对于料仓而言，由于底部有大量堆积的粉尘，可以说可燃组分供应充足，直至氧气消耗殆尽，因此爆炸释放出的总能量一般比气体爆炸大，造成的危害也大。

⑤ 二次爆炸破坏力更强。堆积的可燃性粉尘通常是不会爆炸的，但由于局部的爆炸，爆炸波的传播使堆积的粉尘受到扰动而飞扬形成粉尘雾，从而会连续产生二次、三次爆炸。一系列粉尘爆炸事故结果表明，单纯悬浮粉尘爆炸产生的破坏范围较小，而层状粉尘发生爆炸的范围往往是整个车间或整个巷道，对生命和财产造成的危害和损失巨大。

⑥ 由于粉尘粒子远远大于分子，所以粉尘爆炸总是伴有不完全燃烧，会产生大量 CO，极易引起中毒。

⑦ 粉尘爆炸时，若有粒子飞出，更容易伤人或引爆其他可燃物。

⑧ 与气体爆炸相比，粉尘所需的点火能量较大，一般大于 5MJ。影响粉尘点火能量的因素，除了温度、浓度、压力和惰性气体含量之外，还有粒度和湿度。粉尘粒度越小、湿度越小，最小点火能量越低。

二、粉尘爆炸极限的影响因素

前已述及，粉尘的爆炸极限较难确定，但就进行标准实验来说，仍是可以测得具体数值的，因为粉尘悬浮的均匀性也是相对可控的。粉尘的爆炸极限一般都用单位体积中所含粒子的质量来表示，常用单位是 g/m^3 或 mg/L。粉尘的爆炸极限，也要受到粉尘分散度、温度、湿度、挥发物含量、点火源的性质、粒度、氧含量等因素的影响，一般是分散度越高、挥发性物质含量越高、点火能越大、初始温度越高、湿度越低、惰性粉尘和灰分越少，爆炸下限越低。

(一) 粉尘粒度的影响

粒度越细的粉尘其单位体积的表面积越大，分散度越高，爆炸下限值越低。对于某些分散性差的粉尘，在一定范围内，随粒度的减少其爆炸下限值降低。但当低于某一值时随粒度的降低，其爆炸下限值反而增加。梯恩梯也是在粉尘粒度为 300 目时爆炸极限达到最小值，黑索今粉尘在目数为 200～250 目时，爆炸极限达到最小值。随着粒径的继续减小爆炸下限值反而增加。其他粉尘如面粉等也呈现类似的变化规律。这可能是由于两个原因引起的。原因之一是当粉尘粒度很小时，颗粒之间的分子间力和静电引力非常大，相互之间的凝聚现象非常显著，在实验过程中可以明显看到这种凝聚现象的存在。另外一个原因是细粉易发生黏壁现象，即粉尘在管内弥散时黏附在管壁上，使弥散在管内的粉尘实际浓度降低，从而在现象上表现为爆炸下限升高。

（二）实验装置的影响

炸药粉尘随喷粉气压的增大爆炸下限浓度降低；当喷粉气压达到某一值时，爆炸下限值不再降低而有上升的趋势。这是因为喷气不但有扬尘的作用，还有引起湍流的作用，当气流速度达到一定程度时湍流作用大于扬尘作用所致。

此外，点火电极表面积以及电极间隙也有一定影响。

（三）惰性介质的影响

对于一般工业粉尘，当氧气、氮气之比很低时，粉尘云不会发生爆炸；当氧气、氮气之比达到基本要求（极限氧浓度）之后，它对爆炸下限的影响不显著；但随着氧气、氮气之比的增大，爆炸上限迅速增大。

当加入惰性粉尘时，由于其覆盖阻隔冷却等作用，从而起到阻燃、阻爆的效果，使爆炸下限升高。

对能自身供氧的火炸药粉尘，因为它们能靠自身供氧使反应继续下去，所以空气中的氧浓度对其粉尘的爆炸极限影响不大。

（四）点火能量的影响

与气体爆炸一样，火花能量、热表面面积火源与混合物的接触时间等，对爆炸极限均有影响。对于一定浓度的爆炸性混合物，都有一个引起该混合物爆炸的最低能量。点火能量越高，加热面积越大，作用时间越长，则爆炸下限越低。

（五）温度的影响

与气体爆炸类似，当粉尘温度达到自燃点时即发生自燃，不需要外加火源。温度越高，爆炸下限越低。

（六）含杂混合物的影响

含杂混合物是指粉尘、空气混合物中含有可燃气或可燃蒸气。工业上由含杂混合物引发的爆炸事故很多，煤矿瓦斯爆炸大多属于这种情况。在这类爆炸事故中，可燃气或可燃蒸气的含量远远低于爆炸下限。

研究表明，粉尘、空气混合物中含有可燃气或可燃蒸气时，其爆炸下限随可燃气（或蒸气）浓度的增加急剧下降，大致可按式（5-4）估算。

$$y_{L2}=y_{L1}\left(\frac{y_G}{y_{GL}}-1\right)^2 \tag{5-4}$$

式中，y_{L2}是含杂混合物中粉尘爆炸下限；y_{L1}是非含杂混合物粉尘的爆炸下限；y_G是可燃气浓度；y_{GL}是可燃气爆炸下限。

含杂混合物的爆炸危险性具有叠加效应，即两种以上爆炸性物质混合后，能形成危险性更高的混合物。这种混合物的爆炸下限值比它们各自的爆炸下限值均低。表 5-11 列出了某种煤粉-甲烷混合物的爆炸下限值，可见，甲烷的存在使得煤粉的爆炸下限明显降低，同时，煤粉的存在也使甲烷的爆炸下限值降低。叠加效应会直接导致爆炸性混合物的爆炸极限区间的扩大，从而增加了物质的危险性。因此，对于存在叠加效应的场所必须考虑可能的最低爆炸下限值。

另外，含杂混合物的最小点火能量与含杂气体的最小点火能量相近，远低于粉尘的最小点火能量。

表 5-11 煤粉-甲烷混合物在空气中的爆炸下限

爆炸性物质	两种爆炸性物质混合时的爆炸下限					
悬浮煤粉/(g/m^3)	0.0	10.3	17.4	27.9	37.5	47.8
甲烷体积分数/%	4.85	3.7	3.0	1.7	0.6	0.0

三、影响粉尘爆炸强度的因素

与气体爆炸相比，粉尘爆炸更加复杂。除了影响气体爆炸强度的因素之外，颗粒形状、大小、密度、悬浮均匀程度、湍流等都对爆炸强度有重要影响。

(一) 粉尘性质及浓度

粉尘爆炸强度及其造成的后果很大程度上取决于参与爆炸反应粉尘的性质。粉尘活性越强，越容易发生爆炸，且爆炸威力越大。粉尘本身的性质对最大爆炸压力和最大爆炸速率影响很大。与气体爆炸类似，粉尘爆炸强度也随粉尘浓度而变化。当粉尘浓度达到某一值（最危险浓度）时，爆炸强度最大。当然，粉尘爆炸也有与气体爆炸不同之处，这里说的粉尘浓度是指悬浮于空气中的粉尘；此外，当粉尘浓度大于最危险粉尘浓度时，爆炸强度下降速率不像气体爆炸那么快。

(二) 爆炸空间形状和尺寸的影响

密闭容器中粉尘爆炸的最大压力，若忽略容器的热损失，与容器尺寸和形状无关，而只与反应初始状态有关。但容器尺寸和形状对压力上升速率有很大影响。与气体爆炸类似，密闭球形空间容积对爆炸升压速率的影响仍然存在立方根定律。

$$(dp/dt)_{max}V^{1/3}=K_{st} \tag{5-5}$$

使用式（5-5）时，同样需满足以下 4 个条件：粉尘及其浓度相同；初始湍流程度相同；容器几何相似；点火能量相同。对于不同长径比入的圆筒形容器有 $(dp/dt)_{max}V^{1/3}\lambda^{2/3}=K'_{st}$。

密闭容器爆炸压力上升速率与容器的表面积和体积比（S/V）成正比。容器尺寸和形状对达到最大压力的时间也有较大影响。S/V 越大，达到最大压力的时间越短。

（三）初始压力的影响

与可燃气体爆炸相似，粉尘最大爆炸压力和压力上升速率也与其初始压力成正比。粉尘的最大爆炸压力和压力上升速率大致与初始压力成正比增长。

（四）湍流度的影响

湍流实质上是流体内部许多小的流体单元，在三维空间不规则地运动所形成的许多小涡流的流动状态。有以下 3 种情况。

① 初始湍流是在粉尘云开始点燃时流体的流动状态。

② 如果粉尘发生爆燃，周围的气体就会膨胀，加剧了未燃粉尘云的扰动，从而使湍流度增大。

③ 粉尘云在设备中流动，由于设备有各种形态，也会增加粉尘云的湍流度。如果湍流度增大，粉尘中已燃和未燃部分的接触面积增大，从而加大了反应速率和最大压力上升速率。

四、粉尘爆炸灾害的防护与控制原理及应用

粉尘爆炸灾害防治技术可分为两类，其一是预防技术，即在生产过程中防止出现粉尘爆炸发生的条件；其二是减灾技术，即尽量避免或减小粉尘爆炸发生后的灾害。前者是最根本、最有效的方法，后者是不可或缺的辅助方法。

处于爆炸极限之内的混合物遇上大于其最小点火能量的火源就会发生爆炸。如果爆炸发生在密闭空间（如容器内）或相对封闭的空间（如煤矿巷道）或压力波的传播受到阻碍就会显现出爆炸威力。从爆炸威力形成的角度出发，可以把工业介质发生爆炸的必要条件细化为 5 个因素，即可燃介质、氧化剂、两者混合（对于粉体来说，还必须是悬浮状态）、点火源、相对封闭的空间。从预防的角度看，如果控制住了这 5 个条件之一，就可以防止爆炸灾害的发生。常用的预防性技术措施有混合物浓度控制、氧气含量控制、工艺参数（尤其是温度）控制、泄漏控制、储存控制、惰性气体保护等。减灾技术主要有抑爆、隔爆、泄爆、抗爆等。工程实际中所用的某些技术，如惰化技术，既可以作为预防技术，也可以作为减灾技术。

（一）可燃物质浓度控制

如果能够控制混合物的浓度处于爆炸极限之外，就能防止爆炸的发生。控制混合物浓度的方法主要有操作参数控制、防止物料泄漏、减少粉尘产生、防止粉尘飞扬等。

（二）氧化剂浓度控制

根据燃烧爆炸原理，除了控制可燃组分浓度之外，还可以通过控制混合气中氧化剂的含量来防止可燃气体爆炸。如果能够控制混合物中的实际氧含量低于其极限氧含量，就不会发生燃烧爆炸事故。

（三）惰化技术

在爆炸气氛中加入惰化介质时，一方面可以使爆炸气氛中氧组分被稀释，减少了可燃物质分子和氧分子作用的机会，也使可燃物组分同氧分子隔离，在它们之间形成一层不燃烧的屏障；当活化分子碰撞惰化介质粒子时会使活化分子失去活化能而不能反应。另一方面，若燃烧反应已经发生，产生的游离基将与惰化介质粒子发生作用，使其失去活性，导致燃烧连锁反应中断；同时，惰化介质还将大量吸收燃烧反应放出的热量，使热量不能聚积，燃烧反应不蔓延到其他可燃组分分子上去，对燃烧反应起到抑制作用。因此，在可燃物、空气爆炸气氛中加入惰化介质，可燃物组分爆炸范围缩小，当惰化介质增加到足够浓度时，可以使其爆炸上限和下限重合，再增加惰化介质浓度，此时可燃空气混合物将不再发生燃烧。

（四）点火源控制

点火源是可燃物质发生燃烧爆炸的另一个必要条件之一，控制和消除点火源是最有效的预防措施之一。一般可燃气体的最小点火能量都在毫焦数量级，一般粉尘的最小点火能量都在焦数量级。工程实际中具有这个数量级的点火源时时处处都存在，例如铁器或石器的撞击火花、电器开关、电热丝、火柴、静电、雷电等，甚至化纤衣物之间的摩擦火花都足以点燃可燃气体。因此，控制点火源的措施必须是相当严格的。

按点火能量的大小，点火源分为强点火源和弱点火源。前者直接引发爆轰，后者引发爆燃。按点燃形式，点火源可分为电点火源（包括电火花、雷电、静电等）、化学点火源（包括明火、自然着火等）、冲击点火源（包括撞击火花、摩擦火花、压缩引起温度升高等）、高温点火源（包括高温表面、热辐射等）。

1. 防止明火

明火是指一切可见的发光发热物体，例如看得见的火焰、火星或火苗之类。在生产企业，焊接火焰、摩擦火星、燃烧火焰、火炉、加热器、火机火焰、火柴火焰、电气火花、未熄灭的烟头、辐射火源、机动车尾气管喷火等都是常见的明火火源。必须加强管理。

加强加热用火和维修用火火源管理。加热可燃物料时严禁使用明火，可采用中间载体（如水、蒸汽、重油、联苯等）。如果必须采用明火加热，则必须做好隔离措施，避免明火与可燃物料接触。明火加热装置（如锅炉）应与易燃物料区相隔足够的安全距离，并设置在物料区的上风向。

维修动火时，应将设备或管道拆卸到安全的场所维修。如果必须直接在设备上动火，应将设备内的物料清除，并利用惰性气体置换，达到要求后才能动火。同时采取措施防止焊渣和割下的铁块落到设备内。当维修设备与其他设备连通时，必须采取措施、防止物料进入检修设备。在不停车的条件下动火检修时，必须保持良好通风，设备内处于正压状态，设备内易燃组分处于爆炸上限以上，含氧量处于极限氧含量之下。同时周围备有足够的灭火装置。

在爆炸危险环境中应禁止使用电热电器。电炉、电锅等的加热丝表面温度可达800℃，足以点燃各种可燃气体和粉尘。200W的白炽灯泡可以点燃纸张，100W的白炽灯泡可以烤着10cm之外的聚氨酯泡沫塑料。

电气设备过热也是常见火源。严禁在燃烧爆炸危险场所使用产生烟火的电气设备。各类电器在设计和安装过程中都采取了一定的通风或散热措施，正常运行时，发热量和散热量是平衡的，最高温度都会得到有效控制。例如，橡皮绝缘线的最高温度不超过60℃，变压器油温不超过80℃。但一旦散热措施失灵，导致散热不良，设备就会过热，成为引发事故的火源。引发电气设备过热的主要因素有短路、过载和接触不良。

加强设备维护，防止出现碰撞、摩擦等产生火花。防止皮带机的皮带和发生故障的托辊摩擦发热导致火灾或爆炸。电火花是更常见的点火源。电火花的温度可达3000℃以上。大量电火花汇聚在一起就是电弧，它不仅能点燃可燃气体和粉尘，甚至会使金属熔化。常见的电火花有：开关、启动器、继电器闭合或断开时产生的火花，电气设备接线端子与电线接触产生的火花，电线接地或短路产生的火花等。

为了控制电器火源，应根据有关防火防爆规范，例如GB 12476.1—2013《可燃性粉尘环境电气设备》，选择使用防爆电气设备。

2. 防止静电

电子脱离原来的物体表面需要能量（通常称为逸出功或脱出功）。物质不同，逸出功也不同。当两种物质紧密接触时，逸出功小的物质易失去电子而带正电荷，逸出功大的物质增加电子则带负电荷。各种物质逸出功的差异是产生静电的基础。

静电的产生与物质的导电性能有很大关系。电阻率越小，则导电性能越好。根据大量实验资料得出结论：电阻率为$10^{12}\Omega\cdot cm$的物质最易产生静电；而大于$10^{16}\Omega\cdot cm$或小于$10^{9}\Omega\cdot cm$的物质都不易产生静电。如物质的电阻率小于$10^{6}\Omega\cdot cm$因其本身具有较好的导电性能，静电将很快泄漏。电阻率是静电能否积聚的条件。

物质的介电常数是决定静电电容的主要因素，它与物质的电阻率同样密切影响着静电产生的结果，通常采用相对介电常数来表示。相对介电常数是一种物质的介电常数与真空介电常数的比值（真空介电常数为$8.85\times10^{-12}F/m$）。介电常数越小，物质的绝缘性越高，积聚静电能力越强。

静电的产生形式主要有以下几种。

（1）接触起电　即两种不同的物体在紧密接触、迅速分离时，由于相互作用，使电子从一个物体转移到另一个物体的现象。其主要表现形式除摩擦外，还有撕裂、剥离、拉伸、撞击等。在工业生产过程中，如粉碎、筛选、滚压、搅拌、喷涂、过滤、抛光等工序，都会发生类似的情况。

（2）破断起电　即材料破断过程可能导致的正负电荷分离现象。固体粉碎、液体分裂过程的起电都属于破断起电。

（3）感应起电　即导体能由其周围的一个或一些带电体感应而带电。

（4）电荷迁移　即当一个带电体与一个非带电体接触时，电荷将按各自导电率所允许的程度在它们之间分配。当带电雾滴或粉尘撞击在固体上（如静电除尘）时，会产生有力的电荷迁移。当气体离子流射在初始不带电的物体上时，也会出现类似的电荷迁移。某种极性离子或自由电子附着在与大地也绝缘的物体上，也能使该物体呈带静电的现象。带电的物体还能使附近与它并不相连接的另一导体表面的不同部分也出现极性相反的电荷现象。某些物质的静电场内，其内部或表面的分子能产生极化而出现电荷的现象，叫静电极化作用。例如在绝缘容器内盛装带有静电的物体时，容器的外壁也具有带电性。

为防止静电引发燃烧爆炸事故，应依照标准 GB 12158—2006《防止静电事故通用导则》进行防静电设计。一般来说，如果介质的最小点燃能力小于 10MJ 就应该考虑采用防静电措施。对工艺流程中各种材料的选择、装备安装和操作管理等过程采取预防措施，控制静电的产生和电荷的聚集。

防静电技术大都遵循以下三项原则：抑制、疏导、中和。因为普遍认为完全不产生静电是不可能的，只能是抑制静电荷的聚集，如严格限制物流的传送速度和人员的操作速度，将设备管道尽量做得光滑平整，避免出现棱角，增大管道直径进而控制流速、减少弯道、避免振动等均可以防止或减少静电的产生。若抑制不了就设法疏导，即向大地泄放，如将工作场所的空气增湿，将一切导体接地，在工作台及地面铺设导静电材料，操作人员穿导静电服装和鞋袜，甚至戴导静电手环，对于导体，应对设备进行跨接以确保接地良好。盛装粉体的移动式容器应由金属材料制造，并良好接地，袋式除尘器和收尘器应采用防静电滤袋，防静电滤袋通过在普通滤布中织入金属丝的方法增强滤袋的导电性能，然后通过滤袋架将静电导入大地等。若疏导不了就设法在原地中和，如采用感应式消电器、高压静电消电器、离子风消电器等，对于塑料类等电阻率大的粉尘，可利用静电消除器产生异性离子来中和静电荷等。

尽管目前采取了一些消除静电的措施且取得了一定效果但并未完全杜绝静电危害。经过多年来对各种防静电手段的应用及其效果进行分析研究。人们终于认识到哪些方法仍属局部防治，总有防治措施未保护到的区域可能会产生静电危害，于是人们设想能否找到全方位全环境的静电防治方法。与传统的静电防治观念不同的是，全方位全环境静电防治所关注的不再是一个个具体的产生静电的部位或工作面，而是整个工作区域的全部空间，其核心是致力于消除所有设备、物料、人员在各个环节所有工作过程中由于流动摩擦而产生静电聚集的可能性。这种全新的概念已成为现代工业以及办公自动化和家用电子设备防治静电危害的指导原则。根据这种指导原则，要实现全方位全环境静电防治必须开发以下关键技术。

① 在相对封闭的生产或工作环境中对地面、墙壁、天花板采取相应措施使其具有良好的导静电性能。

② 对所有设备工作台面坐椅等采取表面处理措施，有效地改变各种材料的表面阻抗使其受到摩擦作用时不产生静电或静电荷不能聚集。

③ 对该环境中的操作或工作人员采取全面的防静电保护，使其人体静电达到最低程度。

3. 防止自燃

可燃物被外部热源间接加热达到一定温度时，未与明火直接接触就发生燃烧，这种现象称为受热自燃。可燃物靠近高温物体时，有可能被加热到一定温度被烤着；在熬炼（熬油、熬沥青等）或热处理过程中，受热介质因达到一定温度而着火，都属于受热自燃现象。在火电厂、铁厂和水泥行业的煤粉制备系统常常发生自燃，并引起火灾和爆炸。其原因是煤磨入口的热风管和煤磨之间连接处有积煤自燃。在高温处，必须要防止出现流动死角等易于造成粉尘堆积现象的结构。

可燃物在没有外部热源直接作用的情况下，由于其内部的物理作用（如吸附、辐射等）、化学作用（如氧化、分解、聚合等）或生物作用（如发酵、细菌腐败等）而发热，热量积聚导致升温；当可燃物达到一定温度时，未与热源直接接触而发生燃烧，这种现象称为本身自燃。比如煤堆、干草堆、赛璐珞、堆积的油纸油布、黄磷等的自燃都属于本身自燃现象。黄磷活性很强，遇到空气就会发生化学反应并放出热量。当热量积聚到一定程度时就会发生自燃。烷基铝遇到水分就会发生化学反应，生成氢氧化铝和乙烷，并放出热量。当温度达到自燃点时即发生自燃。硝化纤维、赛璐珞、有机过氧化物及其制品，在常温下就会发生分解放热，在光、热、水分作用下分解速率更快，直至发生自燃。

煤粉、纤维等由于表面积大、导热性能差，如果堆积在一起，极易积聚热量引发自燃。烟煤、褐煤、泥煤都会自燃，无烟煤难以自燃。这主要与煤种的挥发性物质含量、不饱和化合物含量、硫化铁含量有关。煤种的挥发性物质、不饱和化合物、硫化铁都容易被氧化并放出热量，因此，它们的含量越高，自燃点越低，自燃可能性越大。煤中含有的硫化铁在常温下即可氧化，潮湿环境下氧化会加速。

$$FeS_2 + O_2 = FeS + SO_2 \tag{5-6}$$

$$2FeS_2 + 7O_2 + 2H_2O = 2FeSO_4 + 2H_2SO_4 \tag{5-7}$$

煤在低温下氧化速率不大，但在60℃以上氧化速率就很快，放热量增大，如果散热不及时就会引发自燃。

植物和农产品，例如稻草、麦芽、木屑、甘蔗渣、籽棉、玉米芯、树叶等能够因发酵而放热，进而引发自燃。其机理是，这些物质在水分和微生物作用下发酵放热；当温度升到70℃以上时，它们中所含的不稳定化合物开始分解成多孔炭，多孔炭吸附气体和蒸汽并放出热量；当温度达到150℃以上时，纤维素开始分解氧化放热，最终引发自燃。

为防止煤自燃，应保持储煤场干燥，避免有外界热量传入，煤堆尺寸不要太大，一般高度应控制在4m以下。

本身自燃和受热自燃的本质是一样的，只是热的来源不同，前者是物质本身的热效应，后者是外部加热的结果。物质自燃是在一定条件下发生的，有的能在常温下发生，有的能在低温下发生。本身自燃的现象说明，这种物质潜伏着的火灾危险比其他物质要大。在一般情况下，常见的能引起本身自燃的物质有植物产品、油脂类、煤及其他化学物质。磷、磷化氢都是自燃点低的物质。

4. 防雷

雷电具有很大的破坏力，是燃烧爆炸危险场所不可忽略的点火源。石油和石油产品在生产、运输、销售、使用过程中都有可能因雷击而发生爆炸事故。防雷技术的选用应考虑被保护设施的特点以及所处地理位置、气象条件和环境条件等具体情况。下面给出一些石油设施防雷措施。

对于储存易燃、可燃油品的金属油罐，当其顶板厚度小于 4mm 时，要求装设防雷击装置；当其顶板厚度大于或等于 4mm 时，在多雷区或储存高硫易燃品时，宜装设防雷击装置。

金属油罐必须防雷接地，其接地点不能少于两处；接地点沿油罐周长的间距，不应大于 30mm，接地点（体）距罐壁的距离应大于 3m。金属油罐的阻火器、呼吸阀、量油孔、人孔、透光孔等金属附件要保持等电位。当采用避雷针或用罐体做接闪器时，规定了其冲击接地电阻不能大于 10Ω，对于浮顶油罐可以不装设避雷装置，但要求应用截面不小于 $25mm^2$ 的两根软铜线将浮船与罐体作电气连接。浮顶油罐的密封结构应该采用耐油导静电材料制品。

非金属油罐应装设独立避雷装置，并且有独立的接地装置，其冲击接地电阻不得大于 10Ω。当采用避雷网保护时，避雷网应用直径不小于 8mm 的圆钢或截面不小于 24mm×4mm 的扁钢制成，网格不宜大于 6m×6m，引下线不得少于两根并沿四周均匀或对称布置，间距不得大于 18m，接地点不能少于 2 处。避雷网要高出罐顶 0.3m 及以上，在油罐的呼吸阀、量油孔等金属附件处，应局部高出这些附件 0.3m 以上。避雷网的所有交叉点必须保持良好的电气连接。非金属油罐钢筋混凝土结构中的钢筋，应相互做电气连接，钢筋与接地网相连接点不能少于 3 点。非金属油罐必须装设阻火器和呼吸阀，油罐的阻火器、呼吸阀、量油孔、人孔、透光孔、法兰等金属附件必须作良好的接地。

在人工洞石油库防雷技术措施中，对于人工洞石油库油罐的金属呼吸管和金属通风管的露出洞外部分，应装设独立的避雷针，其保护范围应高出管口 2m。独立避雷针距管口水平距离小于 3m。对于进入洞内的金属管路，从洞口算起，当其洞外埋地长度超过 50m 时，可以不设接地装置；当其洞外部分不埋地或埋地长度不足 50m 时，要在洞外作两处接地，接地点的间距不能大于 100m，接地电阻不得大于 20Ω。人工洞石油库用的动力照明和通信线路应该用铠装电缆引入时，由进入点至转换处的距离不得小于 50m。架空线与电缆的连接处应装设低压阀型避雷器。避雷器、电缆外皮和绝缘子铁脚应作电气连接并且与管路一起接地。其接地电阻不应大于 10Ω。

汽车槽车和铁路槽车在装运易燃、可燃油品时，要装设阻火器。铁路装卸油品设施包括钢轨、管路、栈桥等应作电气连接并且接地。接地电阻不应大于 10Ω。

金属油船和油驳，其金属桅杆或其他凸出金属物与水线以下的铜板相连接。其所用的无线电天线也应装设避雷器。输油管路可以用自身作为接闪器，其法兰、阀门的连接处应设金属跨接线。管路系统的所有金属件、包括护套的金属包覆层必须接地。管路两端和每隔 200～300m 处，应有一处接地，接地点最好设在管墩处，其冲击接地电阻不得大于 10Ω。可燃性气体放空管路必须装设避雷针，并应安装在放空管支架上。避雷针的保护范围应高出管口 2m，避雷针距管口的水平距离不得小于 3m。

五、粉尘场所火灾扑救

粉尘场所火灾扑救，除要救助人员、控制火势外，防止爆炸危害也十分重要。

(一) 及时侦察，掌握情况

消防人员到达现场后，除应查明一般情况外，重点要查明以下内容。

① 火场是否有人受到火势威胁，受威胁人员数量、所处位置和受威胁程度，可实施救助的途径和方法。

② 起火部位和火势沿建筑构件、输料管道、排送风管道、楼梯间水平和垂直方向蔓延的情况，是否形成了立体燃烧。

③ 有无粉尘爆炸危险，已经发生粉尘爆炸的车间，是否有发生第二次爆炸的可能。

(二) 上堵下防，强攻近战

火灾处于猛烈阶段时，要投入较大灭火力量，层层布置，控制火势，避免形成立体火灾。

1. 层层设防，堵截蔓延

粉尘场所发生火灾后，要及时在着火层上下部的管道口（特别是温升快且温度高的管道口）和孔洞处布置水枪，积极堵截火势纵向、横向蔓延。尤其要阻止火势向上层和向原料库、成品库蔓延。对砖木结构厂房火灾，消防人员要引起格外重视。

2. 快速登高，强攻近战

根据生产车间孔洞多、管道多、设备多、立体性强、起火后向上蔓延较快的特点，消防人员要迅速利用室内外楼梯、临时架设的消防梯或举高消防车，攀登到车间顶层，及时控制和消灭上窜的火势。

3. 下层防御

对于着火层下层也应留有一定的力量进行监护，特别是竖向管道井的下层出口处，要防止燃烧掉落物引起下层可燃物着火。

（三）逐层消灭，严防复燃

当火势被基本控制后，水枪阵地要推进灭火，层层消灭，其顺序是先上层，后下层。火灾扑灭后，应逐层进行清理，消灭残火，对于过火后的堆积物，应当全面翻开清理，防止复燃；输送管道、通风管道阴燃的可能性极大，应逐一仔细清理，彻底消灭残火。

（四）加强行动安全

① 扑救粉尘场所火灾，内攻作战人员必须做好个人防护，必要时要进行水枪掩护。

② 内攻灭火时，应随时注意观察建筑的燃烧程度，以防止建筑构件塌落伤人。

③ 在浓烟和夜间进入车间内部时，要加强照明工作，探步前进，防止从楼板孔洞坠落。

（五）正确使用射流

扑救粉尘场所火灾，特别是磨粉车间、碾臼车间、粉状原料堆积库等部位时，不可使用密集射流，防止水流冲击，导致粉尘飞扬，引起爆炸。宜用开花、喷雾水流扑救。

（六）防止复爆复燃

① 粉尘发生第一次爆炸后，要迅速观察情况，准确作出判断，有再次爆炸危险时，必须果断撤离到安全地带。爆炸过后，应立即从外围向内逐步推进喷射水流，抑制扬尘，防止再次爆炸。为确保安全，可先从较远处或掩蔽体后，向粉尘飞扬处喷射直流水，等安全后再靠近，改用喷雾水。

② 粉尘场所着火容易发生阴燃，现场清理要细致，消灭残火必须彻底，防止发生复燃。必要时，应留守力量监护，并妥善做好火场移交工作。

第四节　易燃液体储罐爆炸及预防

储罐用以存放酸、碱、醇、气体、液态等提炼的化学物质。储罐在华北地区应用广泛，根据材质不同大体上有：聚乙烯储罐、聚丙烯储罐、玻璃钢储罐、陶瓷储罐、橡胶储罐、不锈钢储罐等。就储罐的性价比来讲，现在以钢衬聚乙烯储罐最为优越，其具有优异的耐腐蚀性能、强度高、寿命长等，外观可以制造成立式、卧式等多种样式。随着储罐行业的不断发展，越来越多的企业进入到储罐行业，钢制储罐是储存各种液体（或气体）原料及成品的专用设备，对许多企业来说，没有储罐就无法正常生产，特别是国家战略物资储备均离不开各种容量和类型的储罐。我国的储油设施多以地上储罐为主，且以金属结构居多。由于储罐大多用于储存易燃液体（或气体），因此，本节将重点从这两类危险化学品入手，介绍储罐爆炸及预防措施。

一、易燃液体的燃爆特性

（一）高度易燃

由于液体的燃烧是通过其挥发出的蒸气与空气形成可燃性混合物，在一定的比例范围内遇火源点燃而实现的，因而液体的燃烧是液体蒸气与空气中的氧进行的剧烈反应。所谓易燃液体实质上就是指其蒸气极易被引燃，从表5-12可以看出，多数易燃液体被引燃只需要0.5MJ左右的能量。由于易燃液体的沸点都很低，故十分易于挥发出易燃蒸气，且液体表面的蒸气压较大，同时由于着火所需的能量极小，故易燃液体都具有高度的易燃性。如二硫化碳的闪点为－30℃，最小引燃能量为0.015MJ；甲醇闪点为11.11℃，最小引燃能量为0.215MJ。

表5-12　几种常见易燃液体蒸气在空气中的最小引燃能量

液体名称	最小引燃能量/MJ	液体名称	最小引燃能量/MJ
噻吩	0.39	二乙胺	0.75
环己烷	0.22	异丙胺	2.0
甲醚	0.33	乙胺	2.4
二甲氧基甲烷	0.42	苯	0.55
乙醚	0.19	二硫化碳	0.015
异丙醚	1.14	汽油	0.1～0.2

（二）蒸气易爆

由于液体在任意温度下都能蒸发，所以，在存放易燃液体的场所也都蒸发有大量的易燃蒸气，并常常在作业场所或储存场地弥漫。如储运石油的场地能嗅到各种油品的气味就是这个缘故。由于易燃液体具有这种蒸发性，所以当挥发出的易燃蒸气与空气混合，达到爆炸浓度范围时，遇火源就会发生爆炸。易燃液体的挥发性越强，这种爆炸危险性就越大；同时，这些易燃蒸气可以任意飘散，或在低洼处聚积，使得易燃液体的储存更具有火灾危险性。但液体的蒸发性又随其所处状态的不同而不同，影响其蒸发性的因素主要有以下几点。

1. 温度

液体的蒸发随着温度（液体温度和空气温度）的升高而加快。

2. 暴露面

液体的暴露面越大，蒸发量也就越大，因为暴露面越大，同时从液体里跑出来的分子数目也就越多。暴露面越小，跑出来的分子数目也就越少。所以汽油等挥发性强的液体应在口小、深度大的容器中盛装。

3. 相对密度

液体的相对密度与蒸发速率的关系是：相对密度越小，蒸发得越快，反之则越慢。

4. 饱和蒸气压力

液面上的压力越大，蒸发越慢，反之则越快，这是通常的规律。汽油饱和蒸气压力与相对密度和温度的关系见表5-13。

表5-13 汽油饱和蒸气压力与相对密度和温度的关系

相对密度	0.6870	0.7035	0.7216	0.7330	0.7530
在10℃时的饱和蒸气压力/kPa	21.598	10.932	8.266	5.333	4.533
在20℃时的饱和蒸气压力/kPa	31.331	16.132	11.732	8.533	5.600
在30℃时的饱和蒸气压力/kPa	52.929	28.664	20.932	15.065	8.800

5. 流速

液体流动的速度越快，蒸发越快，反之则越慢。这是因为液体流动时，分子运动的平均速度增大，部分分子更易克服分子间的相互引力而飞到周围的空气里，液体流动得越快，飞到空气里的分子就越多。此外，在空气流动时，飞到空气里的分子被风带走，空气不能被蒸气饱和，就会造成空气流动速度越快，带走的液体分子越多是不断蒸发的条件。在密闭的容器中，空气不流动，容器的气体空间被蒸气饱和后液体则不再蒸发。

(三) 受热膨胀性

易燃液体也和其他物体一样，有受热膨胀性。故储存于密闭容器中的易燃液体受热后，在本身体积膨胀的同时会使蒸气压力增加，如若超过了容器所能承受的压力限度，就会造成容器膨胀，以致爆裂。夏季盛装易燃液体的桶，常出现“鼓桶”现象以及玻璃容器发生爆裂，就是由于受热膨胀所致。所以，对盛装易燃液体的容器，应留有不少于5%的空间，夏天要储存于阴凉处或用喷淋冷水降温的方法加以防护。

各种易燃液体的热胀系数可以通过式（5-8）计算。

$$V_t = V_0(1 + \beta d_t) \tag{5-8}$$

式中，V_t为液体的体积，L；V_0为液体在受热前的原体积，L；β为液体在0～100℃时的平均热胀系数，见表5-14；d_t为液体受热的温度,℃。

表5-14 几种易燃液体的热胀系数

液体名称	热胀系数β值	液体名称	热胀系数β值
乙醚	0.00160	戊烷	0.00160
丙酮	0.00140	汽油	0.00120
苯	0.00120	煤油	0.00090
甲苯	0.00110	醋酸	0.00140
二甲苯	0.00085	氯仿	0.00140
甲醇	0.00140	硝基苯	0.00083
乙醇	0.00110	甘油	0.00050
二硫化碳	0.00120	苯酚	0.00089

（四）流动性

流动性是所有液体的通性，由于易燃液体易着火，故其流动性的存在更增加了火灾危险性，如易燃液体渗漏会很快向四周流淌，并由于毛细管和浸润作用，能扩大其表面积，加快挥发速度，提高空气中的蒸气浓度。如在火场上储罐（容器）一旦爆裂，液体会四处流淌、造成火势蔓延，扩大着火面积，给施救工作带来困难。所以，为了防止液体泄漏、流散，在储存工作中应备置事故槽（罐），构筑防火堤、设置水封井等；液体着火时，应设法堵截流散的液体，防止火势扩大蔓延。

（五）带电性

多数易燃液体都是电介质，在灌注、输送、喷流过程中能够产生静电，当静电荷聚集到一定程度则会放电发火，故有引起着火或爆炸的危险。

液体的带电能力主要取决于介电常数和电阻率。一般地说，介电常数小于10F/m（特别是小于3F/m）、电阻率大于$10^5\Omega\cdot cm$的液体都有较大的带电能力，如醚、酯、芳烃、二硫化碳、石油及石油产品等；而醇、醛、羧酸等液体的介电常数一般都大于10F/m，电阻率一般也都低于$10^5\Omega\cdot cm$，所以它们的带电能力比较弱。一些易燃液体的介电常数和电阻率见表5-15。

表5-15　一些易燃液体的介电常数和电阻率

液体名称	介电常数/(F/m)	电阻率/(Ω·cm)	液体名称	介电常数/(F/m)	电阻率/(Ω·cm)
甲醇	32.62	5.8×10^6	苯	2.50	$>1\times101^{18}$
乙醇	25.80	6.4×10^6	乙苯	2.48	$>1\times101^{12}$
乙醛	>10	1.7×10^6	甲苯	2.29	$>1\times101^{14}$
乙醚	4.34	2.54×10^{12}	苯胺	7.20	2.4×10^8
丙酮	21.45	1.2×10^7	乙酸甲酯	6.40	—
丁酮	18.00	1.04×10^7	乙酸乙酯	7.30	—
戊烷	<4	$<2\times10^5$	乙二醇	41.20	3×10^7
二硫化碳	2.65	—	甲酸	—	5.6×10^5
氯仿	5.10	$>2\times10^8$	氯乙酸	20.00	1.4×10^6

液体产生静电荷的多少，除与液体本身的介电常数和电阻率有关外，还与输送管道的材质和流速有关。管道内表面越光滑，产生的静电荷越少；流速越快，产生的静电荷越多。

石油及其产品在作业中静电的产生与聚积有以下一些特点。

1. 在管道中流动时

① 流速越大，产生的静电荷越多。在同一设备条件下，5min装满一个$50m^3$的油罐车，流速为2.6m/s时产生的静电压为2300V；7min装满一个$50m^3$的油

罐车，流速为1.7m/s时静电压降至500V。

② 管道内壁越粗糙，流经的弯头、阀门越多，产生的静电荷越多。

③ 帆布、橡胶、石棉、水泥和塑料等非金属管道比金属管道产生的静电荷多。

④ 在管道上安装过滤网，其网栅越密，产生的静电荷越多；绸毡过滤网产生静电荷更多。

2. 在向车、船灌装油品时

① 油品与空气摩擦、在容器内旋涡状运动和飞溅都会产生静电，当灌装至容器高度的1/2～3/4时，产生的静电电压最高。所产生的静电大都聚积在喷流出的油柱周围。

② 油品装入车、船，在运输过程中因震荡、冲击所产生的静电，大都积聚在油面漂浮物和金属构件上。

③ 多数油品温度越低，产生静电越少；但柴油温度降低，产生的静电荷反而增加。同品种新、旧油品搅混，静电压会显著增高。

④ 油泵等机械的传动皮带与飞轮的摩擦、压缩空气或蒸气的喷射都会产生静电。

⑤ 油品产生静电的大小还与介质空气的湿度有关。湿度越小，积累电荷程度越大；湿度越大，积累电荷程度越小。据测试，当空气湿度为47%～48%时，接地设备电位达1100V；空气湿度为56%时，电位为300V；空气湿度接近72%时，带电现象实际上终止。

⑥ 油品产生静电的大小还与容器、导管中的压力有关。其规律是压力越大，产生的静电荷越多。

无论在何种条件下产生静电，在积聚到一定程度时，就会发生放电现象。据测试，积聚电荷大于4V时，放电火花就足以引燃汽油蒸气。所以液体在装卸、储运过程中，一定要设法导泄静电，防止聚集而放电。掌握易燃液体的带电能力，不仅可据以确定其火灾危险性的大小，而且还可据以采取相应的防范措施，如选用材质好而光滑的管道输送易燃液体，设备、管道接地，限制流速等。

（六）毒害性

易燃液体本身或其蒸气大都具有毒害性，有的还有刺激性和腐蚀性。其毒性的大小与其本身化学结构、蒸发的快慢有关。不饱和烃类化合物、芳香族烃类化合物和易蒸发的石油产品比饱和的烃类化合物、不易蒸发的石油产品的毒性要大。易燃液体对人体的毒害性主要表现在蒸发气体上。它能通过人体的呼吸道、消化道、皮肤三个途径进入体内，造成人身中毒。中毒的程度与蒸气浓度、作用时间的长短有关。浓度小、时间短则轻，反之则重。

掌握易燃液体的毒害性和腐蚀性，在于能充分认识其危害，知道怎样采取相应的防毒和防腐蚀措施，特别是在火灾条件下和平时的消防安全检查时注意防止人员的灼伤和中毒。

二、评价易燃液体燃爆危险性的主要技术参数

评价易燃液体火灾爆炸危险性的主要技术参数是饱和蒸气压、爆炸极限和闪点。此外，还有液体的其他性能，如相对密度、流动扩散性、沸点和膨胀性等。

(一) 饱和蒸气压

饱和蒸气是指在单位时间内从液体蒸发出来的分子数等于回到液体里的分子数的蒸气。在密闭容器中，液体都能蒸发成饱和蒸气。饱和蒸气所具有的压力叫做饱和蒸气压力，简称蒸气压力，以 Pa 表示。

易燃液体的蒸气压力越大，则蒸发速率越快，闪点越低，火灾危险性越大。蒸气压力是随着液体温度而变化的，即随着温度的升高而增加，超过沸点时的蒸气压力能导致容器爆裂，造成火灾蔓延。表 5-16 列举了一些常见易燃液体的饱和蒸气压力。

根据易燃液体的蒸气压力，就可以求出蒸气在空气中的浓度，可由式（5-9）计算。

$$C = p_z / p_H \tag{5-9}$$

式中，C 为混合物中的蒸气浓度，%；p_z 为在给定温度下的蒸气压力，Pa；p_H 为混合物的压力，Pa。

如果 p_H 等于大气压力即 101325Pa，则可将式（5-9）改写为式（5-10）。

$$C = p_z / 101325 \tag{5-10}$$

表 5-16　几种易燃液体的饱和蒸气压

液体名称	温度/℃								
	−20	−10	0	+10	+20	+30	+40	+50	+60
	p_z/Pa								
丙酮	—	5 160	8 443	14 705	24 531	37 330	55 902	81 168	115 510
苯	991	1 951	3 546	5 966	9 972	15 785	24 198	35 824	52 329
航空汽油	—	—	11 732	15 199	20 532	27 988	37 730	50 262	—
车用汽油	—	—	5 333	6 666	9 333	13 066	18 132	24 065	—
二硫化碳	6 463	11 199	17 996	27 064	40 237	58 262	82 260	114 217	156 040
乙醚	8 933	14 972	24 583	28 237	57 688	84 526	120 923	168 626	216408
甲醇	836	1 796	3 576	6 773	11 822	19 998	32 464	50 889	83 326
乙醇	333	747	1 627	3 173	5866	10 412	17 785	29 304	46 863
丙醇	—	—	436	952	1 933	3 706	6 773	11 799	18 598
丁醇	—	—	—	271	628	1 227	2 386	4 413	7 893
甲苯	232	456	901	1 693	2 973	4 960	7 906	12 399	18 598
乙酸甲酯	2 533	4 686	8 279	13 972	22 638	35 330	—	—	—
乙酸乙酯	867	1 720	3 226	5 840	9 706	15 825	24 491	37 637	55 369
乙酸丙酯	—	—	933	2 173	3 413	6 433	9 453	16 186	22 918

（二）爆炸极限

易燃液体的爆炸极限有两种表示方法：一是易燃蒸气的爆炸浓度极限，有上、下限之分，以“%”（体积分数）表示；二是易燃液体的爆炸温度极限，也有上、下限之分，以“℃”表示。因为易燃蒸气的浓度是在可燃液体一定的温度下形成的，因此爆炸温度极限就体现着一定的爆炸浓度极限，两者之间有相应的关系。例如，酒精的爆炸温度极限为11～40℃，与此相对应的爆炸浓度极限为3.3%～18%。液体的温度可随时方便地测出，与通过取样和化验分析来测定蒸气浓度的方法相比要简便得多。

几种易燃液体的爆炸温度极限和爆炸浓度极限的比较见表5-17。

表5-17　液体的爆炸温度极限和爆炸浓度极限

液体名称	爆炸浓度极限/%	爆炸温度极限/℃
酒精	3.3～18	11～40
甲苯	1.2～7.75	1～31
松节油	0.8～62	32～53
车用汽油	0.79～5.16	−39～−8
灯用煤油	1.4～7.5	40～86
乙醚	1.85～35.5	−45～13
苯	1.5～9.5	−14～12

易燃液体的着火和爆炸是蒸气而不是液体本身，因此爆炸极限对液体燃爆危险性的影响和评价同气体。

易燃液体的爆炸温度极限可以用仪器测定，也可利用饱和蒸气压公式，通过爆炸浓度极限进行计算。

（三）闪点

易燃液体的闪点越低，则表示越易起火燃烧。因为在常温甚至在冬季低温时，只要遇到明火就可能发生闪燃，所以具有较大的火灾爆炸危险性。几种常见易燃液体的闪点见表5-18。

两种易燃液体混合物的闪点，一般是位于原来两液体的闪点之间，并且低于这两种可燃液体闪点的平均值。例如，车用汽油的闪点为−39℃，照明用煤油的闪点为40℃，如果将汽油和煤油按1∶1的比例混合，那么混合物的闪点应低于：（−39+40）/2=0.5℃。

在易燃的溶剂中掺入四氯化碳，其闪点即提高，加入量达到一定数值后，不能闪燃。例如，在甲醇中加入41%的四氯化碳，则不会出现闪燃现象，这种性质在安全上可加以利用。

表 5-18 几种常见易燃液体的闪点

物质名称	闪点/℃	物质名称	闪点/℃	物质名称	闪点/℃
甲醇	7	苯	−14	醋酸丁酯	13
乙醇	11	甲苯	4	醋酸戊酯	25
乙二醇	112	氯苯	25	二硫化碳	−45
丁醇	35	石油	−21	二氯乙烷	8
戊醇	46	松节油	32	二乙胺	26
乙醚	−45	醋酸	40	飞机汽油	−44
丙酮	−20	醋酸乙酯	1	煤油	18
		甘油	160	车用汽油	−39

各种易燃液体的闪点可用专门仪器测定，也可利用爆炸浓度极限求得。

三、易燃液体储罐防爆措施

储罐防爆措施主要分为两方面：防爆基本措施和防爆安全措施。

（一）防火防爆基本措施

根据易燃液体储罐火灾、爆炸危险性和燃烧或爆炸的三个条件，可以有针对性的采取相应的预防措施，其防爆的基本措施有以下几种。

1. 杜绝泄漏

在储存、灌装、运输、使用易燃液体的过程中，要禁止使用不合格的容器设备，禁止超量灌装，防止设备泄漏或爆裂；要注意通风，防止液体泄漏后气化沉积；要禁止乱倒残液。

2. 消除着火源

储罐不准靠近高热源，不准与煤火炉同室使用；设备发生泄漏，要立即杜绝周围的一切火种，易燃液体储配、供应站要划定禁火区域，禁止一切火源；严禁拖拉机、电瓶车和马车进入禁火区域，汽车、槽车进入必须在排气管上装有防火罩；进入站内的工作人员必须穿防静电鞋和防静电服，严禁携带打火机、火柴，不准使用能发火的工具；站内的电气设备必须防爆，储罐、管道要有良好的排除静电设施，储罐区要安装可靠的避雷设施；严禁随意在站库内进行动火焊割作业。

3. 实行防火分隔和设置阻火设施

在易燃液体建筑之间和其他建筑之间修筑防火墙，留防火间距，设消防通道；在储罐区修筑防护墙；在能形成爆炸混合气体的厂、库房，设泄压门窗、轻质屋顶和通风设施；在容器管道上安装安全阀、紧急切断阀。

（二）防爆安全措施

1. 合理选址和布局

① 易燃液体储罐的地址应尽量设在城市人口密度相对少的地区，远离村、工

矿企业和影剧院、体育馆等重要的公共建筑。

② 储罐区内构筑物、建筑物和工艺设备、设施的布置应符合《建筑设计防火规范》（GB 50016—2014）及其他有关安全技术规范要求。

③ 储罐区与建筑物、堆场、铁路、道路等设施的防火间距应符合国家消防技术规范的要求。

2. 严防泄漏

① 储罐区四周应设置用非燃烧材料建造的防火堤，防火堤上不得开设孔、洞，管线穿越时应用非燃烧材料填封，并应在不同方向设两个以上的安全出入台阶或坡道。

② 储罐应设排污阀，冬季应对排污阀采取保暖措施，防止冻崩阀门和管道，以免泄漏。储罐、残液罐的含油污水应排入回收容器之中，进行妥善处置，不得排入储罐区下水管道或地沟。储罐区的冷却水、雨水应通过管道或地沟向站外或循环水池排放。

③ 储配站内各类阀门及法兰，均应认真选型，其中填料、垫圈应具有良好的耐油性、弹性和密封性，安装时应保证质量，使用灵活，严密不漏。

④ 储罐站应设置残液回收系统，定期回收残液，回收的液化石油气残液应作燃料或用于其他方面，不得在站内和其他场所排放。

⑤ 储罐站应备用一定数量的阀门和其他容易损坏的关键附件，确保抢修需要。要经常检查储罐设备、管道、阀门和安全附件，及时发现和消除泄漏点。对于损坏的阀门、法兰、附件要及时更换，严防泄漏，储配站要定期进行全面检修，消除事故隐患，确保整个系统密闭不漏液，安全运行。

3. 控制和消除着火源

① 储罐站内门口及站内火灾爆炸危险部位，须设置醒目的“严禁烟火”的标志。进站人员不得携带火柴、打火机等火种，不得穿带有铁掌、铁钉的鞋。进站的汽车、柴油车的排气筒须带性能可靠的火星熄灭器，禁止电瓶车、摩托车进入站内。进站门口应设门卫，严格检查。

② 储罐站罐区、灌装间、烃泵房等火灾爆炸危险场所的地面应用不发火材料建造。禁止使用摩擦、碰撞能产生火花的工具。

③ 储罐站内火灾爆炸危险场所的动力、照明、排风等电气设备、开关、线路和静电等安全监测、检测的电气仪表，必须防火防爆，符合《爆炸和火灾危险场所电力装置设计规范》的要求。

④ 对储罐进行开罐检修，以及检修设备、阀门、管道时，应先排除内部残液、挥发气体和残渣，进行碱洗和蒸气冲洗，以防容器、设备、管道内壁附着的硫化亚铁遇空气自燃，产生着火源。从容器、设备、管道中清除出来的残渣，不得在站内存放，应选择安全场所深埋或烧掉。

⑤ 储罐站生产区内储罐区和灌装间等建筑物，应按防雷等级“第二类”设计

防雷设施，并定期进行检查，确保安全可靠。

⑥ 储罐站应选择具有一定生产经验和防火安全知识的人员在夜间值班，重大节日，附近举行重大庆祝活动期间，须加强值班，严防烟火爆竹等“飞火”进入站内，引起火灾。

⑦ 储罐站须设置高音报警器，发生重大泄漏、跑气事故应紧急堵漏，同时应向当地公安、消防部门报告并向周围发出警报。采取设立警戒、断绝交通、安全疏散、熄灭泄漏区火源等措施。

4. 防静电

储罐站的防静电措施是其防爆措施的重要部分。

① 储罐站容器、设备、管道等均应进行静电接地，接地电阻应小于 10Ω。

② 进行储罐进液、倒罐、灌装等操作时，应限制液体流速，严防容器、设备管道、阀门等高速喷射、泄漏易燃液体。

③ 进入储罐站生产区的工作人员应穿配套的防静电工作服和防静电鞋，工作时间不得脱衣服、跑、跳和打闹。

④ 储罐站应定期进行防静电检查，及时发现和消除静电危险。

四、易燃液体储罐火灾的扑救

易燃液体通常是储存在容器内或用管道输送的。与气体不同的是，液体容器有的密闭，有的敞开，一般都是常压，只有反应锅（炉、釜）及输送管道内的液体压力较高。液体不管是否着火，如果发生泄漏或溢出，都将顺着地面流淌或水面漂散，而且，易燃液体还有密度和水溶性等涉及能否用水和普通泡沫扑救的问题，以及危险性很大的沸溢和喷溅问题。

① 首先应切断火势蔓延的途径，冷却和疏散受火势威胁的密闭容器和可燃物，控制燃烧范围。如有液体流淌时，应筑堤（或用围油栏）拦截漂散流淌的易燃液体或挖沟导流。

② 及时了解和掌握着火液体的品名、密度、水溶性以及有无毒害、腐蚀、沸溢、喷溅等危险性，以便采取相应的灭火和防护措施。

③ 对较大的储罐或流淌火灾，应准确判断着火面积。小面积（50m^{2}以内）液体火灾，通常可用雾状水扑灭，用泡沫、干粉、二氧化碳灭火一般更有效。大面积液体火灾则必须根据其密度、水溶性和燃烧面积，选择正确的灭火剂扑救。

对比水轻又不溶于水的液体（如汽油、苯等），用直流水、雾状水灭火往往无效。可用普通蛋白泡沫或轻水泡沫扑灭；对比水重又不溶于水的液体起火时可用水扑救，水能覆盖在液面上灭火。用泡沫也有效；对水溶性的液体（如醇类、酮类等），虽然从理论上讲能用水稀释扑救，但用此法要使液体闪点消失，水必须在溶液中占很大的比例，这不仅需要大量的水，也容易使液体溢出流淌，而普通泡沫又会受到水溶性液体的破坏（如果普通泡沫强度加大，可以减弱火势），因此，最好用抗溶性泡沫。对以上三种情况均可用干粉扑救，用干粉扑救时，灭火效果要视燃烧面积大小和燃烧条件而定，最好用水冷却罐壁，降低燃烧强度。

④ 扑救毒害性、腐蚀性或燃烧产物毒害性较强的易燃液体火灾，扑救人员必须佩戴防护面具，采取防护措施。

⑤ 扑救原油和重油等具有沸溢和喷溅危险的液体火灾，必须注意计算可能发生沸溢、喷溅的时间和观察是否有沸溢、喷溅的征兆。指挥员发现危险征兆时应迅速作出准确判断，及时下达撤退命令，避免造成人员伤亡和装备损失。扑救人员看到或听到统一撤退信号后，应立即撤至安全地带。

⑥ 遇易燃液体管道或储罐泄漏着火，在切断蔓延方向，把火势限制在一定范围内的同时，对输送管道应设法找到并关闭进、出口阀门。如果管道阀门已损坏或是储罐泄漏，应迅速准备好堵漏材料，然后先用泡沫、干粉、二氧化碳或雾状水等扑灭地上的流淌火焰，为堵漏扫清障碍，再扑灭泄漏口的火焰，并迅速采取堵漏措施。与气体堵漏不同的是，液体一次堵漏失败，可连续堵几次，只要用泡沫覆盖地面，并堵住液体流淌和控制好周围着火源，不必点燃泄漏口的液体。

参 考 文 献

[1] 毕明树，杨国刚等编著. 气体和粉尘爆炸防治工程学. 北京：化学工业出版社，2012.

[2] 康青春，贾立军主编. 防火防爆技术. 北京：化学工业出版社，2008.

[3] 康青春主编. 消防灭火救援工作实务指南. 北京：中国人民公安大学出版社，2011.

[4] 崔政斌，石跃武编著. 防火防爆技术. 北京：化学工业出版社，2010.

[5] 杨泗霖主编. 防火防爆技术. 北京：中国劳动社会保障出版社，2008.

第六章 堵漏技术

第一节 泄漏概述

随着改革开放的不断深入，我国的国民经济获得了飞速发展。但是安全生产的形势却不容乐观，尤其是因泄漏造成的中毒、火灾和爆炸等重大事故不断发生。据有关资料统计，我国每年因工业灾害造成的经济损失就将近500亿元，占到全国工业生产总值的3.3%左右，几乎都是发生在国民经济发展中占有特殊地位和经济文化都比较发达的城市，并且灾害具有连锁反应。如何预防和控制因泄漏造成的灾害，是目前经济发展过程中所面临的重要任务和课题。

所谓泄漏，是指从运动副的密封处越界漏出少量不做有用功的流体的现象。泄漏不仅使资源流失，而且会造成环境污染，同时引发火灾、爆炸、中毒和人员伤亡等次生事故，企业生产有时也会因为泄漏问题而停产。于是，人们开始逐步意识到在危险源泄漏的经济状况下，能够实施快速封堵的重要性。

一、泄漏模式分析

(一) 泄漏的分类

在所有的输送与存储流体的物体上，几乎都有可能发生泄漏。泄漏的形式是多种多样的，按照人们的习惯称呼多是：漏水、漏风、漏气、漏油、漏碱、漏酸；阀门漏、水箱漏、法兰漏、焊缝漏、油箱漏、管道漏、变径漏、丝头漏、弯头漏、填料漏、三通漏、螺纹漏、轴封漏、四通漏、暖气漏、反应器漏、塔器漏、换热器漏、船漏、管漏、车漏、坝漏等，但工业生产中对泄漏有特定的称呼。常见泄漏形式与分类如图6-1所示。

一般情况下，可以根据泄漏面积的大小，泄漏持续时间的长短，来对泄漏进行分类。

小孔泄漏：也称连续阀，是由物料经较小的孔洞长时间持续泄漏，如储罐、管道上出现小孔泄漏，或者是阀门、法兰和转动设备等的密封失效。

大面积泄漏：也称瞬时源，是指物料经较大的孔洞在短时间内泄漏大量物料，如大管径管道断裂、反应器因超压而爆炸，瞬间泄漏大量物料。

常见泄漏形式与分类，已经在图6-1进行了划分，这里对广义泄漏模式进行

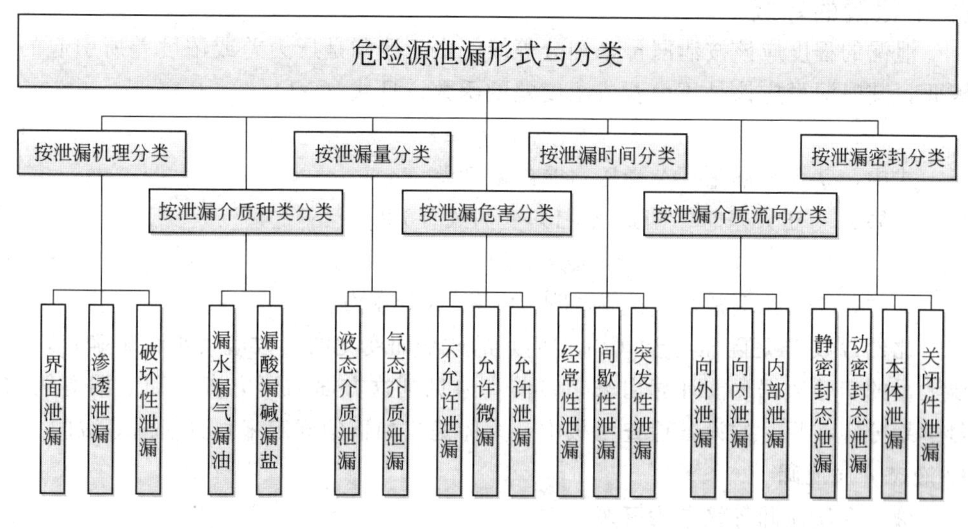

图 6-1 危险源泄漏形式与分类

说明。

1. 按介质的流向分类

可将泄漏分为外泄漏和内泄漏。外泄漏是指介质从设备内部往外部泄漏。这是管道常见的泄漏现象。内泄漏是指设备内部，因存在压力差、浓度差所产生的泄漏，指其他流动介质从设备外向设备内渗入的现象。如真空管道的泄漏。

2. 按密封的部件和结构状况分类

可分为动泄漏和静泄漏。动泄漏是指有相对运动的两个零件和互相配合处所产生的泄漏，如往复运动的活塞和缸壁之间、旋转运动的轴与填料之间的泄漏；静泄漏是指无相对运动的两个零件结合处的泄漏，如法兰、螺纹、止口或刃口结合面之间的泄漏。

这两类泄漏在管道系统中都是大量出现的。一般在小管道系统中，静结合面要占90%以上，动结合面只存在于阀杆密封处，但由于动泄漏较难防治，因此产生动、静泄漏的点数几乎相等。动、静泄漏的防治各具特点。目前，主要按这种分类来研究封堵措施。

按泄漏机理分类，可分为界面泄漏和渗透泄漏。界面泄漏是在法兰与密封垫表面之间、填料与轴或填料盒表面之间，介质从两结合面的间隙中泄漏出来，这种泄漏称为界面泄漏。通常发生的界面泄漏量要占总泄漏量的80%～90%，甚至更多些。渗透泄漏是由于制造密封片垫片或填料的原始致密性差异很大，除少数成型制品外，大多数材料（特别是纤维的）致密性很差，在有压力差的地方，从高压到低压的方向形成无数条介质泄漏的渠道，甚至在无压力差的地方，由于存在浓度差和毛细管的作用，介质也会被纤维或皮革细孔渗析过来而产生渗透泄漏。

(二) 泄漏的等级

泄漏的程度应该按泄漏量来划分等级。由于泄漏是压力差或浓度差所引起的，因此，其泄漏量应该是压力差或浓度差的函数，见式（6-1）。

$$Q=f(\Delta) \tag{6-1}$$

式中，Q 为泄漏量；Δ 为压力差或浓度差。

如果 Δ 为压力差时，则式（6-1）变为式（6-2）。

$$Q=C(p_1-p_2) \tag{6-2}$$

式中，C 为比例常数；p_1为高压力；p_2为低压力。

比例常数 C 是随压力差（p_1-p_2）的改变而变化的，数值大小很难确定，需要大量的实验数据才能计算出来，目前尚未见到这方面的研究资料和泄漏等级的科学划分。在平时的设备检查考核中，大体是按如下的规定来划分泄漏等级的。

1. 液态介质泄漏

液态介质泄漏等级分为五级。

① 无泄漏。以不见介质渗透为准。

② 渗漏。是一种轻微的泄漏。设备密封部位可明显的见到介质渗漏痕迹。将介质渗漏痕迹擦去后，5min 内再出现痕迹者就算渗漏。

③ 滴漏。是一种中等程度的渗漏。一个部位漏出的介质已成滴，但 1min 内尚未超过 3 滴者为滴漏。

④ 严重滴漏。是一种程度较严重的泄漏。一个部位漏出的介质 1min 内超过 3 滴，但尚未达到流淌程度。

⑤ 流淌。这种泄漏已十分严重，一个部位漏出的介质成线状流淌。

此外，对某些挥发性液体来说，不能完全按上述规定来衡量其泄漏程度，而应按其危害程度来考虑其分级。如液氨泄漏气化后，氨气充斥生产场所，使工人无法正常生产，这就应该定为严重泄漏。

2. 气态介质泄漏

气态介质泄漏可分为四级。

① 无泄漏。用肥皂水检查无气泡出现，或用小纸条检查无吹动迹象。

② 微漏。用肥皂水检查有气泡出现，或用小纸条检查有吹动迹象。如果气态介质是有颜色的，应能见到淡色烟气；对于酸性或碱性气体，还可用湿的石蕊试纸检验，看是否变色，来证明是否存在泄漏。

③ 泄漏。用肥皂水检查，气泡吹成串；用小纸条检查，小纸条被吹拂飘动；能明显见到有色气体或石蕊试纸很快变色。

④ 严重泄漏。气体已形成气流，嗤嗤作响，有色气体充斥生产场所或已形成烟柱。

二、近年典型泄漏事故案例概述

(一) 吉林宝源丰禽业有限公司氨气泄漏爆炸事故

2013年6月3日，吉林省长春市德惠市的吉林宝源丰禽业有限公司主厂房出现氨气泄漏，由于处理不及时，发生特别重大火灾爆炸事故。吉林省公安消防总队迅速调集113辆消防车，800名消防官兵赶赴现场实施救援。此次事故共造成121人死亡、76人受伤，大部分厂房及厂房内所有的生产设备被损毁，直接经济损失1.82亿元。

(二) 内蒙古赤峰发生“8·5”氨气泄漏事故

2009年，辽宁抚顺新宏明经贸公司的一辆装有30t液氨的槽罐车，在通过车带卸车金属软管向赤峰制药集团氨水配制车间卸液氨过程中，突然发生软管破裂，致使氨气泄漏。

(三) 重庆渝遂高速路段主段“8·18”苯乙烯致癌毒气泄漏事故

2009年8月18日，渝遂高速公路重庆往遂宁方向24km处，一辆大货车与一辆装有超过30t危化品苯乙烯的槽车相撞，造成储罐上约3t可致癌毒液——苯乙烯泄漏。消防队用水稀释泄漏的苯乙烯，6h后排除险情。

(四) 京沪高速淮安段“3·29”液氯泄漏事故

2005年3月29日，京沪高速淮安段发生液氯泄漏事故，一辆载有约35t液氯的一辆槽罐车与一辆货车相撞，造成危险介质液氯大面积泄漏，致使公路旁的三个乡镇大量村民中毒，送往医院治疗的就达285人，有27人中毒死亡，疏散村民近1万人，造成京沪高速宿迁至宝应路段关闭近20h。

(五) 江西油脂化工厂“4·20”液氯残液泄漏事故

2004年4月20日，江西油脂化工厂发生液氯残液泄漏事故，造成282人出现中毒反应，其中住院治疗128人，留院观察154人。事故的直接原因是由于液氯钢瓶的瓶阀出气口及阀杆严重腐蚀，由于气温升高，瓶内气体膨胀，将阀门腐蚀堵塞物冲出，导致液氯残液泄漏。液氯瓶的两个减压阀均为黄铜材质，由于脱锌而变为紫红色。脱锌是由于黄铜发生了腐蚀，使合金表面的锌溶解，铜质变得疏松，强度下降。泄漏闸阀有32mm ×19mm的椭圆形缺口，内壁凹凸不平，符合酸性物质腐蚀的特征。应急处置措施迅速有效，2h内排除了险情，从而没有造成人员死亡。

(六) 麻章区金川路皇冠化工工业有限公司“5·26”浓硫酸泄漏事故

2001年5月26日，广东省湛江市麻章区金川路皇冠化工工业有限公司发生浓硫酸泄漏事故，居住附近的居民和驻军吸入了有毒的硫酸气体后，有82人感到不适，送往医院检查治疗。事后发现厂内围墙边槽罐内装有浓硫酸的事故隐患。

(七) 山东潍坊弘润石化助剂总厂“7·02”油罐爆炸事故

2000年7月2日，山东潍弘润石化助剂总厂油罐发生爆炸事故。因未堵盲板，违章动火焊接，造成两个 500m^3 油罐爆炸起火，10 人死亡，直接经济损失 200 余万元。原因是事先对柴油性质认识不足。柴油虽不易挥发，但柴油是混合物，在复杂高温情况下，挥发积聚于油罐相对密封的上部空间，形成了爆炸性混合气体，遇明火造成爆炸。消防队扑灭了火源，没有造成罐区其他汽油、柴油罐的爆炸，避免了更大的损失。

以上为近年来泄漏事故的典型案例，无论从发生的时间、事故的性质，还是应急处理的现场及过程，均对本书的处理处置研究提供了一定的依据。

三、国内外重大危险源泄漏研究现状

（一）我国重大危险源研究现状及存在问题

我国是危险化学品的生产和使用大国，主要危险化学品的产量和使用量都居世界前列。在 20 世纪 80 年代初期，我国开始注重对危险源的控制，重大危险源的评价和宏观控制技术研究等国家科技攻关项目提出了对重大危险源的评价措施和控制思想，为我国开展重大危险源的普查、分级监控、评价、控制和管理提供了良好的技术标准，为科研成果应用到生产实际、提高我国重大工业事故的预防以及控制水平提供了重要依据。到 1997 年，劳动部选择北京、青岛、天津、深圳、上海和成都 6 座城市开展了重大危险源普查的试点工作，并且取得了很好的效果。之后，在南京、泰安、重庆等地的企业也开展了重大危险源监控和普查等工作。

在上述工作的基础之上，我国于 2000 年正式颁布了国家技术标准《危险化学品重大危险源辨识》（GB 18218—2009）。随后《中华人民共和国安全生产法》《危险化学品安全管理条例》等法律、法规也都对重大危险源的安全管理和监控提出了明确的要求。2004 年，国家安全生产监督管理局（国家煤矿安全监察局）陆续在福建、江苏、河北、甘肃、浙江、辽宁、广西等地开展了试点工作，以此来积累经验，以便在全国推广。

我国虽然在重大危险源控制领域已经取得了一些进展，并制定了一些新技术标准，但我国工业基础薄弱，生产设备老化，超期超负荷运行的设备大量存在，工业生产中还有大量的事故隐患，再就是我国重大危险源控制的应用和研究起步较晚，没有形成完整的控制系统，与欧美日等工业发达国家的差距还相当大。

目前，在安全管理方面，主要存在的问题有以下几方面。

① 设备质量安全系数低，存在重大的事故隐患。

② 危险源的管理水平远远不够，尤其是大量大型储罐区、大型仓库有大量有毒、有害、易燃、易爆等化学危险品，一旦发生事故必将造成很大的经济损失和人员伤亡，对社会造成十分恶劣的影响。

③ 生产运行设备的监控水平不高。

④ 发生事故后处理处置技术水平较低。

⑤ 安全信息管理和政府协调较差。

⑥ 重大危险源监控、应急、抢险救援等方面的应用落后于西方国家。

（二）国外重大危险源研究现状及存在问题

现代化生产过程工艺十分复杂，介质又常具有易燃、易爆、有毒、腐蚀等特性，生产条件要求非常严格，生产装置又趋向大型化，连续性的生产过程和生产自动化程度的提高等，都会使生产过程中设备发生事故的可能性大大提高，造成的危害和破坏也极为严重。因此，如何应用现代科学手段来保证过程设备的安全运行与生产的不间断，是提高过程工业安全性的首要问题。此外由于城市的快速发展和城市规划管理的薄弱，很多化工厂以及石油化工企业建在市区，或多年前虽处于城市郊区但由于城市化进程的加快现在已被城市包围，居民区、生产区混杂，特别是城市加油站、加气站大都建在市区，并有相当数量建在人员密集区，潜在危险性十分巨大。一旦发生重大事故，不仅会带来经济上的巨大损失，而且会造成严重人员伤亡。

（1）酝酿阶段　1976 年前为化学事故应急救援体系的形成阶段。

（2）起步阶段　1976～1986 年，各国政府开始关注危险化学品的管理，颁布了一系列的法令加强对危险化学品管理。

（3）完善阶段　1986～2000 年，国际上的化学事故频繁发生，引起世界各国的广泛关注。在各国的政府、运输商和经营商，危险化学品生产商以及各类提供危险物和各种信息服务组织的积极参与下，事故应急救援体系逐步完善。

西方国家已建有从政府、军队、媒体到民间组织等多层次、完备的突发事故处理机制。例如，美国把 1979 年成立的联邦紧急事务管理署作为政府处置处理紧急事故的最高管理层，各州各市也都成立了相应的管理机构，形成信息和资源共享、纵向协调管理、横向沟通交流、指挥组织机构完善的覆盖全国范围内的应急救援体系；又如，芝加哥市政府由于报警号码统一，指挥体制合理顺畅，管理、监督到位，所以敢于对市民承诺：接警 3min 内一定赶到事故现场；再如，日本建立了内阁为中枢，防灾会议决策，突发事件部门集中管理的应急救援体系。

1985 年 6 月，国际劳工大会通过了危险物质应用和工业过程事故预防措施的决定。1988 年国际劳工组织（ILO）出版了重大危险源控制手册，1992 年又出版了预防重大工业事故实施细则，1993 年制定了预防重大工业事故的公约和建议书，为建立重大危险源控制系统，避免发生灾难以及减轻事故后果奠定了一定的基础。而后，世界多个国家建立了国家重大危险源控制系统。首先在确定的危险物质及临界量的基础上，对重大危险设施以及重大危险源装置进行辨识，然后逐步实施危险评价、控制措施和应急处理处置系统。ILO 与其他国际组织一起，为共同促进新公约的实施提供技术援助，援助一些发展中国家对已辨识的危险源进行再次监察。1993 年 9 月，澳大利亚颁布了重大危险源控制的国家规范标准，并应用该技术标准作为控制重大危险源的依据和政策。

(三) 国内外重大危险源泄漏事故模型的研究现状

我国对事故性泄漏过程的研究比较晚。目前，国内部分科研院所已经相继开展了这方面的研究工作，并取得了一定的进展。原化工部劳动保护研究所在“八五”期间对危险源事故性泄漏进行了研究总结，并建立了事故性泄漏模式及泄漏源模型，归纳进 8 种泄放型和 15 种可能潜在的泄放型模型。南京工业大学通过对事故性泄漏机理、发生发展过程和泄漏源形式的研究、分析、总结，归纳出泄漏形式、泄漏位置、泄漏面积、填充程度、存储条件、存储状态和流动限制等 7 种泄漏因素，并进一步建立了 16 种事故性泄漏模式，给出了各模式下泄漏源强化量的模型，对每种泄漏模式的发生机理、条件进行了描述，并就泄漏液体的蒸发和蔓延过程进行了动力学分析，通过现场试验详细研究了纯液体、两组分液体和多组分液体的蒸发过程机理。此外，还建立了两相临界流泄漏模型，通过气液两相临界流在试验台上的实验研究验证了模型的正确性和合理性，并将模型应用于管道和压力容器先漏后爆的分析中。

目前，国内外在危险性物质泄漏扩散方面的研究，主要集中在动力学演化机理、对事故性泄漏过程建立准确理论模型，利用计算机技术对事故后果和环境风险进行分析和评价等方面，为事故的应急处理处置提供参考。

第二节　堵漏技术及工具

封堵技术从 1927 年弗奈曼特公司成立到 1928 年注剂式带压密封技术的出现，之后得到了飞速发展，1956 年以后适用于各种泄漏部位的处理处置方法和相应密封注剂相继研制成功并日趋完善，使注剂式带压密封技术的发展有了由低温到高温高压的飞跃式进步。20 世纪 70 年代中期，超高温和超低温动态密封方法也涌现出来。1972 年后该项技术的服务范围已经跨出了英国国境向世界各国扩散。到了 20 世纪 90 年代，该技术已经占领市场，开始进行强化实用性研究，即使是在强腐蚀介质发生泄漏的动态条件下，也能很好地加以应用。

20 世纪 50 年代末期，我国凭借钢铁行业的技术工人多年的工作经验完善设计了“带压焊接密封技术”，也称顶压焊技术。这项技术由两部分组成，即逆向焊接法和引流焊接法。

随着我国合成胶黏剂产品的快速发展，带压粘接密封技术不断得到开发和完善。该技术的基本原理是采用某种特定机构在泄漏缺陷处形成无泄漏介质影响的空腔，因为胶黏剂有流动性好、凝固速度快的特点，在泄漏处建立起一个新的固体密封结构，从而达到封堵的目的。带压封堵就是在带温、带压和不停产的情况下，采用调整、封堵或重建密封的方法封堵泄漏的过程。带压封堵技术可以在不定产、带压的情况下对管线连接产生的泄漏进行封堵。带压堵漏技术主要有捆扎堵漏技术、黏结堵漏技术、磁压堵漏技术、塞楔堵漏技术、冷冻堵漏技术、注剂式带压堵漏技术、紧固式堵漏技术等。

一、捆扎堵漏技术

捆扎堵漏是利用钢带、气垫及其他能提供捆扎力的工具，将密封垫、密封剂等压置于泄漏口上，从而止漏的方法。主要有钢带捆扎堵漏法、气垫捆扎止漏法、帽式夹具捆扎法等多种形式。

（一）钢带捆扎堵漏法

钢带捆扎堵漏法是利用钢带的捆扎力将泄漏口用密封垫等进行封堵的方法。该方法简单实用，操作方便，广泛应用于各种泄漏场所。

1. 堵漏原理

利用捆扎工具使钢带紧紧地把设备或管道泄漏点上的密封垫、压块、密封剂压紧而止漏。

2. 堵漏工具组成

捆扎堵漏采用的器材有密封垫、捆扎（钢）带、捆扎工具。密封垫材料为橡胶、聚四氟乙烯、橡胶石棉、石墨等。钢带材料为碳钢、不锈钢等。捆扎工具主要由切断钢带的切断机构、夹紧钢带的夹持机构、捆扎紧钢带的扎紧机构组成。这种工具简单、携带方便。

3. 实施方法

当管道或直径较小的设备出现泄漏，而且泄漏孔或缝隙较小时，可以考虑采用捆扎堵漏。其方法如下。

① 把密封垫放至泄漏部位。

② 把卡瓦放至橡胶垫之上。

③ 将选好的钢带包在泄漏管道或设备的卡瓦上。

④ 钢带两段从不同方向穿在钢带扣上（紧圈中），内面一段钢带在钢带扣上回弯套住钢带扣，以不滑脱、不碍捆扎为准。

⑤ 外面一段钢带穿在捆扎工具上，扳动夹持手柄夹紧钢带。转动扎紧手柄，钢带紧锁钳拉紧钢带。

⑥ 待泄漏停止后，锁紧钢带扣上的螺丝，扳动切断手柄，切掉多余钢带。并把切口一端从紧固处弯折，以防钢带滑脱。

4. 适用范围

捆扎堵漏适用于管道上较小的泄漏孔、缝隙、法兰等部位的泄漏，不适用于管道壁薄、腐蚀严重的情况。适用于液相管、气相管及法兰等部位的泄漏。

（二）气垫捆扎堵漏法

气垫捆扎堵漏法是经过特殊处理的、具有良好可塑性的充气垫在带压气体作用下膨胀，直接封堵泄漏处，从而控制流体泄漏的方法。

1. 堵漏原理

利用压紧在泄漏部位外部的气垫内部的压力对气垫下的密封垫产生的密封压，在泄漏部位重建密封，从而达到堵漏的目的。根据介质压力和泄漏口的大小选用相应的密封气垫，将气垫覆盖在泄漏部位，并用捆扎带扎紧，然后向气垫充气，利用气垫的膨胀力压紧泄漏部位，从而止住泄漏。

2. 堵漏工具组成

气垫捆扎堵漏工具主要由气垫、固定带、密封垫、耐酸保护袋、脚踏气泵等组成。

(1) 气垫

气垫用柔软的橡胶制成，能耐油、化学介质及一定的温度。气垫上带有充气接口和固定导向扣。气垫工作压力一般为0.15MPa、0.5MPa，充气的压力不超过1.0MPa。气垫的大小有多种规格，可从15cm×15cm×2cm到69cm×31cm×2cm，可根据介质压力和泄漏口大小选用。

(2) 固定带

固定带用于将气垫固定压紧在泄漏部位，固定带上带有棘爪，用于张紧带子。可承受5000 kg拉力。对于小型气垫可直接用带毛刺粘的捆绑带。如图6-2所示。

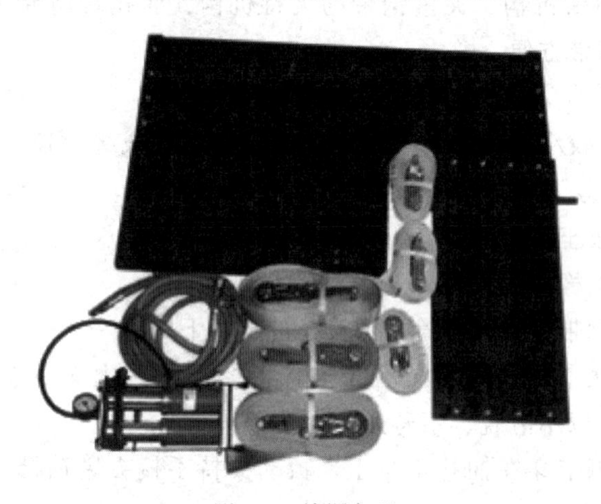

图6-2 堵漏气垫

(3) 密封垫

密封垫一般选用能耐温、耐腐蚀介质的橡胶材料，如氯丁橡胶等。

(4) 耐酸保护袋

耐酸保护袋用于密封垫和气垫不受酸性介质的腐蚀。一般为聚氯乙烯。

(5) 脚踏气泵

用于向气垫充气。为保证气垫不会超压，气泵上带有安全阀。

3. 实施方法

用专用捆绑带将堵漏工具固定于被封堵位置，捆绑带的方向最好平行，在拉紧气垫时，要注意对各捆绑带均匀用力，必须等捆绑带固定好之后，再将脚踏充气泵、控制阀、充气管同堵漏工具连接紧密，方可开始充气。

4. 适用范围

气垫堵漏适用于低压设备、容器、管道等孔洞、裂缝的泄漏，具有操作简单迅速等特点，适用的介质压力不超过 0.6MPa，适用温度不超过 85～95℃。主要适用于罐体部位的泄漏。

(三) 帽式夹具捆扎法

姜连瑞等在 2005 年发明了一种移动压力容器堵漏夹具（帽式堵漏夹具），该夹具不仅能方便地处置各种移动压力容器安全阀的泄漏事故，而且能够满足压力在 1.3MPa 以上的操作要求。

1. 堵漏原理

根据国标中移动压力容器的相关标准，设计一个可以将安全阀全部罩住的圆筒形装置。该装置底部设计的弧度为容器罐体安全阀或法兰处的弧度，达到密封的目的；在装置的上部用同类型的钢板，采用钢体焊接技术，将上部密封住，在钢板的中心处焊接一个泄气阀门，达到泄压的目的，在钢板的上面对称焊接两个导链槽，以固定导链；在装置的两侧对称焊接两个把手，以便操作时方便使用。该装置所采用的材质为 Q235 号钢，导链为铜链，密封胶垫的厚度为 5mm 以上。通常压力容器泄漏点的压力为 1～2MPa。该装置可以将泄漏点所在的阀门全部罩住，这样就不受泄漏点的形状、大小、位置等因素的限制，泄漏气体或液体充装到装置内部后，与装置的接触面积增大，从而使压力降低。通过这个原理和以上构造的手段以及使用的材料，便可以达到处置各种移动压力容器安全阀的泄漏事故和防止爆炸的目的。

2. 堵漏工具组成

帽式堵漏夹具主要由圆筒体、泄压阀、链槽、把手、圆筒盖、弧形筒、胶垫等组成。

3. 实施方法

① 将预先准备好的胶垫裁剪好，放置在泄漏处，同时，迅速将该夹具放置到胶垫上罩住泄漏的位置（注意：必须保证夹具底面的弧形与压力容器的弧面方向一致）打开夹具泄压阀。

② 用无火花铜导链通过夹具的绳索槽，将夹具固定在压力容器上。

③ 关闭夹具泄压阀。

④ 对夹具周围进行仔细检查，还可以用其他堵漏胶协助封堵。

4. 适用范围

帽式夹具适用于移动压力容器，特别是危险介质储罐罐体部位泄漏的堵漏。该夹具可迅速、有效的处置气体储罐安全阀、液位计等处的泄漏，具有方便、实用、易操作等特点。

二、黏结堵漏技术

黏结堵漏是利用黏结剂将泄漏口黏合封堵而进行堵漏的一种方法。主要有外黏堵漏和内黏堵漏两种方式。

（一）堵漏原理

依靠人手等产生的外力，将事先调配好的黏结剂压在泄漏缺陷部位上，形成填塞效应，强行止住泄漏，并借助此种黏结剂能与泄漏介质共存，形成平衡相的特殊性能，完成固化过程，达到堵漏密封的目的。

（二）基本类型

黏结堵漏按黏结部位分为外黏堵漏和内黏堵漏。

1. 外黏堵漏

在受压体外面采用黏结堵漏的方法较多，主要有以下几种堵漏方式。

（1）直接堵漏

首先清洗和处理好泄漏部位，根据压力条件和罐体的材质，选用热熔胶、密封胶、快固胶，迅速堵住泄漏部位的小孔或裂缝，这种方法适用于压力较低的部位。

（2）粘贴堵漏

用黏结剂和密封胶涂在塑料板或金属板上，并在表面处理过的裂缝和孔洞周围涂好胶，然后及时压紧在泄漏处，这种方法也适用于压力较低的部位。

（3）引流黏结堵漏

在金属板上有一个堵头或小阀门，用黏结剂黏结在本体泄漏处，引流孔对准泄漏孔，让介质从堵头或小阀门流出，待黏结剂固化后，拆除压紧工具，封闭堵头或关闭小阀门即可。这是一种行之有效的堵漏方法，适用于压力较高的泄漏部位。

（4）先堵后黏堵漏

该堵漏方式又称两步法。先用热溶胶、橡胶、塑料、木头等材料堵住或基本堵住泄漏处，然后清洗处理黏结表面，用板材粘贴在泄漏处，或用几层涂有黏结剂的玻璃布覆盖固定。

（5）缠绕黏结堵漏

用玻璃布等带状物浸透黏结剂，缠绕在泄漏处进行堵漏。这种方法适用于孔洞、裂缝等泄漏部位。

2. 内黏堵漏

内黏堵漏是用黏结剂或密封胶从受压体内侧堵住泄漏口的方法。它比外黏法的效果要好，但难度要大得多，主要是黏结剂不容易进入受压体内。腔内注胶黏堵就是一种典型的内黏法。它是用注射器把适用于泄漏介质的胶液注入孔洞的内壁，胶液通过介质的压力，一部分积聚在孔洞周围，一部分充满在孔洞中，孔洞较大、压力较高时，可待黏结剂固化后，卸下注射器，让针头保持在孔洞内即可。孔洞较小、压力低时，可将注射器边挤边抽出，让胶液填满孔洞内壁到不漏为止。

（三）实施方法

1. 堵漏胶黏结堵漏

① 根据泄漏介质物化参数选择相应的堵漏胶品种。

② 清理泄漏点上除泄漏介质外的一切污物及铁锈。最好露出金属本体或物体本色，这样有利于堵漏胶与泄漏本体形成良好的填塞效应及产生平衡相。

③ 按堵漏胶使用说明调配好堵漏胶（双组分而言），在堵漏胶的最佳状态下，将堵漏胶迅速压在泄漏口上，待堵漏胶充分固化后，再撤出外力；单组分的堵漏胶则压在泄漏口上，止住泄漏即可。

④ 泄漏停止后，对泄漏口周围按黏结技术要求进行二次清理并修整圆滑，然后再在其上用结构黏结剂及玻璃布进行黏结补强，以保证新的密封结构有较长的使用寿命。

2. 注胶黏结堵漏

注胶黏结堵漏是利用注胶器螺杆产生的大于泄漏介质压力的外力，强行将事先配制好的黏结剂或堵漏胶注射到一个特殊的密封空腔内，在注胶压力远远大于泄漏介质压力的情况下，泄漏被强行止住，达到止漏密封的目的。

3. 紧固黏结堵漏

紧固黏结堵漏是采用某种特制的卡具所产生的大于泄漏介质压力的紧固力，迫使泄漏停止，再用黏结剂或堵漏胶进行修补加固，达到堵漏的目的。

4. 磁力压固黏结堵漏

借助磁铁产生的强大吸力，使涂有黏结剂或堵漏胶的非磁性材料与泄漏部位黏合，达到止漏密封的目的。

5. 引流黏结堵漏

引流黏结堵漏是应用黏结剂或堵漏胶把某种特制的机构——引流器黏于泄漏点上，在黏结及黏结剂的固化过程中，泄漏介质通过引流通道及排出孔被排放到作业点以外，这样就有效地实现了降低黏结剂或堵漏胶承受泄漏介质压力的目的，待黏结剂充分固化后，再封堵引流孔，实现堵漏的目的。

利用黏结剂的特性，首先将具有极好降压、排放泄漏介质作用的引流器黏在泄漏点上，待黏结剂充分固化后，封堵引流孔，实现堵漏目的。

（四）适用范围

黏结堵漏是常用的一种堵漏方法，安全、方便、简单，无须动火，应用广泛。适用于孔洞、裂缝、腐蚀性穿孔等泄漏部位，特别适用于易燃、易爆、不宜动火的条件。一般的使用温度为－50～180℃，耐压达到30MPa，适用于油类、酸、碱、化学试剂类的泄漏。

三、磁压堵漏技术

利用磁铁对受压体的吸引力，将密封胶、黏结剂、密封垫压紧和固定在泄漏处堵住泄漏的方法，称为磁压堵漏。磁压堵漏具有使用方便、操作简单的特点，可用于低碳钢、中碳钢、高碳钢、低合金钢及铸铁等顺磁性材料的立式罐、卧式罐、球罐和异型罐等大型储罐所产生的孔、缝、线、面等的泄漏，也可用于一般管线和设备上的泄漏堵漏。这种堵漏方法适用于温度低于80℃，压力从真空到1.8MPa，不能动火、无法固定压具或夹具、用其他方法无法解决的裂缝、松散组织、孔洞等低压泄漏部位的堵漏。

（一）磁压堵漏原理

磁压堵漏利用磁铁对受压体的吸引力，将密封胶、胶黏剂、密封垫压紧和固定在泄漏处堵住泄漏。

（二）常用磁压堵漏工具

磁压堵漏工具是危险介质泄漏事故处置中一种重要的堵漏工具。目前，应用较多的磁压堵漏工具主要有以下几种。

1. 液化气体储罐液位计强磁堵漏器

（1）堵漏工具组成

液化气体储罐液位计强磁堵漏器主要包括帽体和帽体顶部设置的泄压阀，帽体是橡胶帽体，帽体内设置有中空部、端部设置有环状密封部，环状密封部为橡胶环状密封部，环状密封部上设置有若干磁力开关，帽体套在液位计上并通过磁力开关将环状密封部紧固。

（2）实施方法

液化气体储罐液位计强磁堵漏器的环状密封部设置在帽体的外侧面上，帽体与环状密封部一体成型，环状密封部与液位计外周储罐本体固定时，环状密封部紧贴在液位计的外周储罐本体上。

打开液化气体储罐液位计堵漏件的泄压阀，将橡胶帽体罩在液位计上且环状密封部紧贴在液位计的外周储罐本体上，关闭环状密封部上的磁力开关，使环状密封部与液位计外周储罐本体相吸，关闭泄压阀，就能实现堵漏，堵漏操作简易且有效，拆除操作简单快速。常用拆卸方法有以下两种。

① 机械拆卸法。将拆卸孔打开，将专用拆卸工具慢慢旋入拆卸孔中，然后将加力把手套入专用拆卸工具的手柄上向下施力，同时将木楔插入堵漏工具与罐体之间的缝隙中，缝隙高度为3cm，并从堵漏工具翘起部位用力掀起，完成拆卸过程。

② 电拆卸法。将拆卸箱输入电源线与汽车蓄电池连接（红色+，黑色-），将拆卸箱输出电源与堵漏工具连接（红色+，黑色-）；接好后发动汽车，看电压指示表、电流指示表、电源指示灯是否接通，接通后旋转时间表；旋转黑色板把，

旋至加温开始，加温时间到后，蜂鸣器会提示加温结束。将黑色板把旋至电源指示灯处，并收起所有正负极电源接线，电加热拆卸过程完毕。

（3）适用范围

此强磁堵漏器适用于液化气体储罐液位计的堵漏。

2. 帽式强磁堵漏工具

（1）堵漏工具组成

帽式强磁堵漏工具主要包括帽体和帽体顶部设置的泄压阀，帽体材质为橡胶，如图 6-3 所示，帽体内设置有中空部、端部设置有环状密封部，环状密封部为橡胶环状密封部，环状密封部上镶嵌有若干块状强磁体。

（2）实施方法

两人分别双手握紧工具两端手柄或采用机械吊装工具，将堵漏工具弯曲方向与泄漏物体的弯曲方向相一致，对准泄漏点中心部位，压向凸出泄漏部位，施放包容结合，关闭引流阀门。

常用拆卸方法有以下两种。

① 机械拆卸法。将拆卸孔打开，将专用拆卸工具慢慢旋入拆卸孔中，然后将加力把手套入专用拆卸工具的手柄上向下施力，同时将木楔插入堵漏工具与罐体之间的缝隙中，缝隙高度为 3cm，并从堵漏工具翘起部位用力掀起，完成拆卸过程。

② 电拆卸法。将拆卸箱输入电源线与汽车蓄电池连接（红色＋，黑色－），将拆卸箱输出电源与堵漏工具连接（红色＋，黑色－）；接好后发动汽车，看电压指示表、电流指示表、电源指示灯是否接通，接通后旋转时间表；旋转黑色板把，旋至加温开始，加温时间到后，蜂鸣器会提示加温结束。将黑色板把旋至电源指示灯处，并收起所有正负极电源接线，电加热拆卸过程完毕。

（3）适用范围

帽式强磁堵漏工具适用于球面、柱面容器等切平面上装配的阀门、附件失效泄漏时的包容卸压抢险堵漏。

3. 八角软体强磁堵漏工具

（1）堵漏工具组成

八角软体强磁堵漏工具主要包括八角形载体，载体材质为橡胶，如图 6-4 所示，八角形橡胶载体内镶嵌有若干块状强磁体，载体两端有两个手柄，载体中间部位有一个引流阀门。

（2）实施方法

两人分别双手握紧工具两端手柄或采用机械吊装工具，将堵漏工具弯曲方向与泄漏物体的弯曲方向相一致，对准泄漏点中心部位，压向凸出泄漏部位，施放包容结合，关闭引流阀门。

常用拆卸方法有以下两种。

① 机械拆卸法：将拆卸孔打开，将专用拆卸工具慢慢旋入拆卸孔中，然后将加力把手套入专用拆卸工具的手柄上向下施力，同时将木楔插入堵漏工具与罐体之间的缝隙中，缝隙高度为 3cm，并从堵漏工具翘起部位用力掀起，完成拆卸过程。

图 6-3 帽式强磁堵漏工具结构示意图

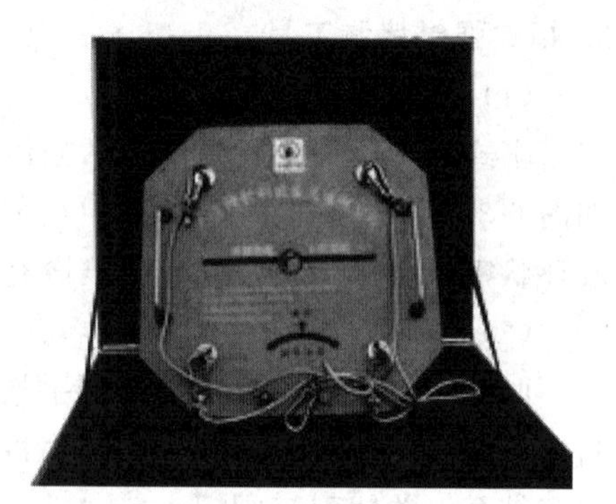

图 6-4 八角软体强磁堵漏工具

② 电拆卸法。将拆卸箱输入电源线与汽车蓄电池连接（红色＋，黑色－），将拆卸箱输出电源与堵漏工具连接（红色＋，黑色－）；接好后发动汽车，看电压指示表、电流指示表、电源指示灯是否接通，接通后旋转时间表；旋转黑色板把，旋至加温开始，加温时间到后，蜂鸣器会提示加温结束。将黑色板把旋至电源指示灯处，并收起所有正负极电源接线，电加热拆卸过程完毕。

（3）适用范围

八角软体强磁堵漏工具适用于容器、储罐、管线、船体、水下管网的中小裂缝、孔洞的应急抢险。适用于储罐罐体表面的裂缝状和孔状泄漏点且要求泄漏部位表面平整。

图 6-5 长方形硬体工具

4. 平（弧）面硬体强磁堵漏工具

（1）堵漏工具组成

平（弧）面硬体强磁堵漏工具主要包括一件主体工具、一个拆卸专用丝杠、一个木楔、一套简易电拆装置。主体工具为一长方形硬体载体，载体材质为铝合金，如图 6-5 所示，长方形硬体载体内嵌有强磁体，载体两端有两个手柄，载体与泄漏容器接触面成平面状或弧形，并设置有橡胶堵漏垫。

（2）实施方法

罐体泄漏点、表面平整，没有焊缝及障碍物或凸起物，双手持堵漏工具手柄，对准泄漏点中心位置并与曲率轴线平行一致，快速压向泄漏点施放结合。

常用拆卸方法有以下两种。

① 机械拆卸法。将拆卸孔打开，将专用拆卸工具慢慢旋入拆卸孔中，然后将

加力把手套入专用拆卸工具的手柄上向下施力，同时将木楔插入堵漏工具与罐体之间的缝隙中，缝隙高度为 3cm，并从堵漏工具翘起部位用力掀起，完成拆卸过程。

② 电拆卸法。将拆卸箱输入电源线与汽车蓄电池连接（红色+，黑色-），将拆卸箱输出电源与堵漏工具连接（红色+，黑色-）；接好后发动汽车，看电压指示表、电流指示表电源指示灯是否接通，接通后旋转时间表；旋转黑色板把，旋至加温开始，加温时间到后，蜂鸣器会提示加温结束。将黑色板把旋至电源指示灯处，并收起所有正负极电源接线，电加热拆卸过程完毕。

（3）适用范围

平（弧）面硬体强磁堵漏工具适用于容器、储罐、管线、船体、水下管网的硬体抢险堵漏工具。适用于储罐罐体表面的裂缝状和孔状泄漏点且要求泄漏部位表面平整。

5. 氯气罐阀门泄漏强磁堵漏工具

（1）堵漏工具组成

氯气罐阀门泄漏强磁堵漏工具主要包括一套单头和一套双头标准罐阀门包容控制筒，各自均配卸压导流单向阀（快速接头）、导流管、二次加压装置。控制桶材质为金属和橡胶，如图 6-6 所示，圆筒顶部设有导流孔，底部橡胶体内嵌有强磁体，载体与泄漏容器接触面设置有橡胶堵漏垫。

图 6-6　氯气罐阀门泄漏封堵工具

（2）实施方法

将泄压管接头部位插入工具顶部的泄压阀中，逆时针旋转阀上黄圈锁紧接头，将另一端出口放入碱水容器中，在封堵密封面上沿密封环内侧敷上一圈黏性胶条，双手持住双筒帽体，对正泄漏阀门位置压向罐体，使其磁力吸合，将泄漏氯气引出，进行中和处理。

将固定压紧装置钩住罐体护栏两边的孔，旋转丝杆对堵漏工具实施 2 次压紧封堵。

顺时针旋转泄压阀上黄圈拨下快速接头，阀门即为关闭状态，泄漏被完全封堵。

拆卸方法：先将二次加压装置取下，双手搬住帽体，下压工具使工具和罐体分离，并插入木楔，轻取下工具。

（3）适用范围

氯气罐阀门泄漏封堵工具适用于氯气钢瓶在生产、储存、运输、使用、处置等环节发生的泄漏。

6. 多功能强磁堵漏工具

（1）堵漏工具组成

多功能工具组合材质属于有色金属，有强磁吸座、磁场转换手柄、上下高度调整孔销、水平位置调整滑竿、加压丝杆、过渡接杆、包容卸压控制器（标注尺寸）和互换控制器仿形接口、密封圈、仿形堵漏板、堵漏锥、导流卸压软管，如图 6-7 所示。

图 6-7　多功能工具组合

（2）实施方法

选择合理位置摆放强磁吸座，扳下手柄使工具整体固定（注意：泄漏点需在与工具上方可移动横杆平行）。

根据泄漏罐体外径大小选择相应封堵环，将封堵环安放在包容泄压筒上，将高度调节杆调整到可行位置（包容泄压型调到最高位，其他工具均可调到最低位），将封堵用件插入连接杆中，将定位螺栓拧紧，吊起封堵用件，然后对准泄漏点向下旋转压力顶杆，将封堵用件紧压在泄漏点表面，完成封堵。

拆卸方法：旋动压力顶杆，并将强磁吸座手柄扳起，磁力即可消失，完成拆卸过程。

（3）适用范围

多功能强磁堵漏工具适用于各种管路、罐体、点状、线状、孔洞及凸起阀门等部位泄漏的封堵。

7. 强腐蚀介质堵漏组合工具

（1）堵漏工具组成

强腐蚀介质堵漏组合工具选用进口复合橡胶材料，如图6-8所示，以保护堵漏工具组合不受腐蚀。强腐蚀介质堵漏组合工具可随意选择支撑点，组合工具平面可旋转360°与泄漏点形成任意夹角，连接杆选用多头螺杆加大螺距，可简捷快速地更换。

图6-8　强腐蚀介质堵漏组合工具

（2）实施方法

根据泄漏点形状（孔洞、焊缝等），选择适合的压头，并装入压杆的接头上，将支架移送到泄漏部位，使压头对准泄漏点。

将强磁吸座扳下手柄使工具整体固定，将圆盘的小旋钮锁紧。

对准泄漏点向下旋转压力顶杆，将封堵用件紧压在泄漏点表面，完成封堵。

常用拆卸方法有以下两种。

① 机械拆卸法。将拆卸孔打开，将专用拆卸工具慢慢旋入拆卸孔中，然后将加力把手套入专用拆卸工具的手柄上向下施力，同时将木楔插入堵漏工具与罐体之间的缝隙中，缝隙高度为3cm，并从堵漏工具翘起部位用力掀起，完成拆卸过程。

② 电拆卸法。将拆卸箱输入电源线与汽车蓄电池连接（红色＋，黑色－），将拆卸箱输出电源与堵漏工具连接（红色＋，黑色－）；接好后发动汽车，看电压指示表、电流指示表、电源指示灯是否接通，接通后旋转时间表；旋转黑色板把，旋至加温开始，加温时间到后，蜂鸣器会提示加温结束。将黑色板把旋至电源指示灯处，并收起所有正负极电源接线，电加热拆卸过程完毕。

（3）适用范围

适用于高危险化学品在储存和运输中发生的泄漏。例如氯磺酸、硫黄酸、盐酸等。

8. 手压式强磁堵漏工具

(1) 堵漏工具组成

手压式强磁堵漏工具主要由磁力产生器、仿形铁靴构成，铁靴是为了更好与容器型面完好结合，根据需要可以事先制作不同曲率的铁靴，如与5t、8t、10t、15t储罐，$20m^3$、$32m^3$、$50m^3$、$100m^3$储罐相互匹配。如图6-9所示。密封胶由两种专用密封胶，按1∶1的比例勾兑而成，用脱脂面纱作载体，在磁压作用下，进入容器孔洞或裂缝固化后，便形成新的密封。磁压堵漏器具配有吊环，一只手即可提起，任意行动；操作手柄操作灵活，扳成90°即可通磁堵漏。

图6-9 磁压堵漏过程

(2) 实施方法

① 根据泄漏容器的外观几何尺寸，选用或制作仿形铁靴，并固定在磁压堵漏器底部，拧紧手提环即可固定。

② 铁靴裸露面贴上胶带。

③ 根据泄漏形状、大小确定用胶量，按1∶1比例挤到调胶板上，用刮刀将其充分调匀，以脱脂纱布为载体，视泄漏面大小剪下，将胶平整地涂在纱布上，以2～3层为宜，将已涂好的纱布层，平整地刮在磁压铁靴吸压面上。

④ 待胶达到临界点时，双手把磁压堵漏器对准漏点迅速压在泄漏点上，迅速用左手压紧堵漏器本体，右手打开右开关（左手柄已经预先打开）。

⑤ 待胶固化后，松开左右手柄，使磁力消失，拆除磁压堵漏器。

常用拆卸方法有以下两种。

① 机械拆卸法。将拆卸孔打开，将专用拆卸工具慢慢旋入拆卸孔中，然后将加力把手套入专用拆卸工具的手柄上向下施力，同时将木楔插入堵漏工具与罐体之间的缝隙中，缝隙高度为3cm，并从堵漏工具翘起部位用力掀起，完成拆卸过程。

② 电拆卸法。将拆卸箱输入电源线与汽车蓄电池连接（红色＋，黑色－），将拆卸箱输出电源与堵漏工具连接（红色＋，黑色－）；接好后发动汽车，看电压

指示表、电流指示表、电源指示灯是否接通，接通后旋转时间表；旋转黑色板把，旋至加温开始，加温时间到后，蜂鸣器会提示加温结束。将黑色板把旋至电源指示灯处，并收起所有正负极电源接线，电加热拆卸过程完毕。

（3）适用范围

手压式强磁堵漏工具适用于储罐罐体裂缝、小孔等泄漏的封堵。

四、塞楔堵漏技术

塞楔堵漏技术是使用针对泄漏口大小和形状的堵漏工具，通过外加机械力使堵漏工具与泄漏口实现物理密封的一种堵漏方法。

（一）木楔堵漏

木楔堵漏是用木材制成的圆锥体楔或扁楔敲入泄漏的孔洞里而止漏的方法。

1. 堵漏原理

根据泄漏孔的大小和形状，选择合适的木楔，用橡胶锤或铜锤等工具用力敲击，将木楔楔入泄漏孔，封堵泄漏介质。

2. 堵漏工具组成

根据泄漏口形状选形。常用的形状有圆锥、圆柱、楔形。对于较大圆形孔洞，选大圆锥塞楔；对于较小孔洞、砂眼，选小圆锥塞楔；对于内外口径相近的泄漏口，选圆柱塞楔；对于长孔形或缝隙，选楔形塞楔。图 6-10 为木楔堵漏工具。

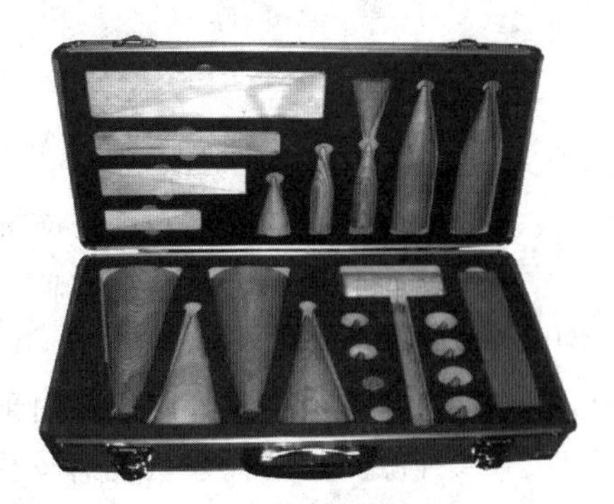

图 6-10　木楔堵漏工具

3. 实施方法

堵漏前，先将泄漏口周围的脆弱锈层除去，露出坚固本体；可在泄漏口和塞楔上涂上一层密封胶；将塞楔压入泄漏口，用无火花或木质手锤有节奏地将其打入泄漏口，敲打点应对中，用力先小后大。如塞楔堵漏效果不够理想，可把留在本体外的堵塞除掉，然后采用黏结或卡箍方法，进行第二次堵漏。

4. 适用范围

木楔堵漏法适用于常压或中低压设备本体小孔、砂眼和裂缝的泄漏。适用于罐体的砂眼、小孔、裂缝的泄漏及液位计、压力表等部位的泄漏，对于紧急切断阀整体断裂、装卸管道出现断裂时的堵漏也有较好的效果。根据泄漏介质的性质，也可选用塑料、铜等材质作为楔体。木楔堵漏工具不推荐用于强氧化性介质（如氯气）的堵漏，以免引起木楔的腐蚀，避免二次泄漏。

（二）气楔堵漏

气楔堵漏是用橡胶制成的圆锥体楔或扁楔塞入泄漏的孔洞，然后充气而止漏的方法。

1. 堵漏原理

根据泄漏孔的大小和形状，选择合适的气楔，将气楔用连按管连接好，塞入泄漏孔内，用脚踏气泵充气，利用气楔的膨胀力压紧泄漏孔壁，堵住泄漏。

2. 堵漏工具组成

（1）气楔堵漏工具（见图 6-11）主要有以下几部分组成。

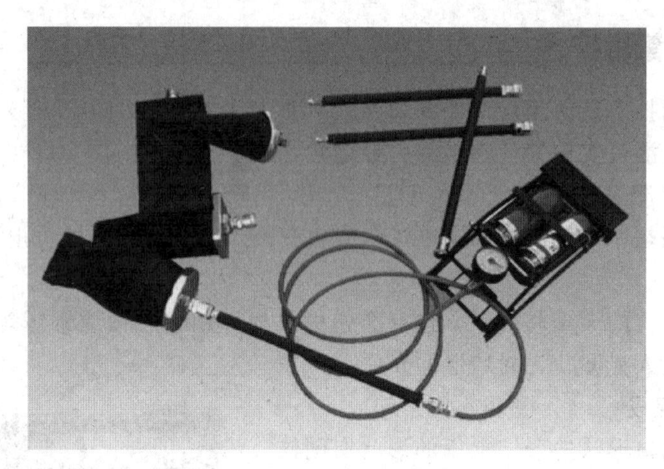

图 6-11　气楔堵漏工具

① 气楔：有圆锥形和楔形两种。

② 圆柱形气楔：规格有多种，直径为 2.5～80cm，气楔用橡胶制成，工作压力一般为 0.15MPa、0.25MPa、0.6MPa，其耐压范围为 0.1～0.6MPa。

③ 密封枪：金属管制成，用于连接气楔，根据需要可以组合成需要的长度。

④ 气源：脚踏气泵（配有安全阀）；压缩空气瓶（用于向气楔充气，气瓶压力为 20～30MPa）。

⑤ 截流器：在停止充气时防止气体流失与压力下降。

⑥ 连接器（带减压阀、安全阀）：用于连接气瓶和气楔，并将气瓶内的高压减压，当气楔内的压力达到其操作压力时，安全阀自动打开。

3. 实施方法

首先根据堵漏口的大小，选择合适尺寸的气楔；将气楔用充气软管与控制装置连接在一起；用压力管将控制装置与减压阀连接；将减压阀安装在压缩空气气瓶（或脚踏气泵）上。为了保护气楔免受腐蚀，在使用前可以在气楔外套一个宽松的防腐蚀塑料。使用时，将气楔约 2/3 的长度顺势塞入泄漏口内。长时间使用时，可以通过压力表来控制压力。

4. 适用范围

气楔堵漏与木楔堵漏相似，主要用于常、低压本体上的大裂缝或孔洞泄漏的堵漏，具有操作简单、迅速的特点，可以用密封枪从安全距离以外进行操作，需气量极小，可用脚踏气泵充气。它适用于直径小于 90mm，宽度小于 60mm 的孔洞或裂缝的堵漏。适用于罐体的小孔、裂缝及焊缝等处的泄漏，对于紧急切断阀整体断裂、装卸管道出现断裂时的堵漏也有较好的效果。

(三) 栓塞堵漏

姜连瑞等在2013年发明了一种在储存有中低压介质的槽车液相管、气相管发生泄漏时，能对槽车液相管、气相管泄漏部位进行现场快速堵漏的工具。

1. 堵漏原理

堵漏时，可将此堵漏工具塞入泄漏口中，利用结构中的回环结构和锁紧套将此堵漏工具紧紧固定在泄漏口内，从而进行堵漏。

该堵漏工具具有以下优点。

① 橡胶堵漏工具本体和鱼尾形部分具有一定的弹性，能对一定直径变化的槽车液相管、气相管部位泄漏进行可靠的封堵。

② 堵漏工具可以反复使用。

2. 堵漏工具组成

堵漏工具由带螺栓部分的锁紧套和带环形橡胶密封圈的堵漏金属柱体两部分组成。

3. 实施方法

将堵漏工具的金属柱体塞进发生泄漏的液相管或气相管中，然后将堵漏工具的金属头部拴紧，就能实现堵漏。

4. 适用范围

适用于储存有中低压介质的液相管、气相管部位发生泄漏时的堵漏。

五、冷冻堵漏技术

冷冻堵漏技术是带压堵漏作业中的一种重要形式。传统的冷冻堵漏法主要是利用液氮、液态二氧化碳和石蜡作为低温冷冻剂，效果较好。黄金印在2013年采用聚二甲基硅氧烷作为冷冻剂进行堵漏实验，效果明显，值得推广。

(一) 石蜡堵漏法

Sterling Beckwith在1954年发明了一种应用石蜡对低温常压液化气体储罐罐体泄漏进行堵漏的方法。

1. 堵漏原理

石蜡是热的不良导体，在环境温度下呈固态，储罐周围的环境温度也不能使其液化。在足够大的压力下，石蜡以液态甚至固态被压入泄漏点，与低温液体接触后低温可以确保石蜡保持固态以阻塞泄漏点。液压应足够大以便使石蜡在内容器气孔中一边扩散一边凝固，泄压后石蜡已经固化，储罐内装低温液体的压力等于大气压力，不足以破坏石蜡塞。

2. 实施方法

在泄漏点位置确定之后，在储罐罐体上钻一小孔，在罐体上钻孔后立即加压，石蜡从储液器中用泵通过管子在足够的压力下压入内容器中，在内容器中泄漏部位附近扩散，冷凝后形成永久性的塞子对泄漏点进行堵漏。

3. 适用范围

石蜡堵漏法适用于低温常压液化气体储罐罐体泄漏。

(二) 聚二甲基硅氧烷堵漏法

黄金印在 2013 年改进了冷冻堵漏技术，采用聚二甲基硅氧烷作为冷冻剂，提供了一种低温常压储罐罐体泄漏的现场快速堵漏方法。

1. 堵漏原理

聚二甲基硅氧烷又名二甲基硅橡胶，俗称硅油，常温下为无色透明油状液体。熔点为－29℃，可在－60℃保持良好的弹性，玻璃化转变温度为－123℃，并具有良好的绝热性。聚二甲基硅氧烷在低温下呈白色冰状固态，且具有一定的弹性，能对低温液体泄漏进行可靠的封堵。

2. 实施方法

将聚二甲基硅氧烷通过加压装置注入到储罐泄漏点，聚二甲基硅氧烷经过流动充满泄漏点，与低温液体接触后形成具有一定强度和弹性的固体，进而起到封堵泄漏的目的。

3. 适用范围

该方法适用于低温常压（一个大气压）罐体的堵漏，例如液化天然气(－162℃)和液氧（－183℃）等，不能用于常温高压罐体的堵漏。

六、注剂式带压堵漏技术

注剂式带压堵漏是针对泄漏介质的性质和泄漏口的形状，借助特定的注剂工具，将注剂注射到夹具与泄漏部位所形成的密封空腔内，达到止漏的目的。

(一) 堵漏原理

密封注剂在外力作用下，被强行注射到夹具与泄漏部位所形成的密封空腔内，弥补各种复杂的泄漏缺陷，密封注剂自身能够维持一定的工作密封比压，并在短时间内由塑性体转变为弹性体，形成一个坚硬的、富有弹性的新的密封结构，达到重新密封的目的。

(二) 堵漏工具组成

注剂式带压堵漏工具主要由密封注剂、堵漏夹具（有法兰夹具、直管夹具等）和注剂枪等部分组成。

1. 密封注剂

密封注剂为固体的圆棒形，注胶堵漏的密封注剂有多种，常用的剂料有热固型和非热固型两大类，它们是用合成橡胶作基体，与填充剂、催化剂、固化剂等配制而成。其种类比较多，不同的种类适用于不同的泄漏介质和温度、压力条件。

一般密封注剂在液压活塞的压力作用下，都具有较好的流动性，在注入过程中可到达密封空腔的任何位置，填塞各种复杂的泄漏缺陷。密封注剂具有极为广泛的介质适应能力及耐高、低温的特点，因此，无论何种泄漏介质，都能选择到相应的密封注剂。

注剂式带压堵漏的密封注剂有多种，大致可分为三类。

① 热固化密封注剂。其基础材料是高分子合成橡胶和固化剂，以及各种助剂材料等。这种密封注剂最大特点是遇热后固化，起到密封作用。一般来说，热固化密封注剂的使用温度区间是起固温度以上，热分解温度以下。

② 非热固化密封注剂。其基础材料是高分子合成树脂、石墨、塑料和其他无机材料，非热固化密封注剂的固化机理有化学反应型和高温碳化型。可用于阀门填料、转动密封、低温、超高温场合的动态密封。

③ 填充型密封注剂。其基础材料范围较广，根据密封夹具和泄漏程度来定，主要作为密封空腔的填充物，可节省注射密封注剂，节约材料。

2. 堵漏夹具

堵漏夹具是注剂式带压堵漏的关键部分，是加装在泄漏部位，与泄漏部位的外表面形成新的密封空间的金属构件。

(1) 堵漏夹具的作用

① 密封保证。是包容住由高压注剂枪注射到夹具与泄漏部位部分外表面所形成的密封空腔内的密封注剂，保证密封注剂的充填、维持注剂压力的递增、防止密封注剂外溢、使注射到夹具内的密封注剂产生足够的密封比压，止住泄漏。

② 强度保证。是承受高压注剂枪所产生的强大注射压力以及泄漏介质压力，是新建立的密封结构的强度保证体系。

另外，夹具还有一个辅助作用，这就是通过注剂孔连接高压注剂枪，并提供注剂通道。

(2) 堵漏夹具的分类

① 法兰夹具

法兰夹具基本结构如图 6-12 所示。

② 直管夹具

直管夹具是流体输送的直管段上发生泄漏所采用的一种专用夹具。直管夹具主要有方形直管夹具、圆形直管夹具、铸造夹具和焊制夹具四种类型。

方形直管夹具：当泄漏管道的公称直径小于 DN80，泄漏介质的压力较高，泄漏量较大，泄漏介质的渗透性较强时，可以采用方形夹具进行堵漏密封作业。等径方形直管夹具结构如图 6-13 所示。

圆形直管夹具：当泄漏管道公称直径大于 DN80 时，制作方形夹具则存在一定的困难，可以设计制作圆形夹具。

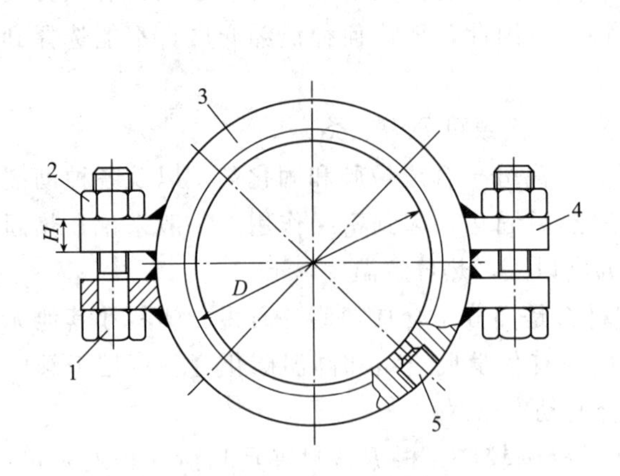

图 6-12　凸形法兰夹具结构示意图

1—螺栓；2—螺母；3—卡环；4—耳子；5—注剂孔

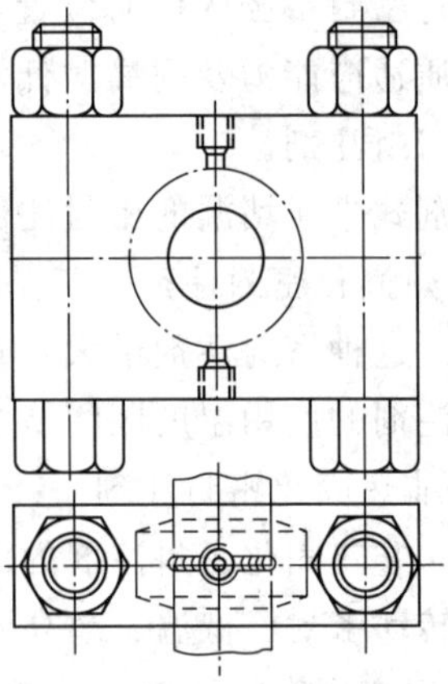

图 6-13　等径方形直管夹具示意图

铸造夹具：直管铸造夹具主要是根据国家有关的管材标准而事先做好的系列夹具，结构如图 6-14 所示。

焊制夹具：结构如图 6-15 所示。这种夹具同样可以做到系列化。

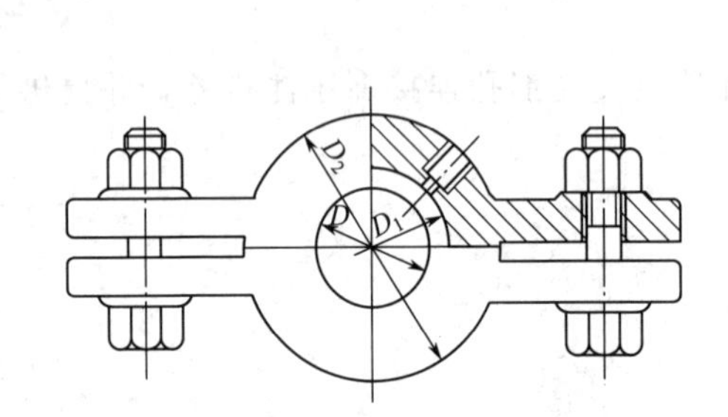

图 6-14　直管铸造夹具结构图

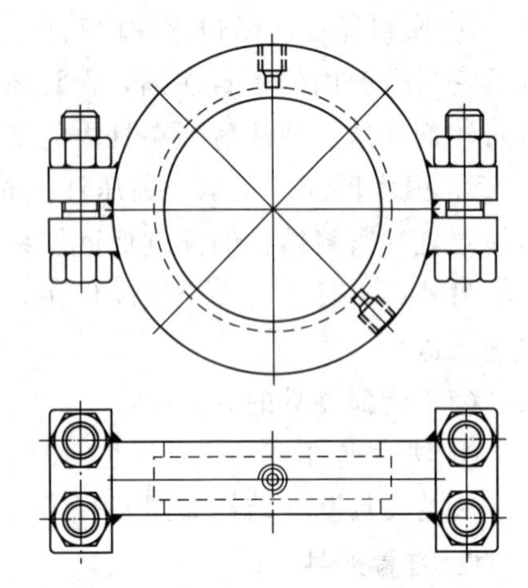

图 6-15　焊制夹具结构图

3. 高压注剂枪

高压注剂枪是注剂式带压堵漏技术的专用器具。它的作用是将动力油管输入的压力油或螺旋力，通过枪的柱塞而转变成注射密封注剂的强大挤压推力，强行把枪前部剂料腔内的密封注剂注射到夹具与泄漏部位部分外表面所形成的密封空腔内，直到泄漏停止。

(1) 油压复位式高压注剂枪

油压复位式高压注剂枪的基本结构如图 6-16 所示。

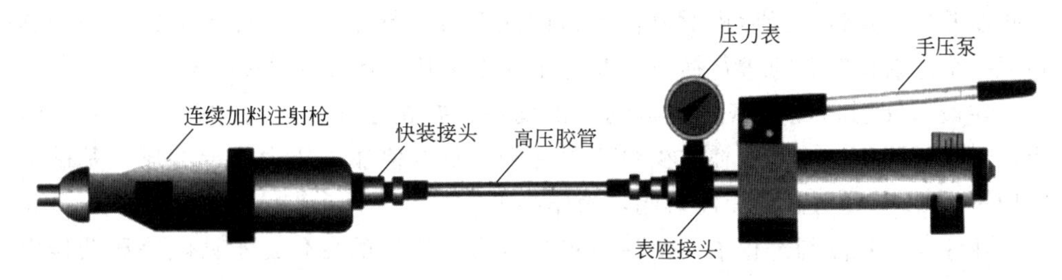

图 6-16 油压复位式高压注剂枪

(2) 气动注剂枪

气动注剂枪的基本结构如图 6-17 所示。

(3) 电动注剂枪

电动注剂枪的基本结构如图 6-18 所示。

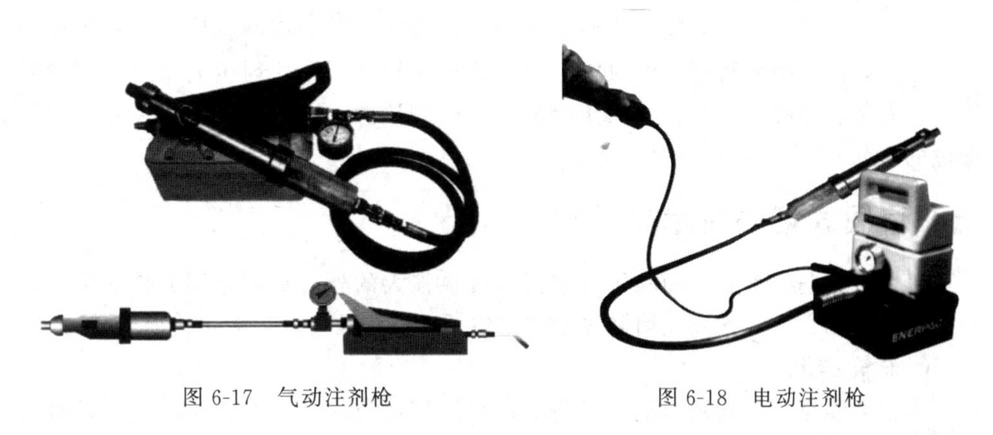

图 6-17 气动注剂枪　　图 6-18 电动注剂枪

4. 机具总成

注剂式带压堵漏机具总成包括夹具、接头、注剂阀、高压注剂枪、快装接头、高压输油管、压力表、压力表接头、回油尾部接头、油压换向阀接头、手动液压油泵等。

(三) 实施方法

① 把注射阀安装在夹具上，旋塞全部打开。

② 将夹具安装在泄漏部位上，注意密封注剂孔的位置，应有利于密封注剂注入操作，并保证有一个密封注剂孔对着泄漏孔，以便排放介质和卸压，降低注入推力，防止剂料出现气孔，有利于密封圈的形成。

③ 上紧夹具螺栓，并检查夹具与泄漏部位的间隙，要保证夹具与泄漏部位的接触间隙不应大于 0.5mm，超过时要采取措施缩小间隙。

④ 连接注射枪和手压泵等部件，进行密封注剂注入操作。在密封注剂注入堵漏过程中，要注意密封注剂的注入顺序。注入时，应从泄漏孔背后位置开始，从两边逐次向泄漏孔靠近。先从远离泄漏口位置的注射口开始；然后从两边分别逐

次向泄漏口处逼近；最后再对着泄漏口的注射口进行注入。当注入的密封注剂达到下一个注射口时，应进行换口，并将注过的注射口上的注射阀关闭。

在最后注射口注入密封注剂制止泄漏后，要暂停注入密封注剂 10～30min，待密封注剂固化；然后，补注少量密封注剂，只要使注入压力在原有压力基础上增加 3～5MPa 即可。关闭注射阀，操作结束。

在注入密封注剂过程中，要注意观察压力表指针的变化：指针随手压动作而升降时，表明密封注剂注入正常；当指针只升不降，表明剂料腔已空，需加剂料，或表明密封注剂已注满，应停止注入操作。每次加入密封注剂时要关闭注射阀。注入密封注剂要控制压力，泄漏一旦停止，应停止操作，以免剂料进入受压本体内。热固性剂料要掌握好系统温度，对温度低而难以热固时，最好注入时或注入后对剂料进行加热固化。堵漏完毕，密封注剂固化后，用螺栓换下注射阀。

(四) 适用范围

适用于中低压、孔洞较大、便于操作的设备和管道的堵漏。该方法特别适合于法兰、阀门、小型管道，但对密封注剂要求比较严，且注剂压力要远大于泄漏压力；安装、注胶时间长。适用于储罐的安全阀法兰、紧急切断阀、装卸阀门等部位的泄漏。

七、紧固式堵漏技术

紧固式堵漏技术是一种利用外加工具提供强大的外力克服泄漏介质压力，从而进行堵漏的方法。紧固式堵漏技术主要包括卡箍堵漏、压盖堵漏、顶压堵漏等。

(一) 卡箍堵漏

卡箍堵漏是一种利用卡箍工具将泄漏口封堵的方法，该方法简单实用，且封堵后不易脱落。

1. 堵漏原理

卡箍堵漏是将密封垫压在管道的泄漏口处，再套上卡箍，上紧卡箍上的螺栓，利用卡箍提供的巨大的紧固力进行封堵，直至泄漏消失。

2. 堵漏工具组成

卡箍堵漏工具主要由卡箍和密封垫组成，密封垫材料为橡胶、聚四氟乙烯、石墨等，卡箍材料为碳钢、不锈钢、铸铁等。

卡箍由两块半圆形卡箍组成，其形式有整卡式、半卡式、软卡式和堵头式。

整卡式卡箍是由内径微大于管道外径的两块半圆箍组成，根据泄漏处的大小、长短确定卡箍的长短，紧固螺栓的个数由卡箍的长短设置，一般为两对，对称布置。

半卡式卡箍由一块半圆箍和两根箍带组成。

软卡式卡箍由较薄钢片制成，呈 C 字形，单开口，开口上有紧固螺栓。

堵头式卡箍是在卡箍的半圆箍上，装有堵头可起导流作用。

卡箍堵漏工具如图 6-19 所示。

图 6-19　整卡式卡箍堵漏工具

3. 实施方法

进行堵漏时，将密封垫压在管道的泄漏口处，再套上卡箍，上紧卡箍上的螺栓，直至泄漏停止。

4. 适用范围

卡箍堵漏适用范围较广，主要用在金属、塑料等管道上，适用于孔洞、裂缝等泄漏处，并有加强作用。适用于管道小孔、裂缝泄漏，适于中低压介质的泄漏。卡箍堵漏法中的一种规格的卡套只能适合一种直径的管道或设备的泄漏。

(二) 压盖堵漏

压盖堵漏是一种传统的方法，是危险化学品泄漏处置中经常采用的一种方法。因其操作简单，方便实用，在气体储罐泄漏事故处置中，发挥着重要的作用。

1. 堵漏原理

压盖堵漏是利用 T 形活络螺栓将压盖、密封垫（或密封剂）压紧在泄漏口上，并进一步用堵漏胶进行固定，从而达到止漏的目的。

2. 堵漏工具组成

压盖堵漏工具由 T 形活络螺栓、压盖、密封垫组成。

3. 实施方法

压盖堵漏的方法是：先把 T 形螺栓放入本体内并卡在内壁上，然后在 T 形螺栓上套一密封垫和压盖，密封垫内孔应小，以套紧在螺栓上为准，再拧紧螺栓直至不漏为止。为了防止 T 形螺栓掉入本体内，螺栓上应钻有小孔，以便穿铁丝作为保险用。

4. 适用范围

压盖堵漏适用于孔洞较大、压力较低的管道、容器等设备的堵漏。适用于罐体具有一定直径的孔洞的泄漏。

（三）顶压堵漏

顶压堵漏是利用顶压工具提供的力，将顶压板压在泄漏口上进行封堵。该方法需选择支撑点，能封堵法兰、管道等多种元件的泄漏。

1. 堵漏原理

在设备和管道上固定一螺杆，利用螺杆提供的顶压力将顶板压在泄漏口上，从而堵住设备和管道上的泄漏。

2. 堵漏工具组成

常用的顶压堵漏工具主要有以下几种。

（1）双螺杆定位紧固式泄漏工具

双螺杆定位紧固式泄漏工具主要由定位螺杆、顶压螺杆、顶压块等部分组成。

（2）双吊环定位式堵漏工具

双吊环定位式堵漏工具主要由两部分组成，第一部分是主杆，第二部分是定位环。

（3）钢丝绳定位式堵漏工具

钢丝绳定位式堵漏工具主要由定位钢丝绳、顶压螺杆、卡子、主杆等部分组成。

（4）多功能顶压工具

多功能顶压工具是根据常见泄漏部位的情况，综合各类顶压工具的特点而设计的一种小巧玲珑通用性强的堵漏作业专用工具。这种顶压工具安装在法兰上的情况，多功能顶压工具由四大部分组成。第一部分是顶压止漏部分，第二部分是前卡脚，第三部分是卡脚部分，第四部分是钢丝绳。

3. 适用范围

顶压堵漏适用于中低压设备和管道上的砂眼、小孔和短裂缝等漏点的堵漏。适用于罐体的砂眼、小孔、裂缝的泄漏及液位计、压力表、法兰及装卸管道等部位的泄漏。

八、其他堵漏技术

以上介绍了塞楔堵漏、紧固式堵漏、捆扎堵漏、黏结堵漏、磁压堵漏等多种形式的堵漏技术。堵漏方法多种多样，一些其他形式的的堵漏方法也非常有效，下面介绍两种科学有效的堵漏技术。

（一）展开式内扣型堵漏

利用脚踏泵、液压泵等外力，将堵漏工具深入泄漏口，堵漏工具内部部分与外部部分紧紧结合，从而实施堵漏的一种展开式内扣型堵漏方法。

1. 堵漏原理

采用液压作为动力源，为堵漏提供强大动力。使用双缸体结构，实现两步动作，首先液压油带动固定活塞上移，固定活塞带动内扣固定结构展开，并完成对罐体的泄漏口的固定。当内扣固定结构、外扣固定结构咬合，将堵漏装置固定在泄漏口上时，外层液压缸带动堵漏活塞及密封垫上移，实现堵漏的目的。

2. 堵漏工具组成

展开式内扣型堵漏工具主要包括内、外层液压缸，内、外扣固定结构，堵漏圆盘，密封垫，主轴，传动齿轮等部分。

3. 实施方法

使用时，将单向阀与液压装置如液压泵连接，由外接液压泵将液压油压入堵漏工具内，随着油量增多，固定活塞带动外扣固定结构向上移动，当固定活塞移动到一定位置后，内扣固定结构张开，且内扣固定结构与外扣固定结构固定，继续压入液压油，液压油压缩弹簧，开口打开，堵漏活塞带动密封垫向上移动，直至将堵漏口完全封住，堵漏成功。

4. 适用范围

该装置一般用于压力容器本体的泄漏，并适用于高温高压或常温条件下泄漏口的堵漏，能够完成一般堵漏工具难以封堵的泄漏口的堵漏。适用于罐体的一定直径的孔洞、紧急切断阀整体断裂、装卸管道出现断裂时的泄漏。

（二）负压吸附式堵漏法

负压吸附式堵漏法是利用堵漏器材与泄漏容器壁形成的近似真空，通过外界大气压将堵漏器材紧紧压附于泄漏口上，从而达到止漏的目的。

1. 堵漏原理

负压吸附式堵漏采用的原理是，在泄漏口处，用负压吸附原理快速安装一个负压吸附堵漏元件，元件上安装泄压阀。安装过程中泄压阀开启，使安装处于无压状态。安装完成后，关闭泄压阀即可完成堵漏。

2. 堵漏工具组成

负压吸附式堵漏工具主要由吸附盘、真空吸头、真空表、高压软管、真空泵等部分组成。如图 6-20、图 6-21 所示。

采用加强聚酰胺布的盖板，可防静电，可自我灭火，防水防臭氧。一般封堵面积超过 $2000cm^2$。吸附袋或吸附盘采用特种橡胶制成，可随泄漏口的曲率弯曲成型。

3. 实施方法

在表面光滑的泄漏罐体上，利用压缩气体将吸盘抽真空，先使外封式堵漏袋快速、牢固地吸附在泄漏处。

再向外封式堵漏袋充气，直到将泄漏堵住。

由于外封式堵漏袋是靠真空吸盘将其固定在泄漏罐体上的，因此，封堵的全程均须保证用双程控制器不断供气。

4. 适用范围

负压吸附式堵漏工具可封堵储罐罐体的泄漏。

图 6-20　圆盘型负压吸附式堵漏器

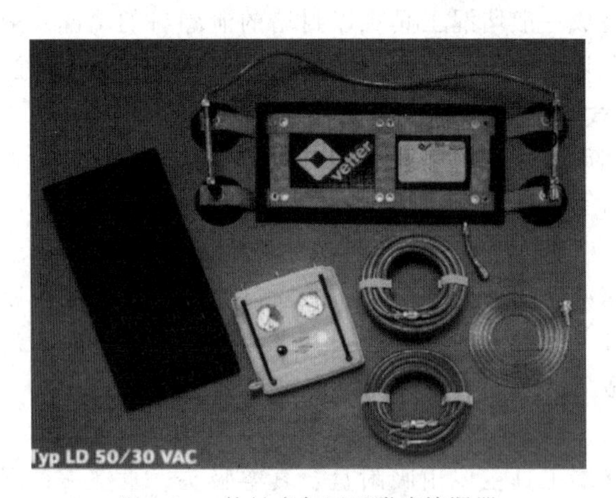

图 6-21　外封式负压吸附式堵漏器

九、常用封堵技术及方法存在的问题

针对复杂的危险源泄漏形式，经过多年的研究，虽然已总结了一些应对措施，但依然存在不少问题。

(1) 注剂式带压密封技术　它是向密封空腔注射密封注剂，建立新的密封结构为最终目的的一种技术手段。注剂式带压密封机具总成包括：夹具、接头、注剂阀、高压注剂枪、快装接头、高压输油管、压力表、回油尾部接头、油压换向阀接头、手动液压油泵等。主要应用于化学事故中的法兰泄漏、阀门泄漏、填料泄漏及压力大于 0.4MPa 的管段泄漏、弯头泄漏、三通泄漏、压力表泄漏等。其设计及研究思路是按照带压密封技术的作业思路，利用专用密封注剂进行堵漏，抵抗泄漏介质的化学及物理破坏。存在的问题是，使用范围太窄，对于特高压的泄漏源容器的连接部位泄漏体现了其优势，但对于绝大多数的常规压力容器，并不能很好地发挥作用。

（2）堵漏胶填塞粘接技术 根据泄漏介质物化参数选择相应的堵漏胶品种。接触泄漏点的一端做成圆凹形，清理泄漏点除泄漏介质外的一切污物。按说明调配好堵漏胶，在堵漏胶的最佳状态下迅速压在泄漏部位上，待堵漏胶充分固化后再撤出外力。泄漏停止后，对泄漏缺陷周围按粘接技术要求进行二次清理，并修整圆滑，然后再在其上用胶黏剂及玻璃布进行粘接补强。泄漏介质对人体有害或人手难以接触到的部位，可制作专用的顶压工具。存在的问题是，需要对泄漏缺陷周围进行清理，没有达到快速封堵的目的。

（3）注胶填塞粘接技术 清理泄漏点除泄漏介质外的一切污物，根据泄漏部位表面几何形状设计制作一个设有密封槽的封闭环，封闭环的内径要比泄漏缺陷长度大10～20mm，并将盘根装好，在泄漏点上或相同规格的面上修整。选用合适的注胶器和合适的定位工具，根据泄漏介质物化参数选择相应的胶黏剂或堵漏品种，按使用说明将其调配成腻状。旋转定位工具，使注胶器处在合适位置将胶黏剂或堵漏胶装入注胶器内转回原位置，旋转注胶把手，使注胶器、密封环、盘根紧紧地压在泄漏缺陷上，旋转注胶器的注胶螺杆，这时胶黏剂或堵漏胶往泄漏缺陷上充填，直到泄漏停止。再次清理密封环周围的表面，用相应的堵漏胶将密封环粘牢。待注射的胶黏剂或堵漏胶充分固化后，撤出注胶器及定位工具，再用堵漏胶及玻璃布进行粘接加固。存在的问题是，需要另外加工封闭环，要求严密，安装不方便，响应时间长。

（4）顶压粘接技术 在大于泄漏介质压力的顶压外力作用下，止住泄漏，再用胶黏剂对泄漏部位进行补强粘接，等到胶黏剂固化后，撤除外力达到带压封堵的目的。但其主要存在的问题和上述三种技术一样，突出弊端表现为响应时间问题，稳定性不够好，增大了二次泄漏的可能性。

（5）紧固粘接技术 其核心是紧固夹具，紧固夹具必须根据化学事故的泄漏缺陷的部位来设计制作，其紧固力多由拧紧螺栓来产生。可用于处理温度低于400℃，压力低于4.0MPa，且泄漏缺陷为可见及具备操作空间的化学泄漏事故。具体设备为金属封堵套管、阀门（法兰）封堵套具、管道连接修补器等特种消防常用工具。目前使用频率较高，具有很好的使用性能。存在的问题是操作时间长，安装不方便。

（6）引流粘接技术 该方法的核心是引流器，引流器的形状必须根据泄漏缺陷的部位来确定，引流器通道必须保证足够的泄流尺寸。多用于处理温度低于300℃，压力小于1.0MPa，具备操作空间的泄漏。实现带压封堵目的的关键设备为气动吸盘式封堵器，其优点是能进行带压封堵，缺点是仍采用胶黏剂，对胶黏剂的配方等性能要求较高。

（7）磁力压固黏结技术 该方法的核心是磁铁的性能。多用于处理温度低于

150℃压力小于2.0MPa的磁性材料上发生的泄漏。该技术非常实用，响应时间也快，但依然对胶黏剂的配方等性能要求较高。

（8）铜丝围堵技术　用于两法兰间隙较小，间隙量均匀，泄漏介质压力低的带压堵漏，如果泄漏量较大，可用G字形卡子夹紧法兰均衡封堵比压，待注剂螺栓安装完毕，用专用工具把直径较小于泄漏法兰间隙的铜丝嵌入空隙中，再将法兰的外缘冲出唇口，使铜丝固定在间隙内，组成新的空腔。然后利用高压注剂枪进行注剂作业，方向从泄漏点相反处依次注入粘接剂，最后实施在漏点附近。存在的问题是需要配套使用带压注剂枪，使操作过程变得复杂。

（9）钢带捆扎技术　如果两法兰间隙较大但仍小于8mm，介质泄漏压力小于2.5MPa，将钢带安装在两法兰的间隙上，把连接螺栓旋入，再加入两个过渡垫片，完全包住法兰间隙，继续拧紧螺栓，形成完整的封闭空腔，而后进行注剂操作。操作程序应先安装螺孔注入接头，然后在法兰连接间隙嵌入盘根，钢带捆扎拉紧后锁定。安装螺孔注入接头时，首先用G形卡兰在拆卸螺母旁夹紧法兰，以防松动螺母时漏量增大。法兰间隙嵌入盘根，起密封增强作用，避免注入的密封剂从钢带与法兰外缘被挤出。密封注剂推进要缓慢均衡和注意压力控制，防止密封剂因挤压传递过程引起密封剂注入处钢带超压。该方法非常实用，响应时间也快，但依然对胶黏剂的配方等性能要求较高。

应用频率较高的几种封堵方法有焊接法、渗透法、内涂法、外涂法、塞楔法等，涉及的工具有堵漏枪、小孔堵漏枪、木制堵漏楔等，存在的问题是稳定性不高，普遍不具有导流的功能。

综上所述，这些传统的封堵装置及其方法普遍存在着结构简单而密封不严，封堵严密的结构又太复杂，大多数封堵装置不易操作，更不易加工制造，同时黏结配方也无严格标准，但对其粘接强度与稳定性却要求较高，而且封堵装置比较笨重，不便携带，成本高，有的则因封堵不严而造成二次泄漏，产生更大的损失。在实际发生事故处置现场所暴露出的问题主要有危险源泄漏事故频发，发生泄漏后，处置缓慢，处置方法落后，应急反应迟钝，少有先进的处理处置工具、优化组合配置与实施方案等。

第三节　堵漏方案

造成泄漏的因素是多方面的，引发的灾害也各种各样，当救援现场有易燃易爆或毒害物质泄漏、扩散，可能导致爆炸、人员中毒等危险情况时，要根据专家组意见和现场救援力量及技术条件，及时采取各种措施，尽快排除险情，实施堵漏。本节以气体储罐泄漏事故为对象，介绍堵漏方案。

堵漏是处置气体泄漏事故的重要手段，是从源头上解决问题的根本措施。气体储罐泄漏事故发生以后，能否有效堵漏，是关系到泄漏的气体能否控制，爆炸燃烧的危险性能否消除，人员的伤亡能否减少的重要措施。

堵漏行动存在着危险性和不确定性，因此救援人员的堵漏行动必须精心组织、科学实施。

一、认真查明情况

指挥员到达泄漏现场后，要组织侦察、检测小组，查明泄漏口形状、大小、压力和环境情况；查明泄漏气体的种类、泄漏量、储存总量；查明已经造成的危害和可能扩散的范围，为组织现场堵漏、决策指挥提供准确的第一手信息资料。

二、拟定行动方案

处置气体储罐泄漏的灾害事故，首先是控制危害，准备实施堵漏。现场指挥部要根据查明的情况，认真分析实施堵漏的有利条件和不利因素，选择可以采用的堵漏方法、使用的堵漏器材，确定2～3种堵漏方法，拟定整体行动方案。行动方案确定后，应征询专家意见；时间紧迫则要在现场征求消防特勤大、中队指挥员意见，以确保堵漏方案的可靠性。堵漏小组应着防静电内衣，使用防爆手持对讲机。

三、拟定紧急避险计划

堵漏是一种高危的抢险救援行动任务，在入场实施堵漏之前，一定要制定好遭遇突发情况时的紧急避险计划，并明确堵漏小组周知。要设置好紧急撤退路线，一般在事故点的上风和侧上风为宜，对于重气泄漏，撤退路线尽量避开低洼地带。要设置好空气呼吸器、防化服等器材的更换与备用站点，不宜离事故点太远，一旦堵漏人员的空气呼吸器或防护服装出现故障和破损，可以短时间内撤离到器材备用站点及时更换，防止出现因器材故障造成的意外伤亡。

四、组成堵漏小组

按照拟定的堵漏方案，挑选精干人员组成堵漏小组。堵漏小组一般由一名消防特勤大、中队干部任组长，也可由特勤班长任组长，作业小组尽可能选派一名熟悉泄漏处情况的人员参加，如事故单位负责设备维护的工程技术人员或聘请社会上专业堵漏公司的技术人员加入堵漏小组。由现场指挥员亲自向堵漏小组交代任务，指出行动要点，以及行动注意事项。

五、组织实施

堵漏小组做好个人安全防护。在水枪掩护下，深入泄漏区域，接近泄漏点，根据堵漏行动方案实施堵漏。

参 考 文 献

[1] 闫宏伟. 危险源泄漏与应急救援封堵技术. 北京：国防工业出版社，2014.
[2] 黄志坚. 工业设备密封及泄漏防治. 北京：机械工业出版社，2014.
[3] 黄金印，姜连瑞，夏登友等. 公路气体罐车泄漏事故应急处置技术. 北京：化学工业出版社，2014.
[4] 康青春等. 防火防爆技术. 北京：化学工业出版社，2008.

第七章

洗消技术

对事故中被化学品污染的对象实施洗消处理，是化学事故救援工作的重要一环。根据化学事故染毒对象的不同，洗消任务包括对战斗员和群众的洗消、对服装和器材装备的洗消、对建筑物的洗消以及对空气、水源和地面的洗消。一次成功而彻底的洗消能减少事故伤亡，最大限度地降低事故损失，消除事故现场发生燃烧爆炸的威胁，提高化学事故的处置能力。

第一节　洗消原理

一、洗消

洗消是通过机械、物理或化学的方法对化学事故现场遭受化学污染物、放射性物质和生物毒剂污染的地面、设备、装备、人员、环境等进行消毒、清除沾染和灭菌而采取的技术过程，它是使危险物失去毒害作用，防止其蔓延扩散的一种有效方法，是消除染毒体和污染区毒性危害的重要措施。简言之，洗消就是对染毒对象进行洗涤和消毒，使毒物的污染程度降低或消除到可以接受的安全水平。

二、洗消的原则

1. 高效彻底，效果明显

危险化学品事故的突发性和高危害性决定了消防部队必须快速反应，处置过程高效、彻底。因此，在选用洗消剂的时候应遵从该原则。只有这样才能在洗消过程中快速消除或减轻污染，最大限度地保护人民的生命财产安全。

2. 把握原则，分类实施

危险化学品事故一般具有易扩散、危害范围大、持续时间长等特点，对洗消剂的需求量较大。有人员中毒需要洗消时，应把救助人员生命放在第一位，选择药剂不能考虑成本，要坚持用最好最高效的药剂。对污染区域的洗消，要坚持简便实用、快速彻底的原则选择洗消剂。

3. 安全环保，副作用小

要求洗消剂或洗消产物不会对救援人员和装备造成毒害、损伤和腐蚀，对环境二次污染小或基本无污染。目前，研究多用途、低腐蚀、无污染且具有快速反应能力的洗消剂是新时期洗消剂研发的主要趋势。已取得显著进展并具有应用潜力的有金属有机催化、过氧化物消毒剂和广谱高效的表面活性剂等。

三、洗消的方法

1. 物理洗消法

物理洗消法就是利用物理过程消除化学品沾染的过程。物理洗消法是通过将毒物转移，或将染毒的浓度稀释至其最高容许浓度以下或防止人体接触来减弱或控制毒物的危害。该方法主要是利用各种物理手段，如通风、溶解、稀释、收集输转、掩埋隔离等，将染毒体的浓度降低、泄漏物隔离封闭或清离现场，达到消除毒物危害的目的。

（1）冲洗

用水洗涤是制式的洗消方法，它可以就地取水减轻后勤负担，同时还能导致部分化学品水解。如果在水中加入洗衣粉、肥皂等类似的洗涤剂，洗消效果会更好。除了水还可以用汽油、柴油、煤油、酒精和卤代烃。冲洗方法的优点是药剂消耗少、操作简单、腐蚀性小。缺点是处理不当会使化学品扩散和渗透，扩大化学品的分布范围，洗涤产生的染毒液需要进一步处理。

（2）吸附

吸附洗消法是利用具有较强吸附能力的物质，如活性炭、硅胶、沸石分子筛和活性氧化铝等，通过化学吸附或物理吸附的原理，吸附染毒物品表面或过滤空气、水中的有毒物。简单的吸附如用棉花、纱布等材料吸去人体皮肤上的可见毒物液滴。

（3）蒸发

蒸发是在热的作用下物质由液相转移为气相的物理过程。主要有：利用通风、日晒、雨淋等自然条件使毒物自行蒸发、散失及被水解，使毒物逐渐降低毒性或逐渐被破坏而失去毒性。

（4）反渗透

反渗透指采用具有选择性的透过膜，在压力推动下使水透过而其他物质被藏留的过程，主要用于危险化学品泄漏后水源的消毒。

（5）机械转移

机械转移洗消法是采用除去（如用破拆工具、铲车、推土机等切除或铲除）或覆盖（如使用沙土、水泥粉或炉渣等覆盖）染毒层的办法，也可采用将染毒物密封移走或密封掩埋（如制作密封容器），使事故现场的毒物浓度得以降低的方法。这种方法虽然不能破坏毒物的毒性，但可在一定程度上降低化学毒物的浓度，使处置人员不与染毒的物品、设施直接接触，但在掩埋的时候必须添加大量的漂白粉、生石灰拌匀。

2. 化学洗消法

化学洗消法是利用化学消毒剂与有毒化学物质发生化学反应，改变化学毒物的化学性质，使之成为无毒或低毒物质，从而达到消毒的目的。它具有消毒彻底，对环境保护较好的特点。然而，要注意洗消剂与毒物的化学反应是否产生新的有毒物质，防止发生次生反应染毒事故。

（1）中和法

中和法是利用酸碱中和反应的原理消除毒物。如盐酸、硫酸和硝酸等强酸大量泄漏时，可利用氢氧化钠、碳酸氢钠等碱性物质作为中和剂；若大量碱性物质泄漏，则可用酸性物质进行中和。利用中和法进行洗消时，必须控制好洗消剂溶液的浓度，否则会造成衍生危害。中和完成后，需要用水对残留物进行反复冲洗。

（2）氧化还原法

氧化还原法是利用洗消剂与毒物发生氧化还原反应的原理消除毒物，主要针对毒性大且持久的油状液体毒物。这类洗消剂有漂白粉（有效成分是次氯酸钙）、三合二（其性质与漂白粉相似，但其次氯酸钙含量高、杂质少、有效氯高、消毒性强）等。例如：硫醇、硫化氢、磷化氢、硫磷农药、含硫磷的某些军事毒剂等低价硫磷化合物，可用漂白粉、三合二等强氧化剂将其迅速氧化成高价态的无毒化合物。如氯气钢瓶泄漏，可将泄漏钢瓶置于石灰水槽中，氯气经反应生成氯化钙，可消除氯对人员的伤害和环境污染。

（3）催化洗消法

催化洗消法是利用催化原理，在催化剂的作用下，使有毒化学物质加速生成无毒物或低毒物的化学消毒方法。如一些有机硫磷农药、军事毒剂等都具有毒性大、毒效长的特点，但其水解的最终产物却没有毒性。在常温、低浓度下它们需要数天的时间才能彻底水解，不能满足化学事故现场快速洗消的要求。此时，可加入某些催化剂促使其快速水解，从而快速对其进行洗消处理。此外，催化洗消法包括碱催化法、催化氧化消毒法、催化光化洗消消毒法、酶催化、络合催化等。催化消毒法只需少量的催化剂溶入水中即可，适合事故现场洗消，是一种经济高效、有发展前景的化学消毒方法。

（4）配合洗消法

配合洗消法是利用配合剂与有毒物发生快速配合反应，生成无毒的配合物，或将有毒分子吸附在含有配合消毒剂的载体上，使原有的毒物失去毒性。如氯化氢、氨、氰根离子就可用配合吸附的方法，使其失去毒性。配合洗消法使用的配合剂又可分为有机配合剂和无机配合剂。

（5）燃烧消毒法

燃烧消毒法是通过燃烧来破坏有毒化学物质，使其毒性降低或失去毒性的消毒方法。对价值不大的物品实施消毒时可采用燃烧消毒法，但燃烧消毒法是一种不彻底的消毒方法，燃烧可能会使有毒化学物质挥发，造成邻近或下风方向空气污染，故使用燃烧消毒法时洗消人员应采取相应的防护措施。如：在重庆开县发生的特大井喷事故中，为了防止硫化氢的扩散，在压井前，将喷出的硫化氢气体进行了点燃，从而将剧毒的硫化氢转化为低毒的二氧化硫，降低了硫化氢的毒性。

第二节　洗消剂

洗消剂是用来清洗化学毒剂或能与化学毒剂反应使其毒性消失的化学物质。选择适合的洗消剂是实施洗消的根本要素，是获得事故处置成功的前提和关键。

一、常用洗消剂的分类

洗消剂是随着持久性毒剂在战场上的出现而发展起来的，自从第一次世界大战德军首次使用持久性毒剂芥子气后，就出现了漂白粉和高锰酸钾消毒剂。目前，常用洗消剂的种类主要有以下几种。

（1）氧化氯化型洗消剂

如：次氯酸钙、次氯酸钠、三合二、双氧水、氯胺、二氯异三聚氰酸钠等。

（2）酸性洗消剂

如：稀盐酸、稀硫酸、稀硝酸等。

（3）碱性洗消剂

如：氢氧化钠、氨水、碳酸钠、碳酸氢钠等。

（4）络合型洗消剂

利用络合剂与有毒物质快速发生络合反应，使毒物丧失毒性。如：硝酸银试剂、含氰化银的活性炭等。

（5）溶剂型洗消剂

包括常用的溶剂，如水、酒精、汽油或煤油等。

（6）洗涤型洗消剂

其主要成分是表面活性剂，根据活性基团的不同可分为阳离子和阴离子活性剂，具有良好的湿润性、渗透性、乳化性和增溶性。如：肥皂水、洗衣粉、洗涤液、乳液消毒剂等。

（7）吸附型洗消剂

主要利用吸附机理达到洗消作用，主要分为物理吸附和化学吸附，如：活性炭、吸附垫、分子筛等。

（8）催化型洗消剂

某些化学污染物与洗消剂的反应需要在特定的温度、pH 值等环境因素下进行，需加入相应催化剂以提高其洗消反应速度，如：氨水、醇氨溶液等催化剂，可加快毒物的水解、氧化、光化等反应速度。

（9）螯合型洗消剂

此类洗消剂能够与有毒物质发生快速螯合，将有毒分子吸附在螯合体上使其丧失毒性。如敌腐特灵、六氟灵洗消剂，属酸碱两性的螯合剂，对强酸、强碱等各种化学品灼伤都适用。

上述各类洗消剂在洗消效果上基本都能满足毒物洗消的要求。在洗消剂的选择过程中，对于同一种污染物并不只有唯一类型的洗消剂。如对氰化钠泄漏事故的处置，除选择络合洗消剂外，亦可选择三合二氧化氯化型洗消剂。有时在实际洗消中仅依靠一种洗消剂并不能达到预期的洗消目的与要求，需要选择多种洗消剂进行联用，如：洗涤剂＋吸附剂＋中和剂、催化剂＋氧化氯化型洗消剂、催化剂＋络合剂等不同组合模式，从而达到最佳的洗消效果。

目前，没有任何一种洗消剂堪称为通用洗消剂，各种洗消剂都有其优缺点。如：次氯酸盐消毒剂对金属兵器腐蚀性强，使用后兵器的维护保养难度极大；有机碱消毒剂对兵器涂层腐蚀严重，同时其本身有一定毒性，污染大、后勤负担重；吸附消毒粉的毒剂吸附量有限，易出现解吸附，造成二次染毒；有些洗消剂本身有一定毒性、污染大，对皮肤会有刺激，无法完全实现安全环保的基本要求。为了实现快速洗消，保护环境，减少有害化学物质渗入到人员皮肤、土壤或水中的数量，各国进行了大量改进性研究，并以研发新型高效能、快速的洗消剂为主，同时要确保洗消剂具有存储稳定性、强环境适应性和高环境相容性的特点。因而，研究多用途、低腐蚀、无污染且具有快速反应能力的洗消剂是新时期洗消剂研发的主要趋势。

二、生物酶洗消剂

生物酶被认为是一类真正没有腐蚀和污染的温和、高效催化消毒剂，非常适合于人员皮肤特别是伤口的消毒处理。可用于消毒的生物酶主要有两大类：一是B类酯酶，如胆碱酯酶与含磷毒剂结合使之快速失去毒性；二是A类酯酶，如有机磷化合物水解酶可催化沙林、梭曼、对氧磷、对硫磷等水解消毒。酶法消毒的主要难点和关键技术是酶的活性、大量制备和使用稳定性。近年来，随着生物技术的高速发展、克隆技术和基因排序技术上的突破，这些关键技术正在逐步解决。

生物酶洗消剂主要是利用降解酶的生物活性快速高效的切断磷脂键，使不溶于水的毒剂大分子降解为无毒且可以溶于水的小分子，从而达到使染毒部位迅速脱毒的目的，并且降解后的溶液无毒，不会造成二次污染。生物酶洗消剂与传统的化学反应型洗消剂相比，具有快速、高效、安全、环境友好、用量少、后勤负担小等独特的优点。

美国杰能科国际公司生产了军民两用的DEFENZ生物酶洗消剂，该洗消剂平时以干粉形式储存，使用时加水活化即可使用，可用于洗消G型和V型神经性毒剂、有机磷化合物和杀虫剂等，不腐蚀金属表面，洗消溶液无需后处理，污染小，是一种对环境友好的洗消剂。

我国“863 计划”研究出一种“比亚有机磷降解酶”高效洗消剂。该洗消剂可以通过生物降解的方式，将有毒、不溶于水的毒物大分子瞬间降解成无毒、溶于水的小分子，是一种无毒、高效、环保的酶基洗消剂。它可以对有毒的含有磷氧键、磷氟键、磷硫键等化学键的危险化学品进行快速降解，常温常态常压下就可以发生催化反应，使有毒物质的降解速度提高 1000～2450 倍，达到对各类危险化学品，如硫化物、磷化物及液氯等进行快速洗消的目的。

三、纳米消毒材料

随着纳米技术的发展，制备高比表面积、小晶粒尺寸、多缺陷位（活性位）的纳米材料技术不断成熟，以纳米材料为主体的消毒技术研究成为热点。

1. 纳米金属氧化物

美国军方化学发展与技术研究中心（CRDTC）的 Yang 指出氧化物可以用作战场、实验室以及化学战剂生产、储存和销毁等领域内的消毒。据美国相关研究报道，在常温条件下，VX、GD、HD 在纳米氧化镁、氧化钙和三氧化铝上可发生消毒反应，机理主要是表面水解反应，其动力学特征为初始的快反应和随后转变为受扩散限制的慢反应。负载在介孔分子筛上的纳米氧化物显示出更高活性，对毒剂的反应性已显著超过现装备的 XE-555 树脂。2004 年埃基伍德化生中心采用纳米氧化铝研制了 MlooSDS 吸附消毒手套，用于对人员皮肤和装备的局部消毒。

2. 纳米织物材料

2003 年，美国德州理工大学研制出了一种新型吸附织物材料，这种复合织物由三层组成：第一层和第三层均为无纺布材料，中间吸附层由直径小于 500 nm 的活性炭纤维经静电纺丝技术制成。这三层材料经针刺工艺结合在一起，美军用这种材料制成了人员皮肤消毒擦垫，将替代军方目前正在使用的固体粉类洗消剂。

此种织物材料特别适合于具有开放性创伤的人员皮肤消毒。美军将这种擦垫与 RSDL 皮肤消毒包组合使用。首先用擦垫将液滴状的毒剂吸附掉，然后再用反应型的 RSDL 消毒液进行消毒。美国科学鉴证中心对这种消毒擦垫的消毒效率进行了评价，通过与活性炭粉和 M291 消毒包对比发现：无纺织物的吸附消毒效率显著优于活性炭和 M291。

3. 广谱型消毒功能纳米材料

最近，美国科学家还提出了设计具有广谱型消毒功能纳米材料的构想，即在纳米材料上具有多种化学活性部位，如 Lewis 酸、超强酸、Lewis 碱、强碱；具有氧化还原催化特性，如储备的氧化或还原能力；具有受控孔径，如大小、形状和化学性质；具有光吸收性质，利用环境空气进行光催化氧化；具有电磁辐射吸收、电化学特性，以进行传导和电子信息传输等。

纳米尺度范围内的孔可以作为细菌、毒素的“陷阱”，并可精准地控制孔径、孔径分布和孔壁化学功能性。温和纳米材料的孔可用于储存强酸，甚至能储存超强酸及强碱。在孔中储存氧化剂将成为可能，氧化剂可作为材料的结构成分之一，受到静电或共价键的限制或固定。多聚金属氧化物与温和纳米材料结合后，表现出特殊的前景，有望得到超凡的消毒活性纳米材料。将纳米材料的催化部位与光吸收相结合，即可制成光催化剂。

四、洗涤消毒剂

最普通的洗涤型消毒剂是水，水可以把染毒物表面的毒剂冲洗下来，但是单纯用冷水洗消效果很差。采用高温高压的热水，一方面可以增加毒剂在水中的溶解度，另一方面靠机械作用将毒剂冲刷下来，提高消毒效果。美、英等一些国家还采用热肥皂水和表面活性剂水溶液对武器装备和服装消毒。德国曾研制了代号R54的消毒液，主要成分为复合表面活性剂、助剂和抗冻剂等复配而成。我军研制了类似于德军R54的洗消液，还研制了大型兵器洗消液，主要由表面活性剂、三聚磷酸钠等组成。洗涤型消毒剂具有高效、多消和无腐蚀等优点，但必须将洗涤液收集起来，再进行消毒处理。

五、微胶囊消毒剂

微胶囊技术是使用成膜材料把固体或液体包覆成微小颗粒的技术。在洗消技术中运用微胶囊技术可提高消毒剂的使用效率和解决消毒剂腐蚀性强的问题。美国开展了微胶囊化消毒剂的研究，目的在于研制一种能对皮肤、服装和装备消毒的多效消毒剂。据报道，美国对微胶囊腔内填料和胶壁材料的选择、微胶囊的制备和评价进行了深入研究，他们从研制的40多种样品中筛选了7种用于伤员消毒试验，发现效果较好，不仅能明显地降低芥子气、沙林和梭曼在皮肤上的渗透作用，而且还能提取已渗入皮肤的梭曼。我国在20世纪90年代初研究了微包胶消毒剂，对微包胶消毒剂的置备工艺、消毒效果进行了研究。研究结果表明，微包胶消毒剂是一种有发展前途的消毒剂。

六、吸附反应型高分子消毒树脂

在化工环保中采用树脂吸附法处理高浓度有机废水已有大量成功的先例，每年的报道文献也很多。一般的吸附性高分子树脂吸附有毒物质为单纯性物理吸附，所用原料来源比较广泛、价格比较便宜，被普遍用于人员皮肤和服装消毒。其缺点是：单纯的物理吸附只是从表面除去毒剂，吸附毒剂后容易解吸附，造成二次污染。

吸附反应型高分子消毒树脂将单纯物理吸附作用与化学反应作用集中在一起，它是由表面积很大的吸附树脂、强酸性树脂及强碱性树脂组成的混合树脂，前者将毒剂从染毒表面快速吸附到树脂上，后二者将被吸附的毒剂分解掉。此种消毒树脂可以通过取代、消去反应及强化学吸附造成共价键断裂的方式与毒剂反应而达到消毒的目的。由于消毒树脂的特定结构使得它不仅对毒剂有高效的吸附能力，而且能促进吸附的毒剂发生水解，对人员皮肤的腐蚀性很小或没有，对环境也无危害作用。通过对高倍吸附树脂的接枝改性，美国研究出了XE-555型树脂，近几年，我国也在高分子吸附反应型消毒剂研究方面做了一些探索性工作。

第三节　新洗消技术

当前洗消技术的发展不仅仅是消毒剂的更新和改进，而且还充分运用化学、电子学、光学、微波等原理，使洗消手段有了长足发展。

一、光催化消毒技术

光催化消毒是根据产生自由基的方式和反应条件的不同，利用太阳光或其他特种光源和空气中的氧进行消毒的研究。其原理是：加入一种新的光敏化学添加剂于染毒表面，此种添加剂能吸收预定频率范围内的射线，然后将毒剂与添加剂混合物用预定频率范围内的射线照射，此时添加剂便快速吸收射线，并因此产生热将毒剂蒸发或分解。美国曾研究了硫芥气和维爱克斯中所含硫和氮在太阳光和空气中氧的作用下的光敏氧化。我国也曾在20世纪80年代对光催化降解毒剂进行了相当规模的研究，但早期的工作主要集中在光敏催化剂的选择上。由于该反应体系受多种条件的制约，虽然在理论上取得了一些重要进展，但与实际应用仍存在较大距离。

此外，半导体光催化是近十几年兴起的一项高新技术。半导体被光激发后具有很强的氧化能力，而且这种氧化性只在催化剂表面附近才有效，也就是说只对吸附在催化剂表面的分子具有氧化能力，而从整体来看，反应过程则是一个氧化还原平衡体系，从而实现了局部（催化剂表面）的强氧化性与整体低腐蚀性的良好统一。

二、微波和激光消毒技术

微波（microwave，MV）指波长为1μm～1mm，频率从300MHz～300GHz的超高频率电磁波。作为一种传输介质和加热能源，微波已被广泛应用于各学科领域。微波在化学中的应用开辟了微波化学这一化学新领域，即微波直接与化学体系发生作用，从而促进各类化学反应的进行。微波在化学环境中的应用较为广泛，主要包括微波除污、污油回收，SO_2和NO_x还原等。

由于微波加热时是内外同时进行的，加热速度快，避免了普通氧化消毒方法中由外到内较长时间加热而造成消毒对象外层结构的变化。美国一研究所曾利用微波技术来分解毒剂蒸气和毒剂模拟剂，分解率可达100%。在固体污染物的消毒方面，微波消毒技术也有很大进展。据报道，借助微波对有害有机物污染过的土壤进行消毒的技术已取得实验室及小规模实验的成功。

随着激光技术的飞速发展，激光的应用范围日益广泛，研究人员也对激光消毒技术进行了探讨。国外有的学者提出用激光进行大面积消毒的可能性。激光消毒的基本原理是根据激光能将大量的能量远距离输送到某一目标上，并以热能的形式反应出来的基本特性，使目标表面的毒剂蒸发或分解。

利用微波和激光消毒有很大的局限性，激光的大面积使用技术也很不成熟。在现阶段技术条件下，它们还难以成为实用消毒方法。不过，作为一种可能的消毒途径进行探索性研究是有价值的。

三、超临界流体消毒技术

超临界流体由于具有溶解有机物效率高、分散效果好、氧化有机物完全、污染物降解彻底、热能可回收利用等突出的优点，近年来在环境工程方面的应用取得重大进展。

超临界流体，尤其是超临界水可使有机物以任意比例溶解在水中，且对有机物具有非常强的氧化破坏能力，能将有机物彻底氧化成为无机物。例如，使用超临界水氧化技术处理高浓度、难降解的有害废水、废液十分有效，同时这一技术对于采用高温氧化或生化法无法降解的许多剧毒、有害液体废料也可进行有效的处理。美国 Modar 公司对一些常见的污染物，如联苯、三氯烷及氯代芳烃进行超临界水氧化处理时发现，超临界水氧化技术将这些有机物氧化成小分子气体和盐的转化率均大于 99.9%，且比常规方法经济。

美国在 20 世纪 90 年代初期对该技术在毒剂销毁方面的应用进行了充分的论证和研究，最终作为销毁化学武器的可供选择方案之一。

四、等离子体洗消技术

等离子体是高能电子、自由基、激发态分子等的混合状态，可分为高温等离子体和低温等离子体，在环境污染治理中应用的主要是后者。根据粒子温度与电子温度是否达到平衡，低温等离子体又可分为热等离子体（平衡等离子体）和冷等离子体（非平衡等离子体）。在热等离子体中，各种粒子的温度几乎相等，可达 5000～20000K，在如此高的温度下几乎可以将所有的有害固、液废弃物彻底分解或玻璃体化，因此成为化学武器销毁的一种可替代技术。在冷等离子体中，电子温度高达 10^4～10^5K，而粒子温度不过几百度甚至接近室温，这类等离子体可以通过常压下气体放电产生，在脱硫脱硝、挥发性有机物降解、有毒气体净化等废气治理及表面消毒领域受到广泛关注。

目前，在化学毒剂洗消领域研究过的等离子体发生器类型主要有大气压等离子体喷射器（Atmospheric Pressure Plasma Jet，见图 7-1）和常压冷等离子体反应器（如线 - 筒式反应器见图 7-2、针 - 板式反应器、填充床式反应器等）。其中

APPJ 主要利用高速气流将产生的等离子体喷射到受毒剂沾染的表面实施洗消，因其应用范围广（可用于核生化洗消），且喷出的等离子体活性粒子流可用于各种表面洗消而受到国内外研究者的广泛关注。各种冷等离子体反应器主要用来处理染毒气体，可用于密闭空间的空气消毒。

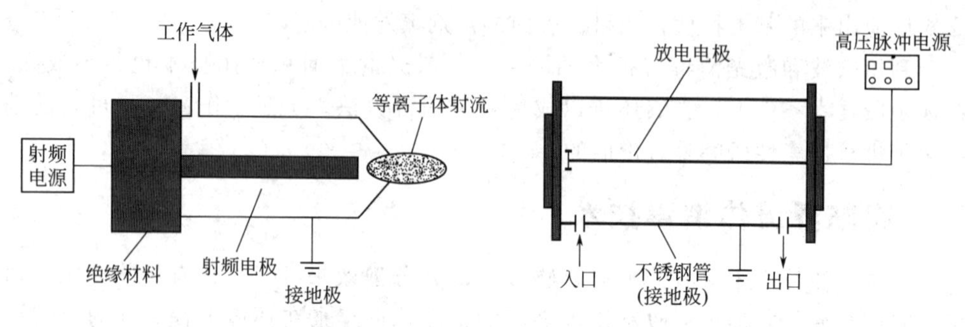

图 7-1 大气压等离子体喷射器结构示意图

图 7-2 线-筒式脉冲电晕放电反应器

等离子体技术是一项新型的环境污染治理技术，在化学毒剂洗消领域的应用研究虽然取得了阶段性的成果，在实验条件下具有较好的洗消效果，但总体上还处于探索性研究阶段，要使其发展成为新一代洗消装备，还有许多技术难题需要解决。

1. 等离子体放电电源

等离子体发生装置对放电电源的要求很高。电源功率的大小直接决定着向反应系统输入的能量，即功率大，输入的能量多，产生的活性粒子密度大，洗消效率高，但成本高，电源的重量及体积也大；反之，功率小，可能洗消速度慢或效率低。因此需要针对不同的放电方式和反应器构造进行模拟洗消试验，以探索出适合洗消需要的等离子体放电设备及其匹配的电源。

2. APPJ 在表面洗消方面仍有许多问题需要解决

现有的 APPJ 设备需要使用大量的惰性气体（氦气或氩气），惰性气体成本高且来源受限，使用时还需要携带大量的气罐，后勤保障负担重。因此需要探索研究直接采用空气作为气源的可行性，一旦研制成功，可以直接利用周围空气，不仅降低成本和负担，而且利于实现装备化。APPJ 对受染对象实施洗消时需要将产生的等离子体喷到受沾染对象表面，而目前的大气压等离子体射流有效活性距离仅 1～2cm，有效洗消距离太短，不能满足装备洗消需要，必须研究提高其射流的有效活性距离。目前的 APPJ 洗消能力有限，受喷口直径限制还不能实现大面积洗消，这远远不能满足实际作战情况的洗消要求。必须在现有技术的基础上，将 APPJ 设备放大，提高等离子喷射枪体的直径，并通过寻找合适的添加气，提高洗消效率，研制出适合车辆甚至飞机使用的大面积 APPJ 洗消装置。

3. 深入开展等离子体消毒机理研究

特别是对毒剂在等离子体内降解产物的定性研究，降解速率及降解因素的研究，对等离子体能量及反应活性的定量表征方法的研究也应深入开展，以便指导等离子体发生器的研制与改进。

等离子体技术在表面洗消、染毒空气洗消等方面都有着良好的发展前景，国外已经开展了较深入的研究，已研制出一些针对生化毒剂洗消的装置，并申请了专利，正在努力研制适合战场需要的装备。国内在等离子体洗消领域也做了不少工作，对含磷含硫毒剂模拟剂形成的气态污染进行了较详细的实验研究，并对表面沾染的洗消也进行了初步的探索研究工作。在今后的工作中，一方面要对各种类型的毒剂进行详细的洗消实验，探索其应用范围；另一方面要探索研制能够适应复杂多变的战场需要的等离子体洗消装置。

五、微胶囊洗消技术

微胶囊技术的研究始于 20 世纪 30 年代，50 年代取得重大成果，美国利用含油明胶微胶囊研制出第一代无碳复写纸，80 年代后微胶囊技术取得更大的进展，不仅申请了许多微胶囊合成技术新专利，而且开发出纳米级微胶囊。与此同时，微胶囊的应用领域也从最初的药物包覆和无碳复写纸迅速扩展到医药、食品、农药、化妆品、纺织等行业。

根据合成微胶囊所用芯材与壁材原料的性能、微胶囊的合成方法以及使用目的，合成出的微胶囊大小、外部与内部形态各异。微胶囊的粒径通常为 0.1～1000μm，随着现代仪器设备的开发与微胶囊技术的发展，目前已经可以制备粒径为 1～1000nm 的纳米级微胶囊。微胶囊的外部形态各异，一般情况下，芯材为固体的微胶囊，其形状由固体颗粒的形状所决定；芯材为液体或气体的微胶囊，其形状多为球形。微胶囊的内部结构也呈多种形态，如图 7-3 所示，从芯材来看，有单核与多核之分，有微胶囊簇和复合微胶囊；从壁材上看，有单层、双层和多层结构。

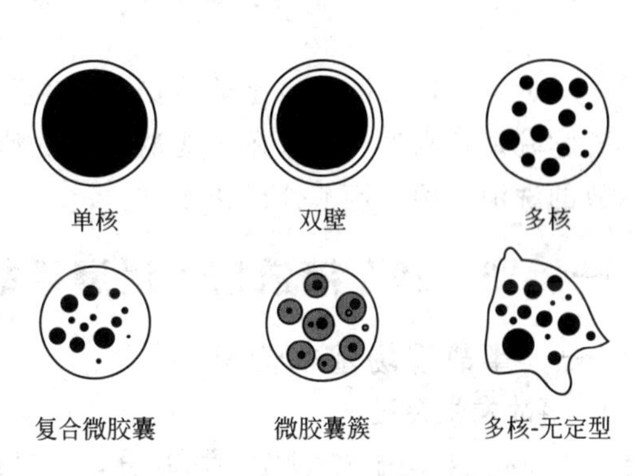

图 7-3 微胶囊的形态结构示意图

微胶囊技术是一种有效的物质固定化技术，应用优势在于其具有的特殊核-壳结构可以将芯材与外界环境隔离开来，从而改善芯材的物理性质，提高芯材的稳定性，同时保留芯材原有的化学性质，起到保护、控制释放及屏蔽毒性等功能。使用时，在加压、升温、摩擦或辐射等特定条件下可释放出芯材，或在不破坏壁材的条件下，通过加热、溶解、萃取、光催化或酶催化等作用，使芯材透过壁材向外扩散，从而起到控制释放芯材的功能。随着科学技术的不断发展，目前这一技术在洗消领域也得到了较广泛的应用。

为了提高消毒剂的使用效率和解决消毒剂腐蚀性强的问题，国内外技术人员开展了微胶囊消毒剂的研究，目的在于研制出一种能对皮肤、服装和装备消毒的多效消毒剂。据报道，美国对微胶囊腔内填料和胶壁材料的选择、微胶囊的制备和评价进行了深入研究，从研制的40多种样品中筛选出7种用于伤员消毒试验，结果表明，其消毒效果良好，不仅能明显地降低芥子气、沙林和梭曼在皮肤上的渗透作用，而且还能提取已渗入皮肤的梭曼。20世纪70年代末，美国南方研究院率先采用乙酸丁基纤维素、氯化橡胶、聚乙烯醇缩丁醛和聚偏乙烯等高分子材料对次氯酸钙和氯胺类（如二氯三聚异氰酸钠等）进行了微胶囊化研究，制备了相应的微胶囊。其中，这些高分子膜材料在消毒体系中主要起稳定消毒剂活性成分、降低腐蚀性的作用。1980年美国4201822号专利公开了一种微胶囊吸附消毒材料。该胶囊材料为乙基纤维素，制备的微胶囊对毒剂有选择性吸附作用。我国在20世纪90年代初开始研究微胶囊消毒剂，以乙酸丁酸纤维素、氯化橡胶等作为胶壁材料，以次氯酸钙为腔内填料，对微胶囊消毒剂的制备工艺、消毒效果进行了研究。研究结果表明，微胶囊消毒剂是一种有发展前途的消毒剂。

第四节　典型洗消案例

近年来，我国危险化学品安全生产形势十分严峻，重特大事故频繁发生。武警学院卢林刚教授等人在《洗消剂及洗消技术》一书中对典型危险化学品泄漏事故的洗消案例进行了分析和探讨。

一、“3·29”液氯槽车泄漏事故

（一）事故现场基本情况

1. 事故发生经过

2005年3月29日18时50分，一辆载有40.44t液氯的槽罐车由北向南行驶至京沪高速公路江苏淮安段103km处（淮安市淮阴区境内）时，因其左前胎爆胎，车辆向左撞断隔离带至逆向车道并翻车，导致液氯槽车车头与罐体脱离，罐体横卧在路中央，并与一辆由南向北行驶载有液化气空钢瓶的卡车相撞，槽罐进、出料口阀门齐根断裂，大量液氯发生泄漏。液化气空钢瓶的卡车司机当场死亡，槽罐车驾驶员未及时报警，逃离了事故现场。

2. 京沪高速情况

京沪高速公路为我国南北交通的大动脉，双向4车道，全长1262km，江苏境内长465km，其中淮安段70km，日平均车流量16000辆，事故当日车流量为18665辆。

3. 事故车辆情况

液氯槽罐车情况：鲁H-00099槽罐车长12m，罐体直径2.4m，额定吨位为

15t，实际载有约 40.44t，超载 25.44t。事故发生后，有关部门对车辆进行检测时发现，该车辆已有半年没有经过安全部门检测，左前轮胎已报废，达不到危险化学品运输车辆的性能要求。

液化气钢瓶运输车辆情况：鲁 Q-A938 挂卡车长 13m，装载液化气空钢瓶（5kg）约 800 只。

4. 现场周边情况

事故当天风向是东到东南风，事故点下风及侧下风方向主要有淮阴区王兴乡的高荡、张小圩、圆南和涟水县蒋庵乡的小陈庄、悦来集、张官荡、石桥等十来个行政村，其中距离事故点最近的有高荡村的 3 个组：高荡五组、六组、七组，共 200 户约 550 人，离事故点最近住户的直线距离只有 60m，如图 7-4 所示。

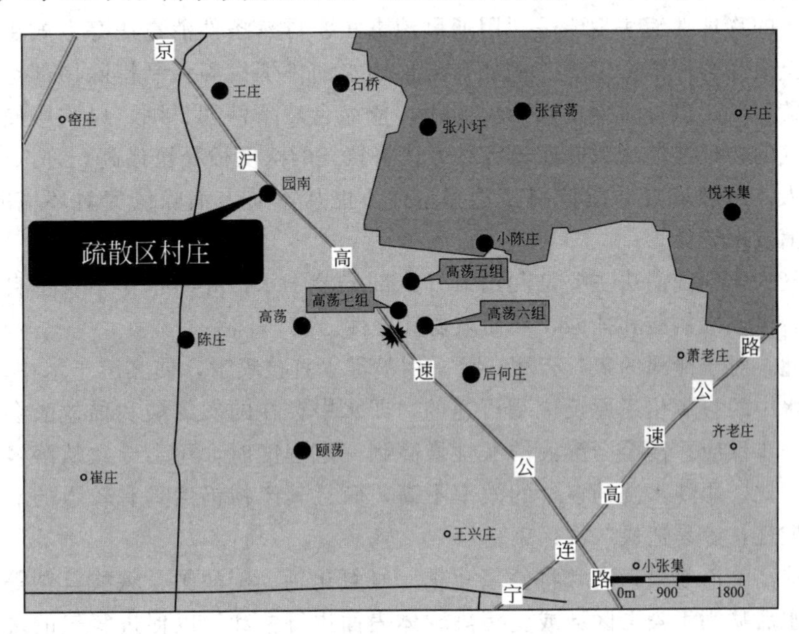

图 7-4 现场周边情况示意图

5. 天气情况

29 日 18 时，晴到多云，东到东南风，风力 3 级左右，风速 3.8m/s，气温 12℃；30 日晴，东南到南风，风力 1～2 级，风速 0.8～3.2m/s，气温 6～20℃；31 日晴，南到东南风，风力 1～2 级，风速 0.8～3.2m/s，气温 6～21℃。

6. 水源情况

事故现场最近的取水点有三处，都是口径为 150mm、流量 18 L/s 的室外消火栓。第一个消火栓位于事故点北面的淮安北出口处（距事故点 8km），第二个消火栓位于事故点南面的淮连高速公路涟水服务区（距事故点 12km），第三个消火栓位于事故点南面的淮连高速公路淮安收费站（距事故点 16km）。

（二）事故现场洗消措施

18时55分，淮安市消防支队接到淮阴区公安110指挥中心转警后，迅速调集8个中队、29辆消防车、150名官兵赶赴现场救援。江苏省消防总队接报后，先后调集5个支队、10辆消防车、90名官兵到场增援。在现场指挥部的统一指挥下，在淮安市公安、武警、交通、安监、医疗和环保等相关部门的协同配合下，消防人员采取安全防护、警戒疏散、侦察检测、喷雾稀释、封堵漏口、起吊转移、快速中和等措施，经过近65h的艰苦奋战，成功处置了这起液氯槽罐车泄漏事故。

1. 洗消剂的确定

根据氯气的理化性质和染毒对象受污染的具体情况，氯气的洗消方法主要有物理洗消法和化学洗消法两种。

氯气的物理洗消法主要是利用通风消毒法、自然条件消毒法等方式将氯气浓度降低至最高容许浓度以下。例如，可采用水动排烟机等强制排除局部空间或小区域内的氯气；也可对染毒区暂时封闭，依靠自然条件如日晒、风吹等使氯气消散。氯气的物理洗消法只是通过各种方式将氯气的浓度稀释至最高允许浓度以下，或防止人体接触来减弱或控制其危害，并不能从本质上消除氯气对环境的影响，而且洗消效率较低。

氯气的化学洗消法主要是利用氯气能部分溶于水，并与水作用发生自氧化还原反应，生成次氯酸和盐酸，从而减弱其毒性。

因此，对于泄漏的氯气云团，可采用喷雾水直接喷射，使其溶于水中。但是，氯气在水中的自氧化还原反应是可逆的，即水中存在的次氯酸和稀盐酸会阻止氯气的进一步反应，甚至当溶液的酸性增高到一定程度时，还会导致从溶液中产生氯气。因此，用纯水洗消氯气的效率不高，而且其产物仍然具有较强的氧化性和一定的酸性，容易造成二次污染。

为提高洗消效果，通常将氢氧化钠、氢氧化钙、碳酸钠、碳酸氢钠等碱性物质溶于水后喷洒于染毒区域或受污染物体表面进行中和，以促进氯气的进一步溶解，并使氯气有效地转化为次氯酸盐和氯化盐。氢氧化钠溶液、碳酸氢钠溶液洗消氯气的化学反应式见式（7-1）和式（7-2）。

$$2NaOH + Cl_2 = NaCl + NaClO + H_2O \tag{7-1}$$

$$2NaHCO_3 + Cl_2 = NaCl + NaClO + 2CO_2 + H_2O \tag{7-2}$$

2. 洗消措施

（1）染毒人员及器材装备的洗消。搭建洗消帐篷，建立洗消站，处置过程中及时对参战官兵及染毒装备用水进行喷淋洗消。

（2）染毒环境的洗消。在堵漏和起吊过程中，用开花、喷雾水枪对泄漏罐周围进行稀释；将液氯罐吊入中和池中，用氢氧化钠溶液进行中和，并对中和池周围进行封闭，由专人看护，确保中和后的液体自然降解；调集100台喷雾机械和10台大型喷雾车对污染区喷洒氢氧化钠溶液；调集10部消防水罐车，利用雾状水对污染区进行稀释；环保部门对污染现场进行不间断地环境监测，直至毒气全部消除。

二、“4·25”液氨泄漏事故

（一）事故现场基本情况

1. 事故单位基本情况

西安市水产冷库隶属于西安市水产公司，占地 54.88 亩，冷藏储量 2000t 的主库 1 座，日结冻能力 80t，有每小时制冷量为 55 万大卡的冷冻机 4 组、8 台，日产 15t 制冰机 1 台，1 条 0.8km 铁路专用线，通用仓库 $2000m^2$，固定资产总值 1287 万元人民币，职工 118 人（其中各类专业技术人员 25 人）。

库区内有 3 个小工厂、1 个公司，即热处理厂、钢窗厂、油漆厂和秦达公司，库区东北角设有办公区和家属区。库区设备间有 5 个卧式高压罐、4 个架空立式低温低压罐、3 台氨泵，储存液氨 21t。库内主要存放冷饮、肉类、鱼类等速冻食品 2000 余吨，是西安市最大的冷库，担负着全市居民日常生活副食品供给的任务。

库内主要的消防设施有：地上消火栓 3 个，200t 蓄水池 1 个，移动式灭火器 27 具，过滤式防毒面具 4 具。

2. 事故发生经过

2000 年 4 月 25 日上午，西安市水产冷库技术人员在设备间检修 3 号氨泵时，误将 2 号氨泵进液阀关闭，当打开 3 号氨泵工作嘴时，制冷剂液氨从工作嘴喷出，瞬间氨气充满了整个设备间，并迅速向库区扩散蔓延。面对穿透力极强的氨气，冷库仅有 4 具过滤式防毒面具，技术人员显得束手无策，无法控制。

（二）事故现场洗消措施

10 时 44 分，西安市消防支队 119 调度指挥中心接到报警后，先后调集 5 个消防中队、13 辆消防车、89 名消防官兵赶赴现场实施救援。在现场指挥部的统一指挥下，各级指战员科学采取警戒疏散、侦察检测、消除电源和火源、关阀止漏、现场洗消等措施，经过近 1h 的艰苦奋战，成功排除了险情。

1. 洗消剂的确定

根据氨气的理化性质和染毒对象受污染的具体情况，氨气的洗消方法主要有物理洗消法和化学洗消法。氨气的物理洗消法除利用通风消毒法、自然条件消毒法将氨气浓度降低至最高容许浓度以下外，还可利用溶洗消毒法对氨气实施物理洗消，即利用氨气极易溶于水的特点，采用喷雾水对污染区域进行喷淋，使逸出的氨气溶解于水中，形成氨水，其化学反应式见式（7-3）。

$$NH_3 + H_2O \rightleftharpoons NH_3 \cdot H_2O \rightleftharpoons NH_4^+ + OH^- \tag{7-3}$$

与氯气的物理洗消法类似，氨气的物理洗消法也不能从本质上消除氨气对环境的影响，洗消效率也较低。例如，采用喷雾水进行稀释降毒时，一方面氨气和水的反应是一个典型的气液反应过程，决定反应速度的关键因素之一是氨气在水中的溶解速度和氨气的分压差，喷雾水对氨气的吸收只能进行到氨气的组分分压略高于氨气在溶液中的平衡分压为止；另一方面氨气冲洗水中的氨并未被破坏，且氨水稳定性较差，受热温度升高时，氨气会重新挥发出来，而且洗消产物氨水在地面流淌时容易进入下水道、河流等其他水体，造成更大的危害。

氨气的化学洗消法主要是利用酸性洗消剂，如对染毒环境洗消时，可采用盐酸、硫酸、硝酸等中强酸溶液；对染毒人员及器材装备洗消时，可采用硼酸、柠檬酸等弱酸溶液与氨发生中和反应来减少液相中溶质氨的浓度，从而增大传质推动力，提高洗消效率。稀盐酸、稀硼酸洗消氨气的化学反应式见式（7-4）和式（7-5）。

$$HCl + NH_3 = NH_4Cl \tag{7-4}$$

$$HBO_3 + NH_3 = NH_4BO_3 \tag{7-5}$$

2. 洗消措施

① 染毒人员和器材装备的洗消。洗消组在库区大门外设置洗消站，由 1 部重型水罐消防车和 2 部水罐消防车供水，负责对进出危险区的人员、器材进行反复洗消。

② 染毒环境的洗消。氨气泄漏处置完毕后，洗消组首先利用消防车出 1 支开花水枪对设备间的设备和场地进行彻底洗消。洗消完毕，侦检人员再次进行测试，设备间空气中的氨气浓度低于 30mg/m³。

三、“12·23”特大天然气井喷事故

（一）事故现场基本情况

1. 井场基本情况

“罗家 16H 井”位于重庆市开县高桥镇晓阳村黄泥垭口，距重庆市区约 400km，距开县县城约 75km，距开县高桥镇约 1km，离井场 100m 范围内住有 10 余户居民，500m 范围内住有大量居民。井场在一山脚下，周围道路崎岖狭窄，交通不便，四面环山，通信落后。该井是中石油四川石油管理局川东钻探公司钻探的一口天然气井，设计井深 4322m，垂深 3410m，水平段长 700m，于 2003 年 5 月 23 日开钻，事故发生前钻至井深 4049.68m。该气井是四川盆地中发现储量最大的天然气田，也是目前我国最大的天然气田之一，可日产 100 万立方天然气。

2. 事故发生经过

2003 年 12 月 23 日 2 时 52 分，罗家 16H 井钻至井深 4049.68m，因为需要更换钻具，经过 35min 的泥浆循环后开始起钻。12 时，起钻至井深 1948.84m。此时因顶驱滑轨偏移，致使挂卡困难，于是停止起钻，开始检修顶驱。16 时 20 分，检修顶驱完毕，继续起钻。21 时 55 分，起钻至井深 209.31m，录井员发现录井仪显示泥浆密度、电导、出口温度、烃类组分出现异常，泥浆总体积上涨，溢流 1.1m³。录井员随即向司钻报告发生了井涌。司钻接到报告后，立即发出井喷警

报，并停止起钻，下放钻具，准备抢接顶驱关旋塞。21 时 57 分，当钻具下放十余米时，大量泥浆强烈喷出井外，将转盘的两块大方瓦冲飞，致使钻具因无支撑点而无法对接，故停止下放钻具，抢接顶驱关旋塞未成功。21 时 59 分，采取关球形和半闭防喷器的措施，但喷势未减，突然一声闷响，顶驱下部起火。作业人员使用灭火器灭火，但由于粉末喷不到着火部位而失败。随后关闭防喷器，将钻杆压扁，从挤扁的钻杆内喷出的泥浆将顶驱火熄灭。此后，作业人员试图上提顶驱拉断钻杆，也未成功。于是开通反循环压井通道，启动泥浆泵，向井筒环空内泵注重泥浆，由于没有关闭与井筒环空连接的放喷管线阀门，重泥浆由放喷管线喷出，内喷仍在继续。22 时 4 分左右，井喷完全失控，井场硫化氢气味很浓。

据测试，该井井下压力达 46MPa，井口压力达 28MPa，日喷天然气 400 万～500 万立方米，大量的天然气弥漫在井场周围数公里，一旦遇到火星将会引起燃烧爆炸。同时，伴随天然气冲出大量硫化氢气体，含量高达 $140g/m^3$，井场附近空气中硫化氢含量最高时达 $200mg/m^3$ 以上（空气中最大允许含量不超过 $10mg/m^3$），井场附近空气中硫化氢最低浓度不小于 $100mg/m^3$。24 日，井场下风方向 3～5km 范围内空气中硫化氢浓度大于 $300mg/m^3$，方圆 5km 范围内都能闻到恶臭味。此次事故波及开县境内的高桥镇、麻柳乡、正坝镇、天和乡 4 个乡镇 28 个村，造成 243 人死亡，59790 名群众不同程度中毒和受灾，大量牲畜、家禽和野生动物死亡，环境严重污染，是我国石油史上罕见的一次特大井喷事故。

（二）事故现场洗消措施

22 时 39 分，奉重庆市政府、市公安局命令，重庆市公安消防总队先后调集 11 个消防中队、21 辆消防车、135 名指战员赶赴现场参加抢险救援。在国务院工作组、公安部消防局、市、地党政领导、市公安局和抢险救援指挥部的统一领导下，重庆市公安消防总队与重庆市安全生产监管局、中石油四川管理局等部门密切配合、协同作战，利用广播和电话等通信工具向井场周围群众喊话、深入毒区挨家挨户搜寻的方式全力搜救遇险人员，经侦察和询问后制定了压井消防保卫方案，包括进攻路线、水枪手的位置、保护对象、消防供水、压井不成功紧急情况下呼吸器的快速佩戴、撤离方向和路线等，掩护石油工人将 260t 重金属泥浆在压井车的强大压力作用下源源不断地压入气井，使井喷险情得以成功消除。

1. 洗消剂的确定

硫化氢的物理洗消法主要是利用通风消毒法、自然条件消毒法、溶洗消毒法等方式将硫化氢的浓度降低至最高允许浓度以下。硫化氢的物理洗消法同样不能从本质上消除硫化氢对环境的影响，洗消效率也较低。同时，利用溶洗消毒法洗消硫化氢时，应注意收集并处理废水，否则会扩大污染范围，造成更大的危害。

硫化氢的化学洗消法主要是利用碱性洗消剂（如对染毒环境洗消时，可采用氢氧化钠、氢氧化钙等中强碱溶液；对染毒人员及器材装备洗消时，可采用碳酸钠、碳酸氢钠等弱碱溶液）与硫化氢之间的中和反应来减少液相中溶质的浓度，从而增大传质推动力，提高洗消效率。氢氧化钠溶液、碳酸氢钠溶液洗消硫化氢的化学反应式见式（7-6）和式（7-7）。

$$2NaOH+H_2S = Na_2S+2H_2O \quad (7\text{-}6)$$

$$2NaHCO_3+H_2S = Na_2S+2CO_2+2H_2O \quad (7\text{-}7)$$

此外，硫化氢为易燃气体，在掩护力量到位的前提下，也可采用燃烧消毒法降低硫化氢的毒害性，利于事故处置，其化学反应式见式（7-8）。

$$2H_2S+3O_2 = 2SO_2+2H_2O \quad (7\text{-}8)$$

2. 洗消措施

（1）染毒人员的洗消。洗消小组及时搭建公众洗消帐篷，建立洗消站，做好人员洗消准备。

（2）染毒环境的洗消。井口停喷后，天然气从放喷管释放出来，救援人员点燃了离井架 120m 处 2 根直径 75mm 的放空管线，喷出的硫化氢燃烧后生成二氧化硫，大大降低了硫化氢的毒性。与此同时，对井场周围的染毒植被也进行了焚烧，进一步降低了硫化氢的污染程度。

参考文献

[1] 卢林刚，徐晓楠．洗消剂及洗消技术．北京：化学工业出版社，2015.

[2] 黄金印．公安消防部队在化学事故处置中的应急洗消．消防科学与技术，2002，28（2）：28-30.

[3] 李纲．危险化学品灾害事故中的洗消．云南消防，2003，（12）：54-55.

[4] 代凤华．危险化学品事故毒物洗消剂的选择．河南科技，2011，（2）：85-86.

[5] 黄金印．氰化物泄漏事故洗消剂的选择与应急救援对策．消防科学与技术，2004，23（2）：191-195.

[6] 陈棫端．低温等离子体技术在洗消中的研究进展．化学工程师，2012，207（12）：33-35.

[7] 李战国．等离子体技术在化学毒剂洗消中的研究进展．化工进展，2007，26（2）：204-206.

[8] 公安部消防局．危险化学品事故处置研究指南．武汉：湖北科学技术出版社，2010.

[9] 公安部消防局．2010 中国消防年鉴．北京：国际文化出版公司，2010.

[10] 倪小敏，金翔等．对含不同添加剂的细水雾洗消氯气的实验研究．污染防治技术，2008，21（6）：50-53.

[11] 倪小敏，蔡昕等．含酸性添加剂的细水雾洗消氨气的性能研究．环境科学与管理，2008，33（12）：98-101.

[12] 韩晓宁，伍昱等．氯气洗消剂小尺度实验研究．消防科学与技术，2011，30（1）：65-68.

[13] 伍昱，宋磊等．添加剂对细水雾氯气洗消效率的影响研究．安全与环境学报，2009，9（1）：54-57.

[14] 李战国，胡珍等．低温等离子体治理 H_2S 污染的实验研究．环境污染治理技术与设备，2006，7（10）：106-131.

[15] 倪小敏，肖修昆等．一种多元复合型液氨洗消剂的实验研究．中国安全科学学报，2008，18（8）：97-102.